木材橡胶复合技术及功能

许 民 等著

科学出版社

北 京

内 容 简 介

随着聚合物复合材料的不断发展，越来越多的聚合物复合材料被广泛应用于建筑、家居、生物医疗、车辆运输等领域，有效推动了人类生活水平的提高和社会的发展。本书从木质材料与橡胶高值化利用角度出发，主要介绍了木质材料与橡胶的资源状况及复合材料的不同成型技术，包括木质材料/废旧橡胶复合材料的热压成型技术、木质材料/再生橡胶复合材料的混炼技术、木材/天然橡胶浸渍复合材料的制备及纤维素/天然橡胶多孔复合材料的成型技术。本书内容既注重基本概念的介绍，又紧密结合学科的前沿进展和应用前景。

本书可供生物质复合材料、高分子材料、木材科学与技术等专业的高校师生和工程技术人员学习和阅读。

图书在版编目（CIP）数据

木材橡胶复合技术及功能 / 许民等著. -- 北京 ：科学出版社，
2024. 6. -- ISBN 978-7-03-078750-7

Ⅰ. TB301

中国国家版本馆 CIP 数据核字第 2024UL7333 号

责任编辑：李明楠 孙静惠 / 责任校对：杜子昂
责任印制：徐晓晨 / 封面设计：图阅盛世

科学出版社 出版
北京东黄城根北街 16 号
邮政编码：100717
http://www.sciencep.com
北京中石油彩色印刷有限责任公司印刷
科学出版社发行 各地新华书店经销
*
2024 年 6 月第 一 版 开本：720 × 1000 1/16
2024 年 6 月第一次印刷 印张：18 3/4
字数：378 000
定价：128.00 元
（如有印装质量问题，我社负责调换）

序

我国森林资源紧缺，合理利用和节约木材并寻求木材替代品以缓解木材供求的紧张局面，满足人民生活和工业建设的需要，已经成为材料科学工作者的重要研究课题。同时，我国具有丰富的生物质资源。生物质在地球上数量庞大、种类繁多，作为植物光合作用产物的生物质，每年以约 1640 亿 t 的速度不断再生，这是 21 世纪可被人类利用的最丰富的可再生绿色资源。橡胶是一类能从大形变迅速恢复且能够被改性的材料，在轮胎、胶鞋等室外场合得到广泛应用。随着汽车工业的发展，日益增多的废旧轮胎"黑色污染"及废旧轮胎再利用已经成为世界性难题。全世界每年有 15 亿条轮胎报废，我国自 2002 年已成为世界最大的橡胶消费国和橡胶进口国。废旧轮胎"黑色污染"造成的危害已大于"白色污染"，目前废旧轮胎仅有一小部分被用于柏油公路及运动场用料，绝大部分无法回收再利用。

"生物质工程"已列入国家重大科技支撑计划，生物质复合材料是其中重要的研究内容之一，这为我国生物质科学与技术的进步创造了前所未有的发展机遇。我国生物质复合材料的研究起步较晚，特别是对于"黑色污染"方面的研究与世界科技发达国家相比存在一定的差距。因此，必须瞄准国际科学研究前沿，针对我国国情，审时度势、认真规划，凝练研究方向、创新研究方法、提升产品质量、构建理论体系、标新研究成果，进而全面提升科技发展的国际竞争力。

许民教授等所著的《木材橡胶复合技术及功能》，基于国家"双碳"目标，从木质材料与橡胶高值化利用角度出发，揭示了木材这一地球上储量最丰富的生物质资源与高分子聚合物橡胶材料的结构、组成特性和结合机理，探索了针对不同原料形态的结合方式和成型技术。内容涉及多学科的交叉融合，拓展了"木材科学与技术"的内涵，著者在理念和立意上特别注重原料资源的广泛性、复合材料品种的多样性、复合方法的先进性、生产应用的指导性和知识的综合性，其学术思想具有创新性，是该领域第一部专著。《木材橡胶复合技术及功能》一书的问世，可帮助人们正确地认识木质材料与橡胶异质复合材料在人们生活和社会经济中的作用和意义，同时开拓人类科技进步和不断探索未知领域的新视野。

李　坚

2024 年 1 月

前　言

人类科学进步和人们生活水平的提高都离不开材料,材料科学与工程是人类文明的物质基础,材料的使用与国家在一个历史时期内的生产力和科学技术的发展水平密切相关。随着科技的发展,人们对材料的性能提出更高要求,单一材料的性能已经不能满足需求,而不同材料的组合能赋予新型材料优异的性能。因此,发展新的复合材料是世界各国竞争的焦点,复合材料的发展是人类科技发展的重要基础,是一个国家综合实力的体现,是衡量一个国家人民生活水平的重要指标。

木材橡胶复合材料泛指木质材料单元与橡胶单元借助胶黏剂或其他成型方式复合而成的复合材料,具有阻尼减振、隔音保温、防水防腐等性能,可以用于室内装饰装修、精密仪器包装、运动场馆地板、墙体吸音保温等。同时,木材橡胶复合材料为利用废旧轮胎开辟了一条全新的途径,其研发和应用具有很好的经济环境效益,尤其是在环保呼声日益高涨及追求人与自然和谐共生的今天,这对于贯彻新的发展理念,走生态优先、绿色低碳的发展道路起到了积极作用。伴随着我国"双碳"目标的提出,推进"双碳"工作,生产方式和生活方式将产生巨大改变,木材橡胶复合材料的成功研发与应用对于"双碳"目标的实现具有重要的意义。

本书基于对废弃材料的再次开发利用和环境保护的目的,在对现有的木质材料/废旧橡胶改性的基础上,研究天然橡胶浸渍改性木材和功能性橡胶复合材料,为开发多功能性植物纤维/橡胶复合材料提供新的研究思路,同时为发展高附加值的木材橡胶功能复合材料提供理论支持和技术指引。

本书研究思路得益于李坚院士的指导,特邀请李坚院士为本书作序!研究内容来源于国家自然科学基金面上项目和黑龙江省自然科学基金重点项目,由许民带领博士、硕士研究生,历经20年的实验探索和理论研究,在总结精炼科学研究成果的基础上撰写本书。编写人员分工如下:许民(东北林业大学),前言、第1章;崔勇(苏州工业职业技术学院),第2章;邵东伟(佳木斯大学),第3章;孙浩(东北林业大学在读博士),第4章;李亚兰(广西大学),第5章。本书由许民教授和李亚兰博士统稿和修订。

　　本书由中国工程院院士、林业工程一级学科带头人李坚教授主审，在此表示衷心的感谢！

　　本书为生物质橡胶复合材料领域的第一部著作，限于作者水平，不足之处在所难免，恳请读者不吝赐教，谨致谢忱！

许　民

2024 年 2 月

目　　录

第 1 章　绪　　论

人类科学进步和人们生活水平的提高都离不开材料，材料科学与工程是人类文明的物质基础，材料的使用与国家在一个历史时期内的生产力和科学技术的发展水平密切相关。材料的品种和产量是衡量一个国家科学技术、经济发展和人民生活水平的重要指标之一。因此，加速发展新材料是国际高新技术激烈竞争的重要目标。随着生活水平的提高，人们对材料的环保性能和功能性的要求也越来越高，研究开发绿色环保多功能材料已经成为国内外的发展趋势。

随着科技的发展，人们对材料的性能提出更高要求，单一材料的性能已经不能满足人们的要求。因此，发展新型高性能的复合材料是世界各国竞争的焦点。复合材料的发展是人类科技发展的重要基础，是一个国家综合实力的体现，是衡量一个国家人民生活水平的重要指标。

我国森林资源紧缺，如何合理利用木材并寻求木材替代品以缓解木材供求的紧张局面，从而满足人民生活和工业建设的需要，现已经成为我国材料科学工作者的重要研究课题。发展木质复合材料是合理利用和节约木材的有效途径，目前我国生产的复合材料产品种类、功能性等方面与先进国家存在较大差距。我国是木质复合材料的利用大国，同时又是少林国家。虽然我国森林资源经过天然林保护工程有所恢复，但是森林资源仍然紧缺是不争的事实。如何合理利用木材资源，寻求木材替代品以缓解木材供需矛盾，进而满足人们生活和经济发展的需要，已经成为我国材料科学发展的主要方向之一。

橡胶是一类能从大形变（一般认为伸长率≥200%）迅速而强烈地恢复且能够或已经被改性成不溶态的材料，又称为"弹性体"。基于橡胶的高弹性、耐酸碱性和对常规溶剂（如水、苯、酮、醇）的难（不）溶性，橡胶在轮胎、胶鞋等室外场合得到广泛应用。随着汽车工业的发展，日益增多的废旧轮胎"黑色污染"及废旧轮胎再利用已经成为世界性难题。全世界每年有 15 亿条轮胎报废，我国自 2002 年已成为世界最大的橡胶消费国和橡胶进口国。废旧轮胎"黑色污染"造成的危害已大于"白色污染"，目前废旧轮胎仅有一小部分被用于柏油公路及运动场用料，绝大部分很难被回收利用。

木材橡胶复合材料为利用废旧轮胎开辟了一条全新的途径，同时研究开发出一种新型的环保型功能复合材料，其研发和应用具有很好的经济环境效益。尤其是在环保呼声日益高涨、追求人与自然和谐共生的今天，要坚决贯彻新的发展理念，坚持走生态优先、绿色低碳的发展道路，木材橡胶复合材料的成功研发与应用对于"双碳"目标的实现具有更加重要的意义[1]。

1.1 木 材

木材是树木在自然界中天然生长形成的一种绿色材料，是森林生态系统中储量巨大的生物质。木材来源于高大的针叶树和阔叶树等乔木的主干，是能够次级生长的植物所形成的木质化组织。自古木材就是人类生存所依赖的主要原材料，迄今仍是世界公认的四大原材料（木材、钢铁、水泥、塑料）之一。木材作为工业和生活用材，拥有诸多优良品质，与国民经济建设和人类生活息息相关。

树木是多年生植物，在同化外界物质的过程中，通过细胞分裂和扩大，树木的体积和质量发生不可逆的增加。树木生长是一个复杂而协调的生物化学过程，通过光能利用二氧化碳、水分和矿物等使自身发育成一个粗大的有机体，木材就是树木生长的主要产物[2]，如图 1-1 所示。

图 1-1　树木与木材

木材是"木材-人类-环境"关系中的天然元素，具有独特的生态学属性，能够为人类生活和工作构建一个健康自然的绿色环境。大自然赋予木材朴实的颜色、柔和的光泽、天然的花纹，给人们以美的享受和高的艺术品位，当人们看到和接触它们时会有一种特殊的舒适感和愉悦感[3]。木材资源是一种天然、可循环再生的自然资源，以其独特的材料特性和环境学特性备受瞩目。要深入了解木材的结构和特性，首先应该清晰了解木材的生长和森林资源状况。

1.1.1 森林资源

1. 地球的森林资源

2020 年 5 月 22 日，联合国粮食及农业组织（FAO）发布的 2020 年《全球森林资源评估》显示，全球森林面积共计 40.6 亿 hm^2，约为陆地总面积的 31%。其中，欧洲（含俄罗斯）森林面积约 10 亿 hm^2，约占全球森林面积的 25%，俄罗斯森林面积占欧洲森林面积的 80% 左右；南美洲森林面积约 8.6 亿 hm^2，约占 21%；其原生林面积占世界原生林面积的 50% 以上；北美洲和中美洲森林面积 7.7 亿 hm^2 左右，约占 19%；非洲森林面积约 6.5 亿 hm^2，约占 16%；亚洲森林面积 5.9 亿 hm^2 左右，约占 15%；大洋洲约 1.9 亿 hm^2，约占 5%。

据估计，1990 年以来，由于毁林、造田等森林土地用途改变，全球损失了 4.2 亿 hm^2 森林。2010～2020 年间，非洲森林年净损失率最大，多达 390 万 hm^2，其次是年损失 260 万 hm^2 的南美洲。2010～2020 年间全球森林面积年均净损失最多的 10 个国家：巴西、刚果、印度尼西亚、安哥拉、坦桑尼亚、巴拉圭、缅甸、柬埔寨、玻利维亚、莫桑比克；亚洲、大洋洲和欧洲森林面积增加，同期森林面积年均净增最多的 10 个国家：中国、澳大利亚、印度、智利、越南、土耳其、美国、法国、意大利、罗马尼亚。全球毁林和森林退化速度令人震惊，必须立即采取行动保护森林生物多样性。森林养育了地球大多数陆地生物，并有助于减缓气候变化影响，因此保护森林成为保护自然资源的关键。

2020 年《全球森林资源评估》报告显示，世界总森林覆盖率为 31%，相当于全球 1/3 的陆地面积被森林覆盖；南美洲、欧洲森林覆盖率最高，分别为 49%、45%；亚洲森林覆盖率最低，仅为 19%。森林资源最丰富的 10 个国家为俄罗斯、巴西、加拿大、美国、中国、刚果、澳大利亚、印度尼西亚、苏丹和印度，占森林总面积的 67%；其中俄罗斯森林面积 8 亿 hm^2 就占世界森林总面积 40.6 亿 hm^2 的 20%；中国森林面积 2.20 亿 hm^2，排名第五，约占世界森林总面积的 5%。全球森林的 30% 主要用于木材和非木材林产品生产，水土保持林的比例日益增长；93% 的森林是天然和天然次生林，7% 是人工林；过去 30 年，森林碳密度小幅上升，但由于森林面积下降，森林碳汇总量有所减少。

2. 中国的森林资源

随着经济社会发展，资源消耗型发展导致的生态环境问题凸显，制约社会经济的进一步发展。在新常态经济发展的背景下，我国开始重视森林资源的生态学意义，从以森林功能的木材商业利用转向自然生态保护，以"绿水青山就是金山银山"为目标出台了一系列政策法规保护森林资源的可持续发展。2013 年，我国开始开展国家储备林建设项目。2017 年，我国开始在全国实施停止天然林商业性采伐。2018 年，国家林业和草原局印发《国家储备林建设规划（2018—2035）》，提出：到 2020 年，规划建设国家储备林 700 万 hm^2，到 2035 年，规划建设国家储备林 2000 万 hm^2，划分为七大重点建设区域，共打造和建立 20 个国家储备林建设基地。森林资源保护政策的实施，极大程度上提高了我国森林总面积、森林覆盖率、森林蓄积量，改善了生态环境，优化森林资源配给，是我国走向资源节约型、环境友好型社会的重要里程碑。

根据第九次全国森林资源清查结果，我国森林面积 22044.62 万 hm^2，占世界森林面积的 5.51%，我国人均森林面积 0.16hm^2，不足世界人均森林面积的 1/3；人均森林蓄积 12.35m^3，仅为世界人均森林蓄积的 1/6。森林具有保护生态环境和提供木材资源双重功能，因此开展木材高效利用及综合利用、推动人工林的发展等措施是必要的。国家出台的政策法规显著保护了我国整体的森林资源，提高了森林质量，加强了生态文明建设。表 1-1 为我国九次森林资源清查结果。

表 1-1 历次全国森林资源清查结果主要指标

清查间隔期	活立木总蓄积量/万 m^3	森林面积/万 hm^2	森林蓄积量/万 m^3	森林覆盖率/%
第一次（1973～1976 年）	963227.00	12186.00	865579.00	12.70
第二次（1977～1981 年）	1026059.88	11527.74	902795.33	12.00
第三次（1984～1988 年）	1057249.86	12465.28	914107.64	12.98
第四次（1989～1993 年）	1178500.00	13370.35	1013700.00	13.92
第五次（1994～1998 年）	1248786.39	15894.09	1126659.14	16.55
第六次（1999～2003 年）	1361810.00	17490.92	1245584.58	18.21
第七次（2004～2008 年）	1491268.19	19545.22	1372080.36	20.36
第八次（2009～2013 年）	1513700.00	20800.00	1513700.00	21.63
第九次（2014～2018 年）		22044.62	1756000.00	22.96

第九次全国森林资源清查共调查固定样地 41.5 万个，清查面积 957.67 万 km^2。结果显示，我国森林资源总体上呈现数量持续增加、质量稳步提升、生态功能不断增强的良好发展态势，初步形成了国有林以公益林为主、集体林以商品林为主、木材供给以人工林为主的合理格局。全国森林覆盖率 22.96%，森林面积 2.2 亿 hm^2，其中人工林面积 7954 万 hm^2，继续保持世界首位，森林蓄积量 175.6 亿 m^3；森林植被总生物量 188.02 亿 t，总碳储量 91.86 亿 t，年涵养水源量 6289.50 亿 m^3，年固土量 87.48 亿 t，年滞尘量 61.58 亿 t，年吸收大气污染物量 0.40 亿 t，年固碳量 4.34 亿 t，年释氧量 10.29 亿 t。

3. 中国木材供销贸易

1）木材供销现状

我国虽然是林业大国，但人工速生林多，大径优质木材还要长期依靠进口。根据 2018 年版 FAO 年鉴数据来看，2016 年世界工业用原木消费 18.78 亿 m^3，锯材消费 4.62 亿 m^3。我国工业用原木千人均消费 149m^3，相当于世界人均的 60%；锯材千人均消费 76m³，是世界人均消费的 1.2 倍，与欧美发达国家和地区还有一定差距，我国木材消费市场还有很大发展空间。2019 年进口木材 11350 万 m³，同比增长 1.4%；其中进口原木 6073.5 万 m³，增长 1.6%；进口锯材 3715.9 万 m³，增长 1.1%。国产木材 9028 万 m³，同比增长 2.5%。图 1-2 是 2006 年至 2019 年间国产木材量与进口木材量对比[3]。

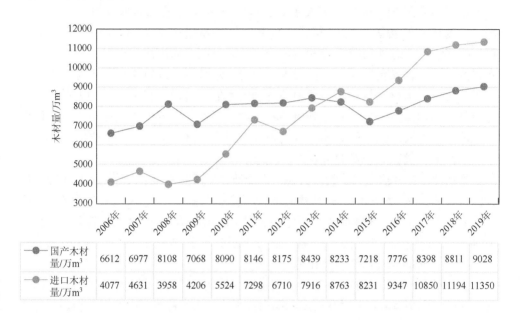

	2006年	2007年	2008年	2009年	2010年	2011年	2012年	2013年	2014年	2015年	2016年	2017年	2018年	2019年
国产木材量/万 m³	6612	6977	8108	7068	8090	8146	8175	8439	8233	7218	7776	8398	8811	9028
进口木材量/万 m³	4077	4631	3958	4206	5524	7298	6710	7916	8763	8231	9347	10850	11194	11350

图 1-2 2006～2019 年国产木材量与进口木材量

我国拥有世界上最大的木材加工产业，但国内木材供给无法满足需求，主要依赖进口以满足国内消费需求。从 1998 年开始，我国通过实施进口木材零关税来鼓励木材进口。联合国贸易数据显示，在 2000～2015 年，我国木材进口的贸易额位于世界前三位，进口木材主要来源于欧洲、北美洲、大洋洲等，包括俄罗斯、美国、加拿大、新西兰、泰国、巴布亚新几内亚、越南、马来西亚、澳大利亚、印度尼西亚等。近年来，各国颁布法规禁令限制原木出口，提高木材出口关税，保护性木材贸易主义盛行。2002 年，印度尼西亚颁布木材出口禁令，限制原木出口；2008 年，美国颁布的《雷斯法案修订案》生效；2011 年，俄罗斯政府提出配额制，并相继在 2013 年、2015 年通过《俄罗斯原木法案》和连续提高原木出口关税来限制原木出口；2012 年，澳大利亚颁布《澳大利亚禁止非法砍伐法规》；2015 年，几内亚比绍推进五年原木出口禁令；2016 年至今，老挝、泰国、柬埔寨、缅甸等国家接连宣布暂停木材出口中国；莫桑比克全面禁止出口未经加工的原木，2017 年 4 月莫桑比克再颁布全国范围内未来三个月木材采伐禁令。2020 年以来，受疫情影响，全球部分产材国减少了原木砍伐工作，导致全球木材供应短缺，加之疫情下全球物流效率降低、集装箱周转不畅、美国住宅需求旺盛等因素，国际木材月均期货价格从 2020 年 1 月的 404.24 美元/千板英尺飙升到 2022 年 5 月的 853.95 美元/千板英尺（1kbm = 1000fbm）。

2）木材供销变化趋势

经过改革开放 40 多年来发展，我国已成为世界最大的木材与木制品加工国、贸易国和消费国。2019 年我国商品木材贸易量达到 2.04 亿 m³，其中进口材 1.14 亿 m³，对外依存度近 60%，今后一段时间木质家居应以进口材和人工林木材为主，木材安全形势严峻。国内木材资源总量供应严重不足，用材供应结构性矛盾突出，木材高效利用水平和综合利用率低，进口木材被误解为大量破坏世界森林，影响国际形象。充分利用各种生物质资源，发展生物质材料产业，以保障经济建设和人民生活的需要，将成为保障国家木材安全的一项重要措施[4]。

（1）木材供应及消费的现状。

受欧洲针叶林病虫害木材的冲击，俄罗斯、新西兰、加拿大等主要货源国进口针叶材大幅下降；欧洲由于针叶林病虫害，需大量采伐，在 2019～2021 年期间达到峰值，未来 5 年，损坏的木材预计将达到 5 亿 m³，在未来 10 年，将会累积到近 7.5 亿 m³。此外，这几年受家具产业不景气等的影响，家具用材普遍呈小幅下跌趋势。

（2）木材供应及消费的变化趋势。

国外对原木出口的限制将进一步促进锯材比例的上升；中美贸易摩擦对我国木材供应格局影响有限，但对我国木制品出口影响较大，将倒逼国内市场和国际木业加工、贸易格局多元化调整；2019～2020 年澳大利亚、南美洲、北美洲等国家和地区的森林大火可能导致木材采伐的力度减少，影响今后几年世界木材供应形势。

党的十九大报告指出，必须坚持节约优先、保护优先、自然恢复为主的方针，形成节约资源和保护环境的空间格局、产业结构、生产方式、生活方式，还自然以宁静、和谐、美丽。在这一大背景下，人工林、经济林作为低碳、环保、可再生的绿色家居材料，是家居天然林木重要补充，符合建设美丽中国、加快生态文明建设发展理念，应高度重视。

1.1.2 木材的结构与性质

1. 木材结构

木材是天然高分子有机体，由各种不同的细胞组成。由于细胞的种类、组成、排列及内含物不同，木材的构造和性质不同，即使同一树种的不同个体，乃至同一个体不同部位的构造和性质也有一定的差异。

1）分类

木材分为针叶树材与阔叶树材，依树种构成要素不同而有很大差别。针叶树大部分属软材，木材纹理不明显；阔叶树大部分属硬材，有较美丽的纹理，广泛使用在家具上。

（1）针叶树多为常绿树，针叶材的构造比较简单且呈均匀性，主要由纵向管胞、木射线和纵向树脂道组成。其中，纵向管胞既是输导组织，又能起机械支撑作用。针叶材材质均匀轻软，纹理平顺，加工性较好，强度较高，表观密度和干湿变形较小，耐腐蚀性较强，为建筑工程中主要用材，广泛用于承重结构构件、门窗、地面用材及装饰用材等。针叶材常用树种有冷杉、云杉、红松、马尾松、落叶松等。

（2）阔叶树多为落叶树，阔叶材的构造比较复杂且呈不均匀性，主要由导管、木纤维、木射线和纵向薄壁细胞组成。其中，木纤维在阔叶材中起机械支撑作用，而导管则起输导作用。阔叶材材质一般密度大，硬，较难加工，其通直部分一般较短，干湿变形大，易翘曲和干裂。阔叶材在建筑上常用作尺寸较小的构件，不宜做承重构件。有些树种纹理美观，适合用于室内装修、制作家具及胶合板等。阔叶材常用树种有榆木、水曲柳、樱桃木、杨木、柞木、橡胶木等。

2）结构特征

（1）宏观构造。用肉眼或借助 10 倍放大镜所能观察到的木材构造特征为木材的宏观构造[5]。木材的主要宏观特征是其构造特征，亲缘关系相近的树种所具备的特征是稳定的，因此宏观特征可以作为识别鉴定木材的依据。木材宏观构造包括木材的三切面（图 1-3），生长轮、早材、晚材、边材、心材、木射线、管孔、轴向薄壁组织、胞间道等，如图 1-3 所示。

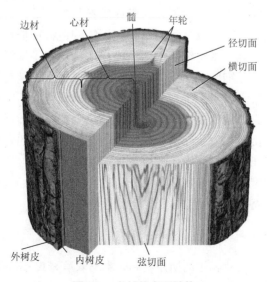

图 1-3　木材的宏观结构

（2）微观构造。木材是由细胞组成的，细胞之间由胞间质黏结在一起。木材细胞在生长发育过程中历经分生、扩大和胞壁加厚等阶段而达到成熟。木材细胞由细胞壁和细胞腔构成。木材的细胞壁，根据其化学组成的不同和微纤丝排列方向的不同，分为初生壁、次生壁和胞间层，见图1-4。

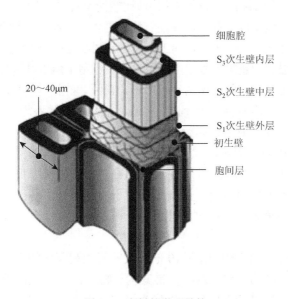

图 1-4　木材的微观结构

要了解木材，就必须了解木材细胞，更重要的是应该了解木材细胞壁的超微构造和壁层结构，因为木材各种物理力学性质都与其有关。同时，了解细胞壁的结构特征也很重要，它们不仅是木材树种识别的构造特征依据，同时对木材加工过程也有着重要的影响。木材细胞壁的结构，往往决定了木材及其制品的性质和品质。因此，对木材在细胞水平上的研究，也可以说主要是对细胞壁的研究。木材细胞壁主要由纤维素、半纤维素和木质素三种成分构成，它们对细胞壁的物理作用分工有所区别。纤维素是以分子链聚集成排列有序的微纤丝束状态存在于细胞壁中，赋予木材抗拉强度，起着骨架作用，充当细胞壁的骨架物质；半纤维素以无定形状态渗透在骨架物质中，借以增加细胞壁的刚性，充当细胞壁的基体物质；木质素是在细胞分化的最后阶段才形成的，它渗透在细胞壁的骨架物质中，可使细胞壁坚硬，充当细胞壁的结壳物质或硬固物质。

2. 木材性质

作为一种重要的工业和生活所用材料，木材具有密度小、强重比高、弹性好、耐冲击、纹理美观、加工容易等优点；作为一种天然生长的可再生生物质资源，木材独特的结构使其拥有诸多优良品质和突出特性。木材的天然结构决定了其具有以下的基本性质。

1）木材的物理力学性质

木材的物理性质包括密度、含水量、干缩湿胀、热学性质和电学性质，其中密度和含水量影响木材的力学等多项性质。木材的力学性质是指木材抵抗外部机械力作用的能力，包括应力与应变、弹性、黏弹性、强度、硬度、抗劈力及耐磨耗性等。木材是非均质的各向异性材料，其纵向、径向和弦向三个方向的力学性质（如抗拉、抗压、抗弯、抗剪、抗扭、抗劈、抗冲击、耐磨性、硬度等）具有明显差异。木材的强度超过极限应力就会出现破坏，而破坏是木材作为建筑材料等结构材料必须考虑的一个重要因素。

2）木材的化学性质

木材是一种天然生长的高分子有机材料，主要由纤维素、半纤维素和木质素组成，此外还含有以低分子物质为主的抽提物和灰分。纤维素、半纤维素和木质素的大分子结构和性质及它们之间的关系决定了木材的各种性质，对木材加工利用有很大影响。木材抽提物种类繁多，因树种不同而有差异，对木材的加工利用也有一定影响。纤维素、半纤维素和木质素三种高聚物共同构成木材的细胞壁，占多数木材质量的 97%～99%。抽提物属于细胞的内含物，多存在于细胞腔中，含量一般在 3%以下，但也有个别树种的抽提物含量很高，例如，落叶松木材的心材常含有 10%以上的水溶性阿拉伯半乳聚糖。木材的化学性质主要取决于组成细胞壁的高分子物质，有时木材内的微量物质也会影响其化学性质。

3）木材生态学属性

自然界生长的绿色植物尽管形态各异，但均有一个共同的特点——对人类和环境友好。木材是树木生长过程中通过光合作用和生物化学作用而形成的天然高分子聚合物复合体，具有与生俱来的生态学属性[6]。木材生态学属性的内涵体现在以下两个方面。

（1）由木材和木质复合材料构建的人居环境具有幽雅、舒适的可居住性。亘古以来，人类生活就与木材息息相关，如秦始皇用木材修造阿房宫、现代建筑的室内装饰等都表明木材与人类的紧密联系。由木材构成的空间，可以调节室内小气候和进行生物生存及心理的调节，每当接触木材、注视木材时，人们便会产生稳静感和舒畅感。这是因为木材中的生长轮、早晚材等呈现的波动现象与人的心脏跳动形式相吻合。

（2）木材、木质复合材料及其制品具有碳汇功能和良好的生态效应。森林是与人和谐、保护地球生态系统最重要的自然资源，在形成木材的全过程中，树木在生态效益中发挥着固定二氧化碳、氧气供给、水土保持、益于健康等多种重要功能。树木生长过程中碳的排放和吸收在数量或质量上相等或相抵，木材燃烧释放的二氧化碳可以在再生时重新固定和吸收，所以不会破坏地球的碳平衡。

4）木材环境学属性

木材不仅是一种人们可以利用的天然材料，还有其他任何材料无法比拟的环境学属性[7]：视觉特性、触觉特性、听觉特性、嗅觉特性及调节特性。因此，人们愿意把木材引入居室，这就是木制家具久盛不衰、受人喜爱的主要原因。木材的环境学属性是木材表现和潜在的生态学属性体现，例如，木材的触觉特性、调节特性等为构建人居空间营造了适宜的光环境、声环境、温湿环境和卫生环境，因而使居住者感到温馨舒适，有益于身心健康。

木材的视觉特性，包括纹理、颜色，使人们偏向于使用木材装饰室内家居环境；木材的触觉特性，包括冷暖和软硬，带来特殊亲和的接触体验；木材的调湿特性，包括吸湿和解吸特性，能够平衡并调节室内空间湿度，给人以舒适恒定的湿度感受；木材的高比强度和优良的加工性能，使其成为出色的工程材料；木材的环境学属性，是生态系统中的储碳载体，调节着人与自然的关系[8]。图 1-5 是几种木材加工的代表性制品。

图 1-5　几种木材加工的代表性制品

1.1.3　木材的综合利用

传统木材主要有两种利用方式：一种是通过机械加工将木材制成一定规格的实体木材使用，这就形成了很久以来仍在采用的锯解、刨切、砂光等以损失大量原材料为代价的加工方式，出材率低，尤其对于小径木、间伐材、采伐剩余物和最终尺寸较小的工件，加工所造成的资源浪费极其严重，木材的一次有效利用率一般在 50%左右；另一种是将木材加工成单板、刨花、碎料、纤维等形态单元，然后通过胶合技术将其加工成各种人造板材。人造板技术在拓宽原料来源的同时还提高了生物质原料的利用率，是木材加工技术的重大成就，不过存在胶黏剂污染环境、产品力学性能和尺寸稳定性偏低等问题，产业发展受到一定制约。

随着世界范围内木材供需矛盾的日益加剧，寻求新的木材替代资源、加大再生资源的综合利用、创生新型功能性异质复合材料已成为科研界与工业界的关注热点和重点[9]。根据国家发展和改革委员会公布的《中国资源综合利用年度报告（2014）》，2013 年我国林业三剩物及次小薪材产生量约为 2.1 亿 t，各类废旧木材产生量约为 7000 万 t，折合材积 9000 万 m[2][10]。我国林木废弃物资源虽然丰富，但利用率很低，浪费非常严重。如果将这些源于木材的废弃资源加以有效利用，等于短期内营造出一片"隐形森林"。我国是个农业大国，如果将全部的林木废弃物资源充分利用，无疑将创造巨大的财富，同时促进环境的良性发展，在改善民生、全面建成小康社会和推进生态文明建设方面将发挥重大作用，具有深远的现实意义[11]。

木材资源综合利用是由木质化的植物纤维细胞构成的一类材料的循环利用，是指将林业三剩物（刨花、纤维、木粉）、废弃木制品及次小薪材等通过一定方式或者与其他材料复合创生新型材料而被再次利用的技术。木质材料是各种形态的天然植物纤维材料的总称。木质材料主要由有机高分子物质组成，在化学成分上主要由碳、氢、氧三种元素组成。与金属、无机非金属和合成高分子材料不同，木质纤维材料是地球上唯一可自然再生的大宗基础材料，具有资源丰富、价格低廉、密度低、加工耗能少、对加工设备损耗小、可生物降解等特点，是一种环保可再生的天然高分子材料。木质纤维材料的利用效率和效益是林业产业发展的决定性因素和生态环境建设的重要影响因素，研究发展木材纤维复合材料是合理利用和节约木材的有效途径之一[12]。

木质材料未来的应用领域正向高值化利用方向拓展，如模块化建材、储能材料、环境修复材料等，除此之外，还需要不断更新和发明木质原料制备低碳环保材料的新方法。目前研究较多的是单一组分的材料，而复合材料的研究开发刚刚起步，研发复合材料过程中能否实现精细化生产、使用的各种溶剂是否绿色环保，都是未来推广中需要投入研究的重要方面。

1.1.4　木材的碳素储存与环境效应

森林是陆地生态系统的主体，是与人和谐共存、保护地球环境最重要的资源，对维持陆地生态平衡、保护环境安全、防止危机起着决定性的作用。森林的生态功能主要表现在防风固沙、保持水土、涵养水源、保护生物多样性、提供森林游憩和提供多种林产品。树木在自然界中发挥着固定二氧化碳、氧气供给、水土保持、净化空气、易于健康等多种重要功能。树木通过光合作用将吸收的二氧化碳以有机物的形式储存于生命体内，固定在木材的各个部分，而木质部是木材全部生物量中碳素储存最多的寄存体。大气中的二氧化碳通过树木的光合作用被转化成糖类物质，而糖类物质聚合成多种高分子化合物——纤维素、半纤维素和木质素，这些物质都是形成木材的重要高分子物质，为人类提供了可以再生的永久利用的物质和生物质能。构成木材的碳、氧、氢三种主要元素中，碳含量最高，大约为 50%，由此可见，在木材中碳储量最多，可以说森林是陆地生物最大的碳储存库。

木材具有独特的自然美感和环境学特性，因此常常用来制作室内家具和日常生活用品，装饰人居空间和建筑房屋；以木材为原料制得的人造板、纸张广泛应用在人们生产生活的各个部门。木材制品及各种林产品是将林木生长吸存的碳继续固定和储存，须予以科学管护，延长木材及林产品的使用年限及循环利用的周期，减少或避免这些材料所储存的碳又以其他方式回归到大气中，增加二氧化碳浓度。木材、木质材料和制品燃烧，不仅消耗能源、危害安全，更重要的是木材燃烧时，将储存的碳又以二氧化碳等气体的形式排放到大气中，增加大气中的碳含量，加剧了对自然界生态平衡和环境的破坏。

木材是碳平衡材料，木质材料对实现"碳中和"起着极其重要的作用。从管理层面看，需要大力引导"碳中和"背景下木质材料的推广应用，加大木质材料研究开发的扶持力度和资本投入，通过专项补贴等措施激励低碳固碳利用，并在一段时期内能维持补贴政策的稳定性和执行力度，强化木质材料在碳中和实现路径中的战略地位。从经济层面看，将木质材料对"碳中和"的贡献纳入碳排放交易市场，用木质材料的负碳排放贡献通过碳排放权的登记、交易和结算，获得的相应回报支付农民的燃料收购，可以为乡村提供更多就业岗位，符合我国乡村振兴战略，也有利于推进美丽乡村建设。同时，将木质材料应用的各个领域纳入绿色金融支持范围，扶持木质材料的各个产业链。从技术层面看，需要吸引更多能源、材料、环保和林业等领域的人才，投身木质材料应用开发。通过实验室研究、中试测试和产业化推广三者结合，不断完善木质材料加工技术的清洁化。针对不同规模的项目，设计不同的非标准规范和要求，未来进一步完善行业的技术指南、建设规程和行业标准，推动行业持续快速发展[13]。

开发木质材料综合利用，能够同时实现环境治理、供应清洁能源和应对气候变化，具有多重环境效益和社会效益，符合我国生态文明建设思想，是实现生态环境保护、建设美丽中国等国家战略的重要途径。在"双碳"背景和"十四五"规划之际，木质材料将以绿色环保、量多价廉、可再生的优势，迎来更为广泛的发展。研发更加清洁的制备方法、优化现有的制备工艺、提高复合材料的产率、实现工业化大规模生产，是未来研发中有待进一步解决的问题。因此在"双碳"

背景下，以集约化、产业化、高值化为重点，通过技术创新和典型引领，推进木材综合利用产业发展，具有重要的现实意义。

1.2 橡 胶

世界上通用的橡胶定义源自美国的国家标准 ASTM D1566-07a：橡胶是一种材料，它在大的变形下能迅速而有力地恢复其形变，能够被改性（硫化）。改性的橡胶实质上不溶于（但能溶胀于）沸腾的苯、甲乙酮、乙醇-甲苯混合物等溶剂中。改性的橡胶在室温下（18～29℃）被拉伸到原来长度的 2 倍并保持 1min 后除掉外力，能在 1min 内恢复到原来长度的 1.5 倍以下。橡胶在较小的外力作用下，具有较大的伸长能力，除去外力后能在数秒内恢复到接近它的原始尺寸，或者在使用条件下具有 10^6～10^7Pa 杨氏模量[14]。

1.2.1 橡胶概述

考古发现，在 11 世纪中美洲和南美洲的当地居民就开始使用橡胶，他们从某些树木的树皮割取胶乳，制成实心胶球、鞋子、瓶子或其他用品，这种树当地称为 ulli 或 cau-uchu，意思是"流泪的树"。1493～1496 年哥伦布第二次来到南美洲，发现海地岛上土人玩的球能从地上弹起来，此后欧洲人才知道橡胶的这种性质。1735 年，法国科学家康达明（Condamine）参加南美洲科学考察，带回了最早的橡胶制品，并描述了印第安人利用橡胶树汁的情况。直到 1823 年，英国人马辛托希创办了世界上第一个橡胶厂，生产防水布，这是橡胶工业的开始。

橡胶的工业研究和应用始于 19 世纪初，因为这些橡胶产品使用过程中遇到气温高和经太阳暴晒后就会变软发黏，在气温低时又会变硬和脆裂，其制品不能经久耐用。通过长期实践，美国人 C. Goodyear 在一个偶然的机会下将一块混有硫磺和氧化铅的橡胶掉落在火炉后，发现橡胶被烧焦成像皮革一样的物体，变得更加坚韧、更有弹性。他经过一年多的实验，证明了在橡胶中加入硫磺粉和碱式碳酸铅，经共同加热熔化后所制出的橡胶制品可以长久地保持良好的弹性。1839 年，C. Goodyear 发明了橡胶的硫化方法，从此天然橡胶才真正被确定具有特殊的使用价值，成为一种极其重要的工业原料，为橡胶制品的工业化生产打下了基础[15]。

橡胶的用途非常广泛，在交通运输、建筑、电子、石油化工、农业、机械、军事、医疗等领域及信息产业获得了广泛的应用。橡胶的最大用途在于制作轮胎，包括各种轿车胎、载重胎、力车胎、工程胎、飞机轮胎、炮车胎等。一辆汽车约需要 240kg 橡胶，一艘轮船需要 60～70t 橡胶，一架飞机需要 600kg 橡胶，一门高射炮约需要 86kg 橡胶。橡胶的第二大用途是制作胶管、胶带、胶鞋等，另外还用于密封制品、轮船护舷、拦水坝、减震制品、人造器官、黏合剂等，范围非常广泛。有些制品虽然不大，但作用非常重要，例如，美国"挑战者"号航天飞机因密封圈失灵而导致航天史上的重大悲惨事件。

1.2.2　天然橡胶

　　天然橡胶的含义很广，既指从含天然橡胶植物上采割的天然橡胶乳，也包括用天然胶乳加工而成的天然橡胶和浓缩胶乳。世界上约有 2000 种不同的植物可生产类似天然橡胶的聚合物，已从其中 500 种中得到了不同种类的橡胶，但真正有实用价值的是三叶橡胶树，它的产量已占天然橡胶总产量的 90%以上。天然橡胶是由人工栽培的三叶橡胶树分泌的胶乳经凝固、加工而制得的，它是以聚异戊二烯为主要成分的不饱和状态的天然高分子化合物。胶乳存在于橡胶树皮的乳管中，在离地 50cm 的树干上按一定的倾斜角度割破树皮断其乳管，乳白色的胶乳就会流到割口下盛胶乳的杯子中。天然橡胶根据不同的制胶方法可制成烟片、风干胶片、绉片、技术分级橡胶和浓缩橡胶等[16]。图 1-6 为三叶橡胶树、胶乳和割胶。

图 1-6　三叶橡胶树、胶乳和割胶

　　天然胶乳，又称天然乳胶，是指从橡胶树上割胶时流出的白色乳状液体。新鲜的天然胶乳呈乳白色牛奶状，固含量为 30%～40%。橡胶树生长环境和地理位置的差异，会导致天然胶乳各项性质存在差别[17, 18]。天然胶乳是由极细小的橡胶粒子（绝大部分呈球形，粒径大小介于 20nm 至 300nm 之间）作为分散体，以水作为分散介质，橡胶粒子悬浮于水中，故称悬浮液体。其组成十分复杂，除了橡胶粒子外，还包括蛋白质、树脂、灰分、糖类等。这些非橡胶成分，一部分吸附于胶粒的表面，作为分散介质的水，称为乳清，一部分则溶解于乳清中，还有一部分形成微小的非橡胶粒子。新鲜天然胶乳中水的质量分数可以达到 44%～70%。其次是橡胶组分，天然胶乳中橡胶烃的种类繁多，主要成分是聚异戊二烯，质量占比为 27%～41.3%。除去水和橡胶烃类，天然胶乳中还包括 2%～5%的天然树脂、0.3%～4.2%的糖类、0.2%～4.5%的蛋白质及 0.4%的灰分[19, 20]。

1. 结构与组成

天然橡胶是一种以聚异戊二烯为主要成分的天然高分子化合物，结构式是 $(C_5H_8)_n$，橡胶烃（聚异戊二烯）含量在 90%以上，还含有少量的蛋白质、脂肪酸、糖分及灰分等。杜仲橡胶树生产的橡胶为反式聚异戊二烯（又称为杜仲橡胶），与国外的古塔波胶、巴拉塔胶均属一类，其结构如图 1-7 所示。

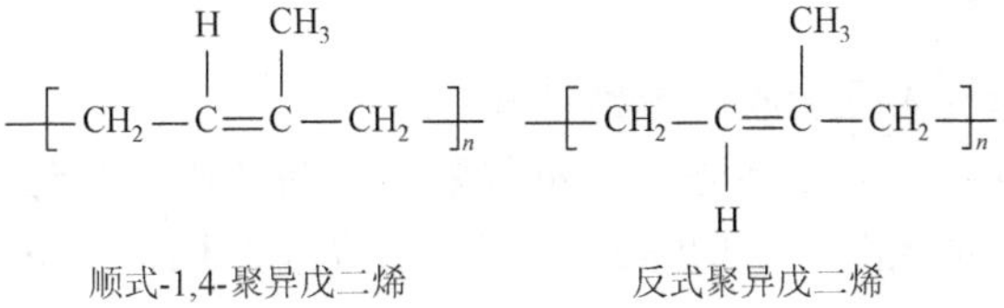

$$\left[CH_2 - \underset{H}{\overset{CH_3}{C = C}} - CH_2 \right]_n \quad \left[CH_2 - \underset{}{\overset{CH_3}{C = C}} - CH_2 \right]_n$$

顺式-1,4-聚异戊二烯　　　反式聚异戊二烯

图 1-7　橡胶的结构式

橡胶分子式中的 n 约为 10000，分子量分布在 10 万至 180 万之间，平均分子量 70 万左右。实际天然橡胶是多种不同分子量的聚异戊二烯的混合体。天然橡胶是综合性能最好的橡胶，其组成如图 1-8 所示。

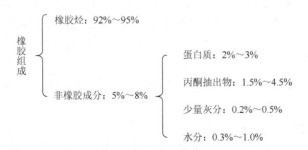

图 1-8　橡胶的组成

2. 物理化学性质

在具体橡胶基本特点的基础上，天然橡胶还具有以下优缺点。优点体现在机械强度高（自补强橡胶），耐屈挠性好；耐磨性好，强度高；良好的弹性、自黏性和互黏性；绝缘性好、耐寒性好，在$-50℃$仍具有很好的弹性。缺点表现在耐老化性能差，不饱和程度高；耐热性不是很好，长期使用温度为$90℃$，短期最高使用温度为$110℃$；气密性中下等，耐稀酸、稀碱，不耐浓酸、油，耐水性差。

1）物理属性

天然橡胶的密度为$0.913g/cm^3$（$20℃$），折光指数（折射率）为1.52；玻璃化转变温度（T_g）在$-72℃$左右，熔解温度（T_m）约为$29℃$，黏流温度（T_f）为$130℃$，热分解温度（T_d）约为$200℃$，$270℃$开始剧烈分解。天然橡胶在常温下具有较高的弹性，稍带塑性，具有非常好的机械强度，拉伸强度$17\sim25MPa$；经炭黑增强后，强度可达到$25\sim35MPa$，具有良好的气密性、耐水性、绝缘性能和隔热性能；温度降低则逐渐变硬，低于$10℃$时逐渐结晶硬化，变成不透明状态；滞后损失小，在多次变形时生热低，因此其耐屈挠性很好，到出现裂口时为止可达20万次以上。另外，天然橡胶是非极性橡胶，电绝缘性能良好。

2）机械性能属性

通常用以下指标表征橡胶的机械性能。

（1）拉伸强度：又称扯断强度、抗张强度，指试片拉伸至断裂时单位断面上所承受的负荷，单位为兆帕（MPa），以往为千克力/厘米^2（kgf/cm^2）。

（2）定伸应力：又称定伸强度，指试样被拉伸到一定长度时单位面积所承受的负荷，计量单位同拉伸强度。常用的有100%、300%和500%定伸应力。它反映的是橡胶抵抗外力变形能力的高低。

（3）撕裂强度：指将特殊试片（带有割口或直角形）撕裂时单位厚度所承受的负荷，表示材料的抗撕裂性，单位为kN/m。

（4）伸长率：指试片拉断时，伸长部分与原长度之比，用百分比（%）表示。

（5）永久变形：指试样拉伸至断裂后，在解除了外力作用并放置一定时间（一般为3min），标距伸长变形不可恢复部分占原始长度的百分比，以百分比（%）表示。

（6）回弹性：又称冲击弹性，指橡胶受冲击之后恢复原状的能力，以百分比（%）表示。

（7）硬度：表示橡胶抵抗外力压入的能力，常用邵氏硬度计测定。橡胶的硬度范围一般为$20\sim100HA$。

3）化学属性

天然橡胶（NR）中有双键，能够与自由基、氧、过氧化物、紫外光及自由基抑制剂反应。天然橡胶中有甲基（供电基），使双键的电子云密度增加，α-H 的活性高，更易发生反应（易老化、硫化速度快）。天然橡胶可以发生硫磺反应，进行硫化交联；与 Cl₂ 反应，制备氯化天然橡胶；与 HCl 反应，主要用作黏合剂。

（1）氧化：天然橡胶胶乳与过氧乙酸反应，得到环氧化天然橡胶，环氧化程度可达 10mol%（摩尔分数，后同）、25mol%、50mol%、75mol%，ENR-50（环氧化度为 50% 的环氧化天然橡胶）的气密性接近 ⅡR，耐油性接近中等丙烯腈含量的丁腈橡胶（NBR），强度与天然橡胶相当，黏着性也较好。

（2）环化：天然橡胶胶乳用硫酸环化后，可以使不饱和度下降，密度增加，软化点提高，用来制作鞋底、坚硬的模制品、机械衬里。

（3）与甲基丙烯酸甲酯（MMA）接枝：目前有 MG-49 和 MG-30 两种，接枝 MMA 的 NR 定伸应力和拉伸强度都很高，抗冲击性和耐曲挠龟裂、动态疲劳性、黏着性较好。主要用来制造要求具有良好抗冲击性能的坚硬制品、无内胎轮胎中不透气的内贴层、纤维与橡胶的强力黏合剂等。

4）耐介质特性

天然橡胶具有较好的耐碱性能，但不耐浓强酸。由于天然橡胶是非极性橡胶，只能耐一些极性溶剂，而在非极性溶剂中则发生溶胀，因此其耐油性和耐溶剂性很差。例如，卤代烃、二硫化碳、醚、高级酮和高级脂肪酸对天然橡胶均有溶解作用，但其溶解度受塑炼程度的影响，而低级酮、低级酯及醇类对天然橡胶则是非溶剂[21]。

3. 硫化特性

硫化是指线形的高分子在物理或化学作用下，形成三维网状体型结构的过程，实际上就是将塑性的胶料转变成具有高弹性橡胶的过程，见图 1-9。硫化历程是橡胶大分子链发生化学交联反应的过程，包括橡胶分子与硫化剂及其他配合剂之间发生的一系列化学反应以及在形成网状结构时伴随发生的各种副反应，见图 1-10。硫化历程分为三个阶段。

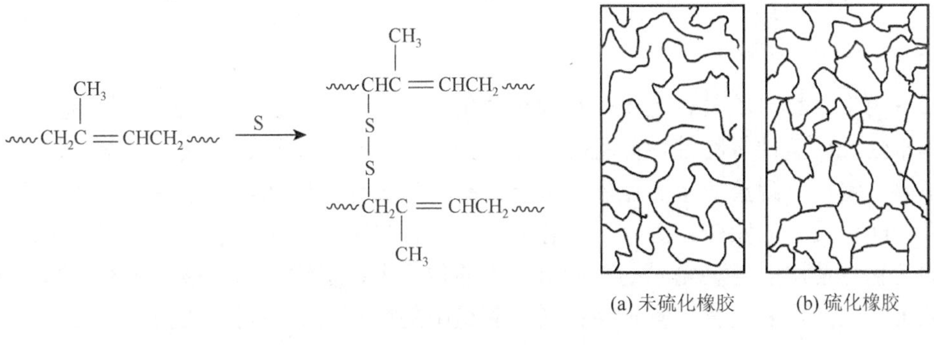

(a) 未硫化橡胶　　(b) 硫化橡胶

图 1-9　橡胶硫化

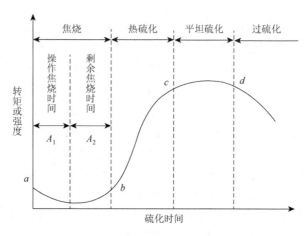

图 1-10　橡胶硫化历程图

（1）焦烧阶段（ab 阶段）：是指胶料正式硫化前的阶段，即从胶料放入模内至出现轻度硫化的阶段。操作焦烧时间 A_1 是指在橡胶加工过程中由于热积累效应所消耗的焦烧时间。剩余焦烧时间 A_2 是指胶料在模型中受热时保持流动性的时间。

（2）热硫化阶段（bc 阶段）：是胶料进行交联反应的阶段，橡胶的拉伸强度急剧上升，其中 bc 曲线的斜率大小代表了硫化反应的快慢，斜率越大，硫化反应越快，生产效率越高。

（3）平坦硫化阶段（cd 的阶段）：是发生交联键的重排、热裂解等反应的阶段。由于交联和热裂解反应的动态平衡，胶料的拉伸强度曲线在此阶段出现平坦区，硫化胶保持最佳的性能，因此该阶段成为工艺中确定胶料正硫化时间范围的依据。

（4）过硫化阶段（d 以后的部分）：是发生交联键及链段的热裂解反应的阶段。

橡胶在硫化过程中性能会发生变化，拉伸强度、定伸应力、弹性等性能达到峰值后，随硫化时间再延长，这些值出现下降；伸长率、永久变形等性能随硫化时间延长而渐减，当达到最低值后再继续硫化又缓慢上升；耐热性、耐磨性、抗溶胀性等都随硫化时间的增加而有所改善，并在最佳硫化阶段为最好[22]。

4. 应用领域

由于天然橡胶具有上述一系列物理化学特性，尤其是优良的回弹性、绝缘性、隔水性及可塑性等特性，并且经过适当处理后还具有耐油、耐酸、耐碱、耐热、耐寒、耐压、耐磨等宝贵性质，因此具有广泛用途。例如，日常生活中使用的雨鞋、暖水袋、松紧带；医疗卫生行业所用的外科医生手套、输血管、避孕套；交通运输上使用的各种轮胎；工业上使用的传送带、运输带、耐酸和耐碱手套；农业上使用的排灌胶管、氨水袋；气象测量用的探空气球；科学实验用的密封、防震设备；国防上使用的飞机、坦克、大炮、防毒面具；甚至火箭、人造地球卫星和宇宙飞船等高精尖科学技术产品都离不开天然橡胶。目前，世界上部分或完全用天然橡胶制成的物品已达 7 万种以上[23]。

天然橡胶主要用于以下方面。胶乳浸渍制品：（气象、节日、玩具）气球、（医用、家用、工业）手套、奶嘴、避孕套；海绵制品：海绵（床垫、枕头、鞋材中底垫）；注模制品：胶乳玩具、防毒面具、化妆用具、鞋类；压模制品：胶乳胶丝、医疗用品；其他应用：毛、棕、动植物及人工合成纤维、人造皮革的黏合，植绒，地毯，纺织，造纸和胶黏剂等。图 1-11 为部分天然橡胶制品。

橡胶密封件

图 1-11　部分天然橡胶制品

5. 产量

天然橡胶树是多年生长的树木，属热带雨林乔木，高 20～40m，适合在全年平均气温为 26～32℃、年平均降雨量在 2500mm 以上、年平均相对湿度在 80%以上的高温多雨的热带栽培，主要集中在东南亚地区，约占世界天然橡胶种植面积的 90%。

1）全球天然橡胶产量

2021 年全球天然橡胶产量达 1388 万 t，同比增长 10.18%。泰国的天然橡胶产量达 467.3 万 t，占全球总量的比例为 34%，排名第一；其次是印度尼西亚，产量达 312.2 万 t，占比 22%。2022 年 1～11 月，全球天然橡胶产量达 1438 万 t，同比增长 2.3%。图 1-12 显示的是 2021 年全球天然橡胶主要生产国，图 1-13 表明从 2012 年至 2022 年 11 月全球天然橡胶产量。

2）中国天然橡胶产量

2012 年起我国的天然橡胶产量基本稳定在 80 万 t 左右，2020 年产量偏低，约 69 万；2021 年产量约 85 万 t。我国天然橡胶需求量 70%靠进口，2018～2020 年进口均价基本维持在 130～140 美元/t 之间；2021 年天然橡胶产品进口均价为 161.8 美元/t，同比增长 20.8%。

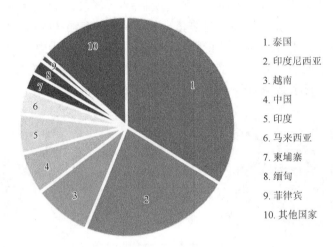

图 1-12　2021 年全球天然橡胶主要生产国

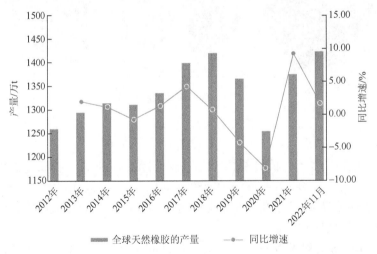

图 1-13　2012 年至 2022 年 11 月全球天然橡胶产量及同比增速

1.2.3　合成橡胶

合成橡胶是指各种单体经聚合反应合成的一类高分子材料，按其性能和用途可分为通用合成橡胶和特种合成橡胶[24]。特种合成橡胶随着综合性能改进，成本降低，也可作为通用合成橡胶来使用。

1. 丁苯橡胶

丁苯橡胶（SBR）是丁二烯和苯乙烯的共聚体，性能接近天然橡胶，是目前产量最大的通用合成橡胶。1933年德国首先研制出高温乳液聚合丁苯橡胶，其是最早实现工业化的合成橡胶。丁苯橡胶结构中含有苯环和侧乙烯基，导致分子结构不规整，属于不能结晶的非极性橡胶，大分子链柔性较差，分子内摩擦大。

丁苯橡胶的优点在于耐磨性、耐老化和耐热性超过天然橡胶，质地也较天然橡胶均匀；其缺点是弹性较低，抗屈挠、抗撕裂性能较差，加工性能差，自黏性差，生胶强度低。使用温度范围：–50～100℃。主要用于代替天然橡胶制作轮胎、胶板、胶管、胶鞋及其他通用制品。

2. 聚丁二烯橡胶

聚丁二烯橡胶（BR）是由丁二烯聚合而成的顺式结构橡胶，丁二烯在聚合时由于条件不同可产生不同类型的聚合物。高顺式聚丁二烯橡胶于1960年在国外正式投入工业生产，我国于1967年工业生产。这种橡胶习惯上称为顺丁橡胶，是一个大品种的合成橡胶，主要用于轮胎工业。顺丁橡胶性能优越、成本较低，在橡胶生产中一直占有重要地位。

聚丁二烯橡胶的优点在于弹性与耐磨性优良，耐老化性好，耐低温性优异，在动态负荷下发热量小，易与金属黏合；其缺点是强度较低，抗撕裂性差，加工性能与自黏性差。使用温度范围：–60～100℃。主要与天然橡胶或丁苯橡胶并用，制作轮胎胎面、运输带和特殊耐寒制品。

3. 异戊橡胶

异戊橡胶（IR）是由异戊二烯单体聚合而成的一种顺式结构橡胶。其化学组成、立体结构与天然橡胶相似，性能也非常接近天然橡胶，故有合成天然橡胶之称。异戊橡胶具有天然橡胶的大部分优点，耐老化优于天然橡胶，弹性和强力比天然橡胶稍低，加工性能差，成本较高。使用温度范围：–50～100℃。可代替天然橡胶制作轮胎、胶鞋、胶管、胶带及其他通用制品。

异戊橡胶的优点在于质量均一、纯度高、综合性能好；其缺点在于生胶强度、黏着性、加工性能以及硫化胶的抗撕裂强度、耐疲劳性等均稍低于天然橡胶。主要用于轮胎生产，除航空和重型轮胎外均可代替天然橡胶。

4. 氯丁橡胶

氯丁橡胶（CR）是由氯丁二烯作单体经乳液聚合而制成的聚合体。这种橡胶分子中含有氯原子，由 2-氯-1,3-丁二烯采用乳液聚合得到，硫调型聚合温度为

40℃，非硫调型聚合温度为 10℃以下。氯丁橡胶为浅黄色或暗褐色弹性体，于 1931 年由美国杜邦公司实现工业化生产，现在已有十多个国家生产，全世界的年产量约为 70 万 t。我国在 1958 年合成了氯丁橡胶，是最早工业化的合成橡胶。

氯丁橡胶的优点在于具有优良的抗氧、抗臭氧性，不易燃，着火后能自熄，耐油、耐溶剂、耐酸碱及耐老化，气密性好等，物理机械性能比天然橡胶好，故可用作通用橡胶，也可用作特种橡胶；其缺点是耐寒性较差，密度较大，相对成本高，电绝缘性不好，加工时易黏辊、易焦烧。此外，生胶稳定性差，不易保存。使用温度范围：−45～100℃。主要用于制造要求抗臭氧、耐老化性高的电缆护套及各种防护套、保护罩；耐油、耐化学腐蚀的胶管、胶带和化工衬里；耐燃的地下采矿用橡胶制品，以及各种模压制品、密封圈、垫、黏合剂等。

5. 乙丙橡胶

乙丙橡胶（EPM/EPDM）是以乙烯、丙烯为主要单体原料共聚的无定形橡胶，乙烯、丙烯的组成比影响共聚物的性能，一般丙烯的含量为 30mol%～40mol%时是较好的弹性体，分为二元乙丙橡胶和三元乙丙橡胶。

乙丙橡胶的优点在于抗臭氧、耐紫外光、耐天候性和耐老化性优异，居通用橡胶之首，电绝缘性、耐化学性、冲击弹性很好，耐酸碱，密度小，可进行高填充配合，耐热可达 150℃，耐极性溶剂酮、酯等，但不耐脂肪烃和芳香烃，其他物理机械性能略次于天然橡胶而优于丁苯橡胶；其缺点是自黏性和互黏性很差，不易黏合。使用温度范围：−50～150℃。主要用于化工设备衬里、电线电缆包皮、蒸汽胶管、耐热运输带、汽车用橡胶制品及其他工业制品。

6. 丁基橡胶

丁基橡胶（IIR）为异丁烯与少量异戊二烯（1%～5%）的低温共聚物（−95～100℃），1943 年实现工业化生产，为白色或暗灰色的透明弹性体。1960 年实现连续化生产卤化丁基橡胶，1971 年开发了溴化丁基橡胶的连续化生产，主要用于轮胎内胎。

丁基橡胶的优点：气密性好，耐臭氧、耐老化性能好，耐热性较高，长期工作温度可在 130℃下，能耐无机强酸（如硫酸、硝酸等）和一般有机溶剂，吸震和阻尼特性良好，电绝缘性非常好；缺点：弹性差，加工性能差，硫化速度慢，黏着性和耐油性差。使用温度范围：−40～120℃。主要用作内胎、水胎、气球、电线电缆绝缘层、化工设备衬里及防震制品、耐热运输带、耐热老化的胶布制品。

7. 丁腈橡胶

丁腈橡胶（NBR）是以丁二烯和丙烯腈为单体经乳液共聚而制得的高分子

弹性体，是目前用量最大的一种特种橡胶。1937 年由德国 I. G. Faben 公司投入工业化生产，以商品名 BunaN 问世。丁腈橡胶目前主要采用低温乳液聚合方法生产，丙烯腈的含量是影响丁腈橡胶性能的重要指标，其含量一般在 15%～50% 范围内。

丁腈橡胶的优点在于耐汽油和脂肪烃油类的性能特别好，仅次于聚硫橡胶、丙烯酸酯和氟橡胶，而优于其他通用橡胶，耐热性好，气密性、耐磨及耐水性等均较好，黏结力强；其缺点是耐寒及耐臭氧性较差，强力及弹性较低，耐酸性差，电绝缘性不好，耐极性溶剂性能也较差。使用温度范围：–30～100℃。主要用于制造各种耐油制品，如胶管、密封制品等。

8. 硅橡胶

硅橡胶（Q）是分子主链中为—Si—O—无机结构，侧基为有机基团的一类弹性体，属于半无机饱和的、杂链、非极性弹性体，典型的代表是甲基乙烯基硅橡胶，其中的乙烯基提供交联点，起主要作用的是硅元素。

硅橡胶的优点在于既耐高温（最高 300℃）又耐低温（最低–100℃），是目前最好的抗严寒、耐高温橡胶，电绝缘性优良，对热氧化和臭氧的稳定性很高，化学惰性大；其缺点是机械强度较低，耐油、耐溶剂和耐酸碱性差，较难硫化，价格较高。使用温度范围：–60～200℃。主要用于制作耐高低温制品（胶管、密封件等）、耐高温电线电缆绝缘层，由于其无毒无味，还用于食品及医疗工业。

1.2.4　废旧橡胶

废旧橡胶是固体废弃物的一种，主要来源为废轮胎、胶管、输送带、胶鞋、密封件、垫板等工业制品，此外还有橡胶生产过程中产生的边角料、废料。废旧橡胶属于热固性的聚合物材料，具有耐燃、耐碱、耐酸等特点，数十年也难以自然降解，大量废旧橡胶造成的黑色污染已成为环境治理的重要对象[25]。

1. 国外废旧橡胶资源现状

国外很多国家都非常重视废旧橡胶的回收利用，政府以不同的形式鼓励和提倡对废旧橡胶的回收利用[26]。美国是世界上汽车保有量最多的国家，废旧轮胎年产生量居世界第一。美国轮胎制造商协会（USTMA）发布 2017 年美国废旧轮胎报告，包括 2017 年美国废旧轮胎回收量、库存量以及美国各州的废旧轮胎管理现状。数据显示，1991 年，美国废旧轮胎的回收率为十分之一。而到 2017 年，已有超过 81% 的废旧轮胎被回收，回收后主要制成辅助燃料、橡胶改性沥青等产品。其中，43% 的废旧轮胎被加工成辅助燃料，使用量最高；橡胶改性沥青产品也是主要回收途径，2016 年共消耗 700 多万条废旧轮胎。1991 年，美国废旧轮胎库存量为 10 亿条，到 2017 年锐减至 6000 万条，降幅高达 94%。美国废旧轮胎的工业化处理方法主要有三种：传统填埋法（大多数要求切块后填埋）、热能利用法（水泥窑炉、工业锅炉、发电锅炉等）、生产橡胶粉。在美国有不少水泥厂、发电厂、造纸厂、钢铁厂和冶炼厂都用废旧轮胎作燃料，效果非常好。在所有综合利用中，热能利用是目前能够最大量消耗废旧轮胎的唯一途径，不仅简洁方便，而且设备投资最少。美国没有工业化废旧轮胎热裂解企业和再生胶企业，20 世纪 70 年代前主要是利用废旧轮胎制造再生胶，1950 年产量为 30.3 万 t，从 1980 年后期开始直线下降，到 2007 年减至 8.6 万 t，仅为橡胶消耗量的 3%，占废旧轮胎量的 2.7%，现在再生胶大部分已几乎被淘汰[27]。

加拿大幅员辽阔，工业发达，生活水平较高，交通运输主要靠车辆。全国人口虽然只有 3000 多万人，但每年报废的汽车轮胎有 2500 万条左右。加拿大政府十分重视废旧轮胎的回收处理，20 世纪 90 年代后出台了一系列鼓励措施，促进了废旧轮胎的回收利用和开发研制高科技、高附加值的再生橡胶制品等，不仅解决了环境污染，实现了资源的综合利用，而且创造了经济价值。目前加拿大废旧轮胎的回收利用、粉碎和深加工技术已居世界领先地位[28]。

作为世界汽车工业发源地的欧洲，废旧轮胎处理已成为一个重要行业，在处理技术和配套回收政策方面均形成了较为成熟的体系。从 20 世纪 70 年代开始，德国逐步建立了严格的废弃物回收制度，特别是 1994 年出台了新的《循环经济和废物管理法》，清晰地规定了社会各方应承担的责任，要求生产商、销售商及个人消费者从开始就要考虑废弃物的再生利用问题，将促进材料再生产体系内循环作为重要的目标。欧洲国家对废旧轮胎的处理主要有三种模式：①以德国为代表的自由市场机制模式，主要通过立法对轮胎生产商、消费者和回收企业设定严格要求，参与者通过市场竞争合作来完成法律所要求的目标；②丹麦等国家建立了以税收为核心的体系，政府对轮胎生产商和进口商征税，成立基金对轮胎回收再利用产业进行补贴，消费者不用再负担费用；③还有很多欧洲国家采取"谁生产谁负责"的模式，由轮胎生产商承担废旧轮胎的回收任务，一般会组建全国性的废旧轮胎回收企业来专门处理[29]。

据日本汽车轮胎协会发表的统计数据，每年约有 5% 的旧轮胎直接被加工成翻新轮胎使用；约有 12% 被加工成再生胶及胶粉，再次用于生产汽车轮胎。日本自 1993 年起就大规模进行废弃轮胎的回收利用，曾一度成为世界上废橡胶利用率最高的国家，利用率达到 90% 以上。目前，日本主要通过资源回收企业、加油站、汽车维护维修厂、报废车辆回收公司等渠道来回收废弃轮胎。日本废弃轮胎的再利用形式主要有：翻新轮胎、生产再生胶、橡胶粉末、热能利用、热分解炼油及用作铺路材料等。普利司通股份有限公司、优科豪马橡胶有限公司、住友橡胶、通伊欧轮胎贸易有限公司等公司都在积极从事废旧轮胎的再生利用，设有专门从事轮胎翻新业务的子公司[30]。

各国基于国情形成了不同的废旧轮胎回收利用体系，对于我国的废旧轮胎循环利用产业发展具有重要的参考价值。我们也应该关注国际先进的处理工艺，不断提升废旧轮胎利用水平，尽可能避免污染环境、资源浪费，最大化地发挥废旧轮胎的价值[31]。

2. 中国废旧橡胶资源现状

我国废旧橡胶产量每年以 8%～10%的速度增长，2020 年废旧橡胶产量达到2000 万 t。橡胶消耗量约占世界消耗总量的 30%，连续多年居世界首位，其中 70%左右的橡胶用于轮胎的生产制造，我国已成为世界轮胎生产和消费第一大国。废旧轮胎是废旧橡胶的主要来源，2019 年我国汽车轮胎产量 6.5 亿条，国内消耗 3.8 亿条，机动车轮胎市场保有量达 17 亿条，废旧轮胎产生量约 3.3 亿条[32]。2019 年，废旧轮胎综合利用企业约 1500 家，从业 10 万人，回收利用量约 2 亿条，回收利用率约 60%。其中，轮胎翻新量约 500 万标准折算条，再生橡胶产量约 300 万 t，橡胶粉产量约100 万 t，热裂解处理量约 100 万 t。我国废旧轮胎综合利用行业正快速发展，废旧轮胎回收利用率逐年提升。据统计，截至 2019 年年底，我国已存有报废轮胎3.3 亿条，并且这个数字平均每年还要上涨 3000 万。大量废旧轮胎的堆积，不仅造成资源的浪费，而且极易滋生蚊虫、传播疾病，也容易引起火灾，对空气、水、土壤等人类生存环境造成了很大的危害[33]。

我国废旧橡胶循环利用方式主要有制造再生胶、胶粉及轮胎翻新三种。废旧橡胶综合利用的各种形式中，再生胶占 71.3%，胶粉占 7.5%，轮胎翻新占 11.8%，其他形式占 9.4%[34]。多年来，已形成了以再生胶为主，适度生产胶粉，加快以轮胎大企业为主力发展具有中国特色的废旧橡胶综合利用格局。废旧橡胶综合利用率已达 70%以上，不仅实现了天然橡胶的再生，还突破了合成胶再生的世界性难题。目前，再生胶已在垫带、内胎等制品中获得大量应用，在农用胎等低速轮胎中再生胶也可以与天然胶或合成胶按一定比例掺用。将废旧轮胎破碎制备胶粉用于改性沥青可以提高沥青道路质量和消耗废轮胎的数量，是一个变废为玉的可持续发展方式[35]。

废旧轮胎中的合成纤维、钢丝和橡胶混合物分别可以作为塑料、优质弹簧钢和涂料等的原材料，应用在橡胶、建材、塑料和涂料等工业领域。废旧轮胎还能作为一种高能燃料。此外，由于水银等重金属能与橡胶制品中的硫磺及其他化合物发生化学反应，废旧轮胎还被用于防止环境的重金属污染。

我国大力支持废旧橡胶行业的发展，相继出台了多部政策法规引导、规范废旧橡胶回收利用行业的发展[36]。2016 年工业和信息化部、商务部、科学技术部出台了《关于加快推进再生资源产业发展的指导意见》，2017 年国家发展和改革委员会发布了《战略性新兴产业重点产品和服务指导目录》（2016 版），2020 年工业和信息化部出台了《废旧轮胎综合利用行业规范条件》，2022 年国家发展和改革委员会联合商务部等有关部门出台了《关于加快废旧物资循环利用体系建设的指导意见》等文件，为构建废旧橡胶资源化利用体系明确了方向和道路。

3. 废旧橡胶利用技术

在废旧橡胶的利用技术方面，主要采用以下几种方法[37]。

1）废旧橡胶的直接利用

废旧橡胶材料的直接利用是将废旧橡胶制品以原有形状或近似原形加以利用。以废旧轮胎为例，废旧轮胎翻新胎的质量和行驶里程与新胎相当，一条轮胎最多能翻新 7 次，平均为 2～3 次。美国是世界上轮胎翻新最发达的国家，其产量一直居全球之首。早在 1990 年，美国翻新轮胎产量就高达 3300 万条，为当年新胎产量（2.3 亿条）的 14.3%，占世界翻胎总产量的 40%以上。但是，汽车和现代交通的发展对汽车轮胎高速安全性的要求日益苛刻，可供汽车翻新轮胎的胎源也不断减少。目前，基本无人翻新轿车轮胎，世界各国过去大量进行翻新的载重和工程车辆等大胎也逐步萎缩。因此，现在翻新的轮胎主要为载重车辆轮胎和工程车辆的轮胎，美国载重车辆轮胎的翻新率为 80%。目前，预硫化翻胎法（又称冷翻法）是最先进的翻胎技术，是把已经硫化成型的胎面胶合到经过打磨处理的胎体上，然后装上充气内胎和包封套，最后送入大型硫化罐，在较低温度和压力下硫化，一次可生产多条翻新轮胎[38]。

2）将废旧橡胶粉碎生产胶粉

这种形式回收橡胶是最为合理的。再生胶的化学组成和物理性能与天然橡胶和合成橡胶相似，但成本仅为生胶的 25%～33%，而且废旧橡胶几乎可以 100%作为胶粉回收再利用[39]。胶粉含有抗氧化剂，因此可以延缓沥青铺路材料的老化，延长公路的使用寿命，同时可使路面更有弹性，降低噪声。美国采用胶粉改性沥青铺设高等级公路和城市道路已有 30 多年的历史。1997 年美国参众两院立法规定，凡国家投资或资助的道路建设必须采用胶粉改性沥青铺设，并且规定胶粉的用量必须达到 20%以上；加拿大 70%以上的废旧橡胶处理用来生产胶粉[40]。

3）将废旧橡胶进行热裂解或燃烧处理

热裂解（又称高温热解）是在缺氧或惰性气体的环境中对废旧橡胶进行高温加热处理，有机成分在热解之后转化得到气、液、固等三种不同产物[41]。热裂解处理回收的产物通常为：气体 10%～30%、液体 38%～55%、炭黑 33%～38%。热解气多作为能源使用，可以为热解系统提供热量或者作为燃料使用；热解油经过分馏后可以作为化工原料或燃油使用；热解固体产物（又称热解碳）经过一定的处理之后，可作为沥青或密封产品的填充剂[42]。同时，废旧橡胶切割成块状后，与煤炭掺在一起放进烧砖炉或制水泥的焚烧炉，直接用作燃料燃烧。该方法在日本、加拿大、芬兰等国家应用比较广泛[43]。

4）对废旧橡胶进行简单加工并作他用

简单加工是根据各种用途，将废旧橡胶切割加工成各种形状的橡胶制品，用作抗击碰撞物品、建筑用地铺路用品，如港口码头、墙壁等。胶粉是废旧橡胶经过研磨形成的粉末状材料，其中金属和纤维骨架材料已被除去，质量及含水量小，并有较大的比表面积。胶粉可以作为填料添加到橡胶材料中，既能改善胶料性能，又能有效降低成本；胶粉可以作为填充剂或增韧剂与其他材料良好相容，例如，热塑性树脂加入胶粉后可通过模压、层压、压延、挤塑等成型方法制成成品，混凝土添加胶粉可以增加弹性，改善脆性开裂，延长使用寿命。

4. 废旧橡胶粉

1）废旧橡胶粉的分类

20 世纪 80 年代末，欧美主要工业发达国家和地区已开始停止生产通用型再生胶，逐步转向废旧橡胶直接加工成可以直接利用的不同细度的胶粉。胶粉工业是废旧橡胶综合利用产业的一个重要分支，在我国始于 20 世纪 80 年代后期。胶粉是由已经硫化的废橡胶制品经打磨或进一步活化改性制得的粉末状物质，是一种特殊的具有弹性的粉体材料，具有粉体材料的基本特征。按胶粉粒度可分为粗胶粉、细胶粉、微细胶粉、超细胶粉；按胶粉的处理方法又可分为一般胶粉、活化胶粉和改性胶粉；按制备工艺又可分为常温粉碎胶粉、低温粉碎胶粉和冷冻粉碎胶粉。不同的粉碎方法对胶粉的粒径、形状等有不同影响[44]。表 1-2 是按常规的胶粉粒度分类情况。

表 1-2 胶粉分类及应用

类别	粒径/mm	粒度/目	橡胶工业用途	非橡胶工业用途
碎胶块	30～10	—	—	铺路、机场
胶粒	5.0～2.0	4～10	—	地板砖、运动场跑道
粗胶粉	1.4～0.5	12～30	再生胶	地毯、地砖
细胶粉	0.5～0.3	30～50	活化胶粉、精细再生胶	—
微细胶粉	0.3～0.08	50～200	—	防水卷材、改性沥青
超细胶粉	0.08 以下	200 以下	军工制品	塑料改性、高档建材

2）废旧橡胶粉加工工艺

采用废旧橡胶制备胶粉，在回收过程中先要清除其中的钢丝和帘布等杂物，再通过化学、机械或者冷冻粉碎等方法加工处理。废旧轮胎生产胶粉时，须对制品中的纤维、钢丝等非橡胶成分进行回收。目前，常温粉碎法、低温粉碎法和溶液粉碎法是废旧橡胶粉制备的 3 种主要方法[45]。

（1）常温粉碎法。

常温粉碎法是在常温或略高于常温的温度下，利用机械剪切作用将废旧橡胶切断、压碎。通常情况下，该法先将废旧橡胶粉碎成 50mm 大小的大胶块，然后利用粗碎机粉碎成 20mm 大小的小胶块，最后利用细碎机磨碎制成 40～200μm 的胶粉。目前，最常用的常温粉碎法生产工艺是常温辊轧法和连续粉碎法。常温粉碎法生产的胶粉为毛刺状，表面凹凸不平，具有较大的比表面积，有利于胶粉进行改性活化。常温粉碎法与其他粉碎方法相比具有投资少、工艺流程短、能耗低等优点[46]。

（2）低温粉碎法。

低温粉碎法是利用液氮等制冷剂冷冻或空气涡轮膨胀式冷冻使废旧橡胶冷冻到玻璃化转变温度以下，即由弹性材料变为脆性材料，再采用锤式或者磨盘式粉碎机进行粉碎加工的方法。相比常温粉碎法，低温粉碎法能够得到形状规则、表面光滑和粒径较小的胶粉。低温粉碎法有两种冷冻处理方式，一种是全程在冷冻环境下粉碎废旧橡胶；另一种是先在常温下将废旧橡胶粉碎到一定的粒度，然后将其进入冷冻系统完成粉碎。

（3）溶液粉碎法。

溶液粉碎法是在水或有机溶剂等介质中将废旧橡胶粉碎成胶粉的方法。英国橡胶与塑料研究协会（PAPRA）开发的 PAPRA 法生产工艺是最具代表性的溶液粉碎法，是一种典型的超细微粉碎工艺。使用的设备是磨盘式胶体研磨机，粉碎过程较复杂，工序为废旧橡胶粗粉碎、水或溶剂预处理、研磨粉碎、脱溶剂干燥和胶粉制备。此外，溶液粉碎法还包括光液压效应粉碎法、高压水冲击粉碎法和常温助剂法等。

以上三种不同方法生产的胶粉目数见表1-3，不同生产方法生产的胶粉应用领域各不相同，以常温粉碎法胶粉应用最为广泛。近年来，还相继出现了臭氧粉碎法、定向爆破法、高压爆破法和高温超速法等特殊粉碎法。

表 1-3　不同生产方法的胶粉目数

生产方法	粒度/目
常温粉碎法	≤80
低温粉碎法	80～200
溶液粉碎法	≥200

3）废旧橡胶粉利用方法

废旧橡胶粉的主要利用方法见表 1-4，包括废旧橡胶粉的再生利用、直接利用、改性利用和用于建筑材料中[47]。

表 1-4 废旧橡胶粉的主要利用方法

利用方法	举例
再生利用	脱硫再生、生产活性炭、生产燃料油、燃气
直接利用	地面铺设材料、生产片材
改性利用	用于轮胎材料、增韧塑料、软泡沫塑料
在建筑材料中的应用	改性道路沥青、用于水泥混凝土

（1）废旧橡胶粉的再生利用。

废旧橡胶粉的再生利用包括脱硫再生、生产活性炭及生产燃料油、燃气和化学原料。脱硫再生是废旧橡胶粉回收利用的传统方法，即通过加入某些化学试剂或者通过热或其他作用来打断硫化胶中 C—S 键和 S—S 键，从而破坏其三维结构。生产活性炭是将废旧橡胶粉隔绝空气加热，利用产生的气体来收集生成的。生产燃料油、燃气和化学原料是废旧橡胶粉通过一定处理生产的，例如，废旧橡胶粉中添加一定量的裂解催化剂，在催化反应器中加热、加压，然后对其气化产物进行过滤，再通过冷却装置便可分离出轻油、重油和燃料气[48]。

（2）废旧橡胶粉的直接利用。

废旧橡胶粉可作为地面铺设材料的原材料之一，加入废旧橡胶粉的地面铺设材料具有一定的弹性和耐磨、抗滑等性能，用其铺设人行道、球场等地极为适合，而且其中含有防老剂，可以明显提高质量和寿命。将废旧橡胶粉与热塑性树脂在高温下直接混合，可生产出片材新产品[49]。

（3）废旧橡胶粉的改性利用。

废旧橡胶粉经过活化改性以后用在胎面胶中，其掺量可大大增加，且胎面的性能也比较优越。将改性废旧橡胶粉与高聚物结合而制得的软泡沫塑料具有优良的性能，且价格低廉[50]。

（4）废旧橡胶粉用于建筑材料中。

废旧橡胶粉在建筑材料的主要应用有：铺设高等级公路；作为原材料加工成橡胶地砖，适用于敬老院、幼儿园、病房地面、操场、健身房及各种游乐场所，国外大量用于防滑通路；将废轮胎胶粉、沙子、石子、水泥混合，用模型压制成铁路枕木，具有密度小、抗冲击和耐腐蚀等优点，能减少火车行驶噪声和震动；

铁路平交道口用橡胶铺面板取代传统混凝土铺面，可延长道口铺面寿命，减少维修费用，增加道口安全性，极大地降低重载车辆对线路的冲击作用，并能减震降噪，有着积极的经济效益和社会效益[51]。

4）废旧橡胶粉改性处理

废旧橡胶粉是废旧橡胶经粉碎产生的颗粒物，由于硫化后表面呈惰性，与聚合物之间的界面结合能力较差，若直接添加在材料中较难形成好的黏结界面，制得的复合材料性能不佳，并且会随着添加量的增加而下降，因此采用物理、化学、机械和生物等方法对胶粉表面进行处理。根据应用的需要有目的地改变胶粉表面的物理化学性质，使胶粉表面的过渡层更加均匀，有利于改善硫化胶粉的拉伸、胶接和耐磨等性能，提高与其他材料的相容性，在增加胶粉添加量的同时保证材料的综合性能[52]。

（1）机械力化学改性。

机械力化学法是将化学反应原料添加到胶粉中，在一定条件下借助机械剪切力作用使胶粉发生化学反应而使其表面产生反应活性的一种方法。机械力化学法的特点是利用机械力作用和化学作用的协同效应，快速裂解硫化橡胶的交联键而使其获得塑性。机械力化学改性废旧橡胶粉的方法常用设备有挤出机、固相力化学反应器、开炼机、密炼机等，可以采用的改性剂有硫磺、邻苯二甲酸酐、二辛基钛酸酯或芳烃油[53]。陶国良等[54]在未加任何脱硫剂的情况下，利用双螺杆挤出机提供的热能和强剪切作用对硫化橡胶进行脱硫回收，使硫化橡胶恢复了再加工性能，并且微观结构也发生了显著变化。孟彩云等[55]利用双辊开炼机的机械力和促进剂 TT（二硫化四甲基秋兰姆）相互协同作用，对胶粉的改性效果较好，并将改性的胶粉与天然橡胶共混制成硫化胶，材料的交联程度提高，磨耗体积下降，力学性能提高。Jana 等[56]采用二苯基二硫化物作为改性剂在双辊开炼机上对胶粉进行机械力化学改性，有效改善了胶粉的表面反应活性。

（2）聚合物涂层改性。

聚合物涂层改性是借助黏附力用聚合物对胶粉进行表面包覆。通常用作包覆层的聚合物含有交联剂，在硫化或塑化成型时会在胶粉与基体之间产生化学交联结合，能有效增加胶粉与基体材料的结合力，可制得性能良好的共混材料。根据包覆层不同，采用液体橡胶作为包覆层的改性胶粉为热固性胶粉，采用液体塑料或热塑性弹性体作为包覆层的改性胶粉为热塑性胶粉。荷兰弗雷德轮胎公司用含有分散硫磺、硫化促进剂和迟延剂的高分子聚合物包覆胶粉，开发的表面改性胶粉（Surcrum）在硫化时牢固结合在三维网络中，拉伸强度显著增强[57]。Bagheri 等[58]采用端羧基液体丁腈橡胶涂覆胶粉后增韧环氧树脂，包覆后的胶粉与环氧树脂共混效果增强，协同效应使得增韧后材料的断裂韧性比环氧树脂的显著增强。

（3）接枝或互穿聚合物网络改性。

接枝改性是指在一定条件下使接枝改性剂在胶粉表面产生接枝的方法，典型的胶粉接枝改性剂有马来酸酐、苯乙烯等[59]。互穿聚合物网络改性是通过不同聚合物网络的相互穿插、渗透在胶粉和基体间形成牢固的界面结合。Kim 等[60]利用紫外线处理胶粉表面，同时接枝丙烯酰胺，并加入马来酸酐接枝聚丙烯作为胶粉高密度聚乙烯（HDPE）的相容剂，大幅提高了共混胶料的力学性能和抗冲击性能。邱贤华等[61]利用互穿聚合物网络改性的方法制备得到了聚氨酯/胶粉/聚苯乙烯型的半互穿聚合物网络，采用差示扫描量热仪测定的玻璃化转变温度和扫描电子显微镜分析结果表明，作为公共组分的聚苯乙烯与废旧橡胶粉及聚氨酯发生了互穿缠结，整个材料性能得以提高。杨莉等[62]采用聚氨酯/聚（甲基丙烯酸甲酯-共-二甲基丙烯酸乙二醇酯）改性废旧橡胶粉，力学测试结果表明，改性胶粉的拉伸强度、断裂伸长率、永久变形和硬度等性能达到最佳，其性能显著优于无公共网络的聚氨酯/胶粉共混体系。但是，接枝或互穿聚合物网络改性胶粉的成本较高，仅限使用于高附加值产品。

（4）再生脱硫改性。

再生脱硫改性是指采用一定的方法来断裂硫化橡胶中的 S—S 键、S—C 键等，从而破坏交联网状结构，在其表面产生较多利于与共混材料键合的活性基团，形成具有一定可塑性和表面活性的脱硫橡胶，通常包括物理再生、化学再生和微生物再生等三类[63]。物理脱硫再生法是利用超声波、微波、γ 射线、电子束、剪切场和远红外线等外加能量对废旧橡胶粉进行处理，破坏其立体网状结构，形成一定塑性和表面活性。Isayeva 等[64]最先尝试在挤出机机头上安装超声功率发生器来实现硫化胶的连续脱硫。肖鹏[65]采用微波辐射法对废旧橡胶粉表面进行活化并用于改性沥青，辐射后的废旧橡胶粉表面蓬松呈絮状结构，有利于沥青中的轻质油分渗入到废旧橡胶粉内部，改性沥青的热稳定性得到明显改善。化学脱硫再生法是在一定温度、压力或溶剂条件下，通过化学助剂向催化裂解胶粉中的交联键，达到脱硫再生的目的，常用化学助剂有 RRM 再生剂、De-link 再生剂、硫醇和二硫化物等。微生物脱硫再生法是将废旧橡胶粉与微生物（主要是噬硫细菌）及营养物混合，经过一段时间的共同培养，使橡胶粒子表面的硫键断裂，最后从混合物中分离得到脱硫胶粉的方法。

5. 废旧橡胶存在的问题及发展趋势

1）废旧橡胶存在的问题

橡胶行业一贯重视废旧橡胶综合利用，在国家产业政策的引导下，涌现出一批发展循环经济、致力于废旧橡胶处理和利用的大中型企业和具有自主知识产权的生产工艺，以及再生橡胶生产中治理尾气的环保处理装置的企业。然而，在废旧橡胶综合利用中还存在以下一些问题[66]。

（1）一些地区的废旧橡胶综合利用小厂只顾眼前利益，生产技术水平低、企业"三废"治理未达标，产品质量低；不达标的小型废旧橡胶综合利用企业不仅争抢废旧轮胎资源，同时又造成了二次污染；轮胎的翻新利用率不高，小作坊式的翻新轮胎加工蕴藏安全隐患。

（2）随着社会对节能减排、污染防治的高度重视，废旧轮胎综合利用企业必须加大环保治理投入，这势必会造成再生橡胶、橡胶粉生产成本增加，企业在市场竞争中获利的条件更加苛刻，优胜劣汰速度将进一步加快。此外，橡胶工业产品的环保要求越来越高，废旧轮胎综合利用行业提供的再生胶和胶粉作为原材料替代品，品质同样需要环保达标。

（3）我国现有的废旧轮胎回收体系不规范，缺乏从产生、回收到处理的具体管理办法，以个体为主的回收网络已经无法适应现有废旧轮胎利用的需求。由于没有形成回收系统和规范的回收市场，废旧轮胎的回收利用处于低水平、小规模的状态，每年约有 60%的废旧轮胎，特别是子午线钢丝轮胎没有得到有效利用；回收站点的设立没有列入城镇基础设施规划，因此对回收站点的卫生、环境、安全等监督管理不严；收购人员以进城打工的农民为主，回收基本技能未经过培训；由于受利益驱动，回收的废旧轮胎资源流向不符合循环经济要求的用途。

（4）目前我国还没有形成鼓励废旧轮胎资源再生和循环利用的制度体系、法律体系、政策体系和社会机制。尽管我国回收利用途径和技术并不落后，但管理、政策和立法的滞后已经严重阻碍了废旧轮胎回收利用产业的发展。我国尚无废旧轮胎回收利用的管理部门，也未建立正规的回收利用系统。企业之间盲目、无序竞争，市场管理不规范，使产品质量好、技术先进的企业得不到应有的支持。

（5）我国至今没有关于废旧轮胎回收利用的专项立法，"谁污染，谁治理"在废旧轮胎回收利用方面没有具体的措施。我国对废旧轮胎回收利用的产业政策尚不健全，甚至国际公认的无害化、资源化利用废旧轮胎综合利用产品，尚未完全纳入政府的产业目录，使投资该行业的外商和民间投资者遭遇政策障碍，这种政策上的不平等，对我国废旧轮胎回收利用行业发展不利。

2）废旧橡胶未来发展趋势

（1）政策和标准引导行业绿色发展。

为引导废旧橡胶综合利用行业健康发展，近年来相关政策机制逐渐完善，一系列相关法律法规的颁布和实施，引导着废旧橡胶综合利用行业朝绿色、健康、可持续方向发展。为规范废旧橡胶综合利用行业发展秩序，加强环境保护，促进企业优化升级，工业和信息化部针对再生橡胶行业清洁生产制定相应的评价指标体系和污染防治技术政策。这些文件为废旧橡胶综合利用行业优胜劣汰机制奠定了基础，并在一定程度上有助于加快淘汰设备和工艺落后的小企业，鼓励积极创新研发成套节能、环保、连续化、智能化、安全的先进工艺装备，引领废旧橡胶综合利用行业向标准化、品牌化、规模化和绿色化方向发展,有望改变我国废旧橡胶综合利用大而不强的局面。

(2)创新工艺支撑绿色应用。

鉴于传统废旧橡胶再生方式存在高能耗、高污染、安全隐患较大等问题,废旧橡胶综合利用行业正在积极引入绿色制造和清洁生产理念,开发绿色制造创新工艺装备,为实现废旧橡胶再生利用行业可持续发展奠定基础。要实现废旧橡胶真正的绿色循环发展,除需要先进的工艺装备保障外,再生橡胶产品的广泛应用也至关重要,主要包括胶粉的绿色化应用和再生橡胶的绿色化应用两个方面。

(3)智能化推动绿色升级。

传统废旧橡胶综合利用行业存在的问题严重阻碍了该行业的发展。在国家政策的扶持及"互联网+"浪潮的助推下,废旧橡胶综合利用企业不断升级生产装备,提出采用"互联网+废旧橡胶"的设想指导企业进行智能化生产,从根源上改变传统而单一的生产模式,全面提高产品精度、质量、生产效率和智能化程度。未来废旧橡胶综合利用行业将在全国范围内推动并完成规模和区域重组,实现集团化管理,发展大中型规模企业,建设再生橡胶(胶粉)自动化、全密闭、连续化、清洁化生产线,建立全球废旧橡胶回收利用体系和废旧橡胶在线交易系统;借助"一带一路"的契机,将我国先进的废旧橡胶综合利用技术和装备、废旧橡胶回收利用体系及废旧橡胶在线交易系统推广出去。

(4)环保设备保障绿色生产。

我国对环保排放的要求日趋严格,这对废旧橡胶综合利用行业来说是一个极大的考验。清洁生产已成为行业转型升级的主要要求,也是行业的迫切需要。实现清洁生产和优选环保设备是不可或缺的橡胶科技重要环节,环保设备生产厂家应与废旧橡胶综合利用企业密切合作,深入交流工艺流程,开发出真正能够解决问题的环保设备[67]。

1.3　复合材料

复合材料是指由两种或两种以上不同物质以不同方式组合而成的材料,可以发挥各组分材料的优点,克服单一组分的缺陷。从复合材料的组成与结构分析,其中有一相是连续的称为基体相,另一相是分散的、被基体包容的称为增强相。增强相与基体相之间有一个交界面称为复合材料界面,界面附近有一个结构与性能发生变化的微区可以作为复合材料的一相,称为界面相。因此确切地说,复合材料是由基体相、增强相和界面相组成的[68]。复合材料需要满足以下条件。

（1）复合材料必须由两种或两种以上化学、物理性质不同的材料组分，以所设计的形式、比例、分布组合而成，各组分之间有明显的界面存在。

（2）复合材料是根据需要设计制造的材料，具有结构可设计性。

（3）复合材料不仅保持各组分材料性能的优点，而且通过各组分性能的互补和关联可以获得单一组分材料所不能达到的综合性能。

1.3.1 复合材料概述

现代高科技的发展离不开复合材料，复合材料对现代科学技术的发展有着十分重要的作用。复合材料的研究深度和应用广度及其生产发展的速度和规模，已成为衡量一个国家科学技术先进水平的重要标志之一。进入 21 世纪以来，全球复合材料市场快速增长，亚洲尤其中国市场增长较快。

复合材料使用的历史可以追溯到古代，从古至今沿用的稻草或麦秸增强黏土和已使用上百年的钢筋混凝土均由两种材料复合而成。20 世纪 40 年代，因航空工业的需要，发展了玻璃纤维增强塑料，从此出现了复合材料这一名称，开辟了现代复合材料的新纪元；50 年代以后，陆续发展了碳纤维、石墨纤维和硼纤维等高强度和高模量纤维；60 年代开始，开发出多种高性能纤维；70 年代出现了芳纶纤维和碳化硅纤维；80 年代以后，由于人们丰富了设计、制造和测试等方面的知识和经验，加上各类作为复合材料基体的材料的使用和改进，现代复合材料的发展达到了更高的水平，即进入高性能复合材料的发展阶段。这些高强度、高模量纤维能与合成树脂、碳、石墨、陶瓷、橡胶等非金属基体或铝、镁、钛等金属基体复合，构成各具特色的复合材料。在巨大的市场需求牵引下，复合材料产业将有很广阔的发展空间。

1.3.2 复合材料分类

1. 按用途分类

1）结构复合材料

结构复合材料作为承力结构使用的材料，基本上由能承受载荷的增强体组元与能连接增强体成为整体材料同时又起传递力作用的基体组元构成。增强体包括各种玻璃、陶瓷、碳素、高聚物、金属，以及天然纤维、织物、晶须、片材和颗粒等，基体则有高聚物（树脂）、金属、陶瓷、玻璃、碳和水泥等。由不同的增强体和不同基体即可组成名目繁多的结构复合材料，并以所用的基体来命名，如高聚物（树脂）基复合材料等。结构复合材料的特点是可根据材料在使用中受力的要求进行组元选材设计，更重要的是还可进行复合结构设计，即增强体排布设计，能合理地满足需要并节约用材。

2）功能复合材料

功能复合材料由功能体组元和基体组元组成，基体不仅起到构成整体的作用，而且能产生协同或加强功能的作用。功能复合材料是指除机械性能以外还提供其他物理性能（如导电、超导、半导、磁性、压电、阻尼、吸波、透波、摩擦、屏蔽、阻燃、防热、吸声、隔热等凸显某一功能）的复合材料。多元功能体的复合材料可以具有多种功能，同时还有可能由于复合效应而产生新的功能。多功能复合材料是功能复合材料的发展方向。

2. 按基体分类

1）金属基复合材料

金属基复合材料包括颗粒、晶须、纤维增强金属基体的复合材料。金属基复合材料兼具金属与非金属的综合性能，材料的强韧性、耐磨性、耐热性、导电导热性及耐候性能适应广泛的工程要求，且比强度、比模量及耐热性超过基体金属，对航空航天等尖端领域的发展具有重要作用。在该类材料中，所用基体金属包括轻合金、高温合金与金属间化合物，以及钢、铜、锌、铅等；增强纤维包括炭、碳化硅、硼、氧化铝、不锈钢及钨等纤维；增强颗粒包括碳化硅、氧化铝、氧化锆、硼化钛、碳化钛、碳化硼等；增强晶须包括碳化硅、氧化硅、硼酸铝、钛酸钾等。以上各种基体和增强体可组成大量金属基复合材料，但目前多数处于研发阶段，只有少数得到应用。

2）陶瓷基复合材料

陶瓷基复合材料（CMC）的增韧材料主要有碳纤维、碳化硅纤维、玻璃纤维、氧化物纤维以及碳化物和氧化物颗粒等，基体材料主要有氧化物陶瓷、碳化物陶瓷和氮化物陶瓷等。CMC 种类繁多，由于耐高温和低密度特性优于金属和金属间化合物，因而美国、英国、法国、日本等发达国家一直把 CMC 列为新一代航空发动机材料的发展重点，而连续纤维增韧的 CMC 是重中之重。

3）聚合物基复合材料

聚合物基复合材料是指以热固性或热塑性树脂为基体材料和另外不同组成、不同性质的短切或连续纤维及其织物复合而成的多相材料。常用的增强纤维材料有玻璃纤维、碳纤维、高密度聚乙烯纤维等。聚合物基复合材料是一种密度低、比强度高、耐腐蚀、减震性能好、模量高和热膨胀系数低的高性能工程复合材料，常被广泛应用于汽车、航空航天和军事等领域。例如，将聚合物基复合材料应用于汽车，可显著减轻汽车自重，降低油耗，提高汽车安全舒适性，降低汽车的制造与使用综合成本。此外，将具有纳米尺寸的金属或金属氧化物材料采用填充、共混、增强等技术分布于聚合物基体中，利用纳米材料独特的小尺寸效应、界面效应及量子效应引起的一系列特异的声、光、热、电等性能，开发出具有特殊功能的聚合物基纳米复合材料，能吸收和衰减电磁波、减少反射和散射，可用于隐形飞机、隐形军舰等其他需要电磁波屏蔽场所的涂敷。

4）炭/炭复合材料

炭/炭复合材料是以碳纤维增强炭基体的复合材料，使用温度高达 2000℃以上，密度为 1.75～1.85g/cm³，比强度是高温合金的 5 倍，是一种优秀的轻质高温结构材料。从 20 世纪 60 年代美国 NASA 的 Apollo 登月计划实施以来，炭/炭复合材料已成为航空航天领域不可替代的热结构材料。炭/炭复合材料早在 20 世纪70 年代末已成功用于航天飞机的鼻锥帽和机翼前缘，满足了航天飞机多次往返飞行的需求。炭/炭复合材料在高温非结构方面因能够很好地满足各种苛刻技术要求而崭露头角，其应用正向多个方向发展。

5）水泥基复合材料

水泥基复合材料是指以水泥与水发生水化、硬化后形成的硬化水泥浆体作为基体，与其他各种无机、金属、有机材料组合而得到的具有新性能的复合材料。对其性能的要求：①混合料在本身自重或在机械振捣的外力作用下产生流动并均匀密实地填满模板的性质；②混合料具有一定的黏聚力，在运输或浇筑过程中不致出现分层离析而使混凝土保持整体均匀的性能；③混合料在施工过程中具有保水能力，保水性好的混合料不易产生严重泌水现象。

3. 按增强相分类

1）颗粒增强复合材料

颗粒增强体可以改善复合材料的力学性能，提高断裂性、耐磨性和硬度，颗粒增强复合材料一般制备工艺简单、成本较低。颗粒增强金属基复合材料具有微观组织均匀、材料性能各向同性且可以采用传统的金属加工工艺进行二次加工等优点，已经成为金属基复合材料领域最重要的研究方向。

2）纤维增强复合材料

纤维增强复合材料（FRP）是由增强纤维材料与基体材料经过缠绕、模压或挤出等成型工艺而形成的复合材料。根据增强材料的不同，常见的纤维增强复合材料分为玻璃纤维增强复合材料（GFRP）、碳纤维增强复合材料（CFRP）、芳纶纤维增强复合材料（AFRP）。纤维增强复合材料的特点：①比强度高、比模量大；②材料性能具有可设计性；③抗腐蚀性和耐久性能好；④热膨胀系数与混凝土的相近。这些特点使得纤维增强复合材料能满足现代结构向大跨、高耸、重载、轻质、高强以及在恶劣条件下工作发展的需要，同时也能满足现代建筑施工工业化发展的要求，因此被越来越广泛地应用于各种民用建筑、桥梁、公路、海洋、水工结构及地下结构等领域。

近年来，以热塑性树脂为基体的纤维增强热塑性复合材料发展迅猛，在世界范围内正掀起一股研究开发此类高性能复合材料的高潮。热塑性复合材料是指以热塑性聚合物为基体，以各种连续/不连续纤维为增强材料而制成的复合材料。热塑性复合材料的性能不仅取决于树脂、增强纤维的性能，还与纤维的增强方式密切相关。热塑性复合材料的纤维增强方式有短纤维增强、长纤维增强和连续纤维增强 3 种基本形式。①短纤维增强：短纤维增强复合材料为非连续纤维复合材料，指短纤维、晶须无规则地分散在基体材料中，相比长纤维来讲，其填充性能有所改善，但是增强效果不大。晶须类材料是新型的增强材料，是纤维类增强材料的替代材料，相容性和增强性能比较好。短纤维增强热塑性塑料一般将纤维混合到熔融热塑性塑料中制造，基质中的纤维长度和随机取向容易实现良好的润湿性，与长纤维和连续纤维增强复合材料相比，短纤维增强复合材料容易制造，但机械性能改善最少。短纤维增强复合材料倾向于通过模塑或挤出方法形成最终部件，因为短纤维对流动性影响较小。②长纤维增强：纤维长度约 20mm，通常采用连续纤维浸润树脂后切割成一定长度后制备，一般使用的工艺是拉挤成型工艺，即通过特殊的成型模具拉伸由纤维和热塑性树脂混合而成的连续粗纱而产生。③连续纤维增强：复合材料中的纤维是"连续的"，长度从几米到几千米不等。连续纤维增强复合材料一般主要提供层压板、预浸带或编织物等，通过用所需的热塑性基体浸渍连续纤维形成。

4. 按先进性分类

1）常用复合材料

常用复合材料是由性能较低的增强体与普通高聚物（树脂）构成的。例如，玻璃钢是用玻璃纤维与环氧树脂复合制备的复合材料。常用复合材料由于价格低廉，得以大量发展，已广泛用于船舶、车辆、化工管道和储罐、建筑结构、体育用品等方面。

2）先进复合材料

先进复合材料是由高性能增强体（如碳纤维、芳纶等）与高性能耐热高聚物构成的复合材料，后来又将金属基、陶瓷基和碳（石墨）基及功能复合材料包括在内。它们的性能虽然优良，但价格相对较高，主要用于国防工业、航空航天、精密机械、深潜器、机器人结构件和高档体育用品等。

1.3.3 木材橡胶复合材料

木材与有机高分子、无机非金属或金属等增强体或功能体复合组成木质复合材料，具有原始木材所不具备的新的物理力学性能。在世界可采森林资源日渐短缺的情况下，木质复合材料能充分利用林业"剩余物"、"次小薪材"和人工速生林等资源以替代大径级木材产品。木质复合材料工业是高效利用木材资源的重要产业，是实现林业可持续发展战略的重要手段，起着保护天然森林资源和环境、满足社会发展和经济建设对木制品不同需求的作用。

木材橡胶复合材料泛指木材或其他植物纤维单元与橡胶单元借助胶黏剂或其他成型方式复合而成的复合材料，具有阻尼减震、隔音吸音、隔热保温、防水、防腐、防蛀、防静电等性能，可以用作室内装饰装修、精密仪器包装、运动场馆地板、墙体吸音保温等[69]。橡胶可以是固态（颗粒状、薄板状）或液态（液体橡胶），甚至可以是单体状态。橡胶可以与实体木材、单板、刨花、纤维、木粉等进行复合，构建具有一定功能的木质复合材料。

1. 按加工工艺分类

1）实体木材/橡胶复合材料

袁旭等[70]提出了"木橡胶"（wood-based rubber）概念，它是基于橡胶的高弹、高延、高阻尼等特性，通过对微米级木材进行硫化和复合，再热压定型，从而形成的具有类似橡胶黏弹特性的复合材料。除此以外，还可以实体木材或改性的木材为"母体"，将橡胶单体渗透入木材再聚合形成橡胶。此过程类似于在木材内部"生长"出橡胶，把木材内部的孔隙填充，在强化木材弹性的同时赋予木材较高的防水性能。木材是典型的弹塑二性共同体：在短时、静态载荷下，木材会发生瞬间弹性形变，撤销外力则迅速100%回复；而在长时间载荷（即使低于许用应力）下，木材也可能发生残余形变。将橡胶体渗透入木材构筑"木橡共同体"，则可在不弱化木材原力学性能的同时，提高木材的弹性部分比例，增强抗冲击载荷的能力，在诸如高价值机电产品包装、铁轨垫枕等需要防重型冲击的领域，以及墙体、地板等需要阻尼静音或高频率轻度冲击的场合具有潜在的应用价值。

2）单板/橡胶复合材料

单板类人造板以层状结构为典型特征，橡胶的复合可以从以下三个方面开展。

（1）将均混橡胶粉的合成树脂作为胶黏剂，将单板胶合成材。在开展的研究中，将150～200目尺寸的橡胶粉作为填料，均混入脲醛树脂或酚醛树脂胶黏剂，添加量控制在5%～20%，再辊涂单板、组坯、热压成板。板材的胶合（剪切）强度和抗弯强度均无显著改变，但吸水尺寸稳定性改善，同时抗冲击强度提高30%～40%。

（2）采用液体橡胶改性的合成树脂或直接用改性的液体橡胶作为胶黏剂，将单板胶合成材。液体橡胶是一种在室温下能流动的材料，但与固化剂进行化学反应后可形成交联结构，其力学性能与由固体生胶制得的硫化橡胶相同，但加工更容易、耗能更少。利用这种特点，液体橡胶可以作为木材胶黏剂。但是采用这种技术方案，需要克服液体橡胶的高黏性带来的胶黏剂体系混合不均的技术问题。因此，在纤维类或刨花类人造板中液体橡胶胶黏剂实施难度较大，但在单板类人造板中，采用辊涂方式可以克服其高黏性。液体橡胶种类很多，包含二烯类、丁腈类、聚氨酯类、有机硅类等。

（3）将薄片状橡胶与单板层叠，借助胶黏剂热（冷）压成板。这种工艺最为简单，只需要采用合理的胶黏剂体系，同时实现对木材单板和橡胶薄板的胶合即可，在很多对承载能力和阻尼减震具有较高要求的场合具有良好的发展前景[71]。

3）刨花/橡胶复合材料

利用异氰酸酯与脲醛树脂，采用热压工艺制备刨花/橡胶复合材料，并且通过力学性能检测分析确定施胶方法和混合胶黏剂比例。为了改善复合材料性能，采用微波处理、氢氧化钠溶液对橡胶粉进行改性，通过调节微波的强度与时间处理橡胶粉，可使制备的刨花/橡胶复合材料性能达到刨花板国家标准技术指标，且复合材料具有优良的疏水性能。赵君等[72]以落叶松针状刨花、1～7mm 的废旧轮胎橡胶颗粒为原料，采用丙酮溶解的异氰酸酯和脲醛树脂分别对废旧轮胎橡胶颗粒及落叶松木材刨花进行雾状施胶，制得刨花/橡胶复合材料，并对复合材料的阻尼减震、隔声性能进行了研究。Vladkova 等[73]将松木粉分别添加到天然橡胶和丁腈橡胶（NBR）中，分析了两种橡胶在添加松木粉后的硫化特性和机械性能。未经任何预处理的松木粉不会延迟天然橡胶的硫化，但硫化后力学性能受松木粉添加量的影响非常显著；对松木粉进行电晕处理可以提高其对天然橡胶的增强作用，其他力学性能也得到一定提高。在氨气环境中对松木粉进行电晕预处理比在空气中效果更为显著。

4）纤维/橡胶复合材料

在橡胶工业中，为了增强橡胶弹性体的抗拉强度，或者为了提高橡胶体的刚性，可以在黏弹性体内加入木材纤维。以废旧橡胶粉和木材纤维为原料，采用异氰酸酯和三聚氰胺-尿素-甲醛胶黏剂研制木材纤维废旧橡胶功能性复合材料，设计专业模具并研究模压工艺技术参数。对比分析采用人造板热压工艺制备的木材纤维/废旧橡胶粉复合材料的物理力学性能及其影响规律，并运用数学统计分析方法，对影响复合材料性能的工艺参数进行优化。同时，运用微观手段分析复合材料的微观结构和挥发性有机物（VOC）组分的影响规律，探索木材纤维/废旧橡胶复合材料的性能与结合机理。曾铮等[74]研究发现，经表面处理的短纤维填充的天然橡胶复合材料具有较好的力学性能，经过马来酸酐接枝的纤维素填料与橡胶基质间有着更强的界面胶合力。古菊等[75]采用硫酸酸解天然微晶纤维素制备了纳米微晶纤维素晶须，加入天然橡胶胶乳共沉后混炼硫化，橡胶得到明显补强，热空气老化性能也得到显著改善。

在木材工业中，近年来开始关注将橡胶颗粒与木材纤维均混复合，以调控传统纤维板的黏弹性，满足运动地板等场合的应用需求。由于纤维形态小，橡胶颗粒的尺寸效应尤其明显。在纤维构建的网状板坯中，由于细长状纤维相互搭接，在板坯中间产生了孔隙，橡胶颗粒即可"寄居"于孔隙。如果孔隙的尺寸大于橡胶颗粒粒径，橡胶颗粒将仅仅发挥"填孔"作用；如果橡胶颗粒粒径大于孔隙尺寸，则橡胶颗粒将发挥弹性作用。研究表明，当橡胶颗粒粒径达到10～30目时，即可使木橡复合材呈现出一定的弹性，如图1-14所示[76]。

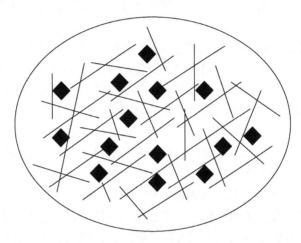

图 1-14　植物纤维与橡胶颗粒构建板坯的网状结构示意图

　　橡胶颗粒与纤维之间的界面胶合，在偶联剂协同下将得到显著改善。在纤维板中添加橡胶颗粒需要解决板材表面因砂光导致颗粒脱离而产生微小凹坑的"掉粒"问题。研究表明，颗粒粒径越小，凹坑数量越多，但总面积所占比例越小。因此，需要在橡胶颗粒粒径带来的高弹性及"掉粒"问题之间寻求平衡。

2. 成型工艺

1）热压工艺

　　热压工艺是以木刨花或木纤维为原料，与改性的废旧橡胶粉混合，加入改性脲醛树脂或异氰酸酯胶黏剂，采用人造板热压工艺制作木质基废旧橡胶复合材料。对木质基废旧橡胶复合材料的研究表明，原料混合比例、施胶量对复合材料的物理力学性能影响非常显著；复合材料密度、热压时间和温度对复合材料的机械性能影响显著[77]。

　　木质基废旧橡胶复合材料在热压过程中，原料中的各组分发生一系列物理化学变化，从而使木质材料与废旧橡胶粉、木质材料之间产生各种结合力，热压后的复合材料具有一定的强度和性能。热压温度决定着木质基废旧橡胶复合材料中所发生的物理和化学变化，如胶黏剂固化、复合材料中水分蒸发、木质材料塑化等都是由温度引起的；热压时间决定着生产效率和复合材料性能，如弹性模量、静曲强度和内结合强度等。

2）混炼工艺

混炼是在密炼机里利用机械力的作用，通过压缩、搅拌、剪切、置换和分流等方法，将添加的各组分混合均匀的过程，在不改变添加组分性质的前提下，使添加物更加细化和均匀分布。混炼是高聚物加工中不可或缺的重要环节之一，混炼工艺是橡胶成型的最基本环节，是两种或者多种聚合物进行混炼改性，或者是在聚合物中加入固体或其他流体进行混合的过程。混炼后制得的制品成型性好，性能更优，能够提高力学性能、改善物理特性、材料不易开裂[78]。此外，利用废旧材料与高聚物进行混炼，可以降低生产成本，减少对生态环境的危害。

木材橡胶复合材料的混炼工艺就是利用橡胶成型的工艺和设备，将粉碎的木材纤维或木粉按照一定比例与橡胶混合，分为粉碎和破碎、混合或混入、分散、黏度降低和单纯混合或塑化五个阶段。混炼过程中各种组分发生了分布、混合、塑化和分散四种物理变化。木质材料与橡胶极性相差大，复合的关键问题是界面相容性和木质材料在橡胶基体中的均匀分布，混炼后复合材料的质量优劣直接影响到后续产品的使用性能，如图 1-15 所示。

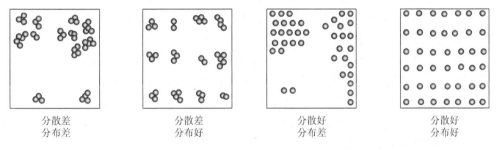

| 分散差 | 分散差 | 分散好 | 分散好 |
| 分布差 | 分布好 | 分布差 | 分布好 |

图 1-15　混炼后复合材料的分布和分散状态

3. 改性技术

木材的主要组分纤维素、半纤维素和木质素都含有大量的极性基团，而橡胶是非极性的，要构建有效的木/橡界面胶合，需要借助改性处理。Ismail 等[79]在研究油棕榈纤维增强橡胶复合材料时，将纤维浸渍于 10% NaOH 溶液中，在120℃置于回流设备中 1h 后取出洗净并烘干。结果发现，纤维表面的黏附性能增强，复合材料的胶合质量明显提高。Sameni 等[80]及 Ahmad 等[81]分别采用顺丁烯二酸酐聚乙烯（MAPE）和顺丁烯二酸酐聚丙烯（MAPP）作为偶联剂，纤维与基体之间获得了更好的胶合，木橡复合材料的拉伸强度和杨氏模量均得到提高。热力学分析发现，由于偶联剂的加入，材料的分解温度提高，同时损耗因子增大。使用硅烷偶联剂对木粉改性制备木材/橡胶复合材料时发现，硅烷偶联剂对材料的吸水性几乎无影响。李凯夫等[82]根据废旧橡胶颗粒特征，采用炼塑机辊压糙化处理并辅以钛酸酯偶联剂（占橡胶粉质量的 5%），优化了木橡复合刨花板的力学性能。

4. 发展趋势

1）胶黏剂性能优化

木橡功能复合关键在于界面胶合。目前，木材/橡胶功能复合材料基本沿用传统的"三醛"胶黏剂或异氰酸酯胶黏剂，胶合强度、界面耐水性及胶层韧性仍然有待改善[83]。今后木橡界面复合的胶黏剂将在上述胶黏剂体系基础上，通过共混、共聚等手段，引入柔性或阻尼单元，增强"三醛"胶黏剂或异氰酸酯胶黏剂的界面胶合性能。

2）原料构成多元化

通过引入塑料、无机材料乃至金属等多元材料，定向补强材料的特定性能，是木材/橡胶复合材料的一个重要发展方向。热塑性高分子材料可以充当木材/橡胶复合材料的"胶黏剂"，解决"三醛"胶黏剂或异氰酸酯（MDI）胶黏剂带来耐水性不足的问题。无机或金属功能体单元的导入，可以强化材料的耐磨性、静电消除等。在原料多元化的同时，需要解决胶合界面多元化的问题。

3）结构设计定向化

面向用途的结构设计，是木橡复合材料的重要研究方向。需要根据阻尼减震、隔音吸音、隔热保温等目标用途要求，针对木橡复合材料的均混、叠层或插层结构建立性能预测模型，充分结合各原料组分的性质，实现单元形态、原料比例和复合材料密度等工艺因子的定向调控。

4）表面修饰普及化

表面纹理和颜色单调是木橡复合材料的一大表观缺陷，可以通过贴面、涂饰、热转印等技术手段，遮蔽橡胶单元的深色外观。

5）产品用途多样化

通过调控原料组分、单元形态、产品密度、内部结构及表观性能，木橡复合材料在运动地板、静音屏障、产品包装乃至建筑装饰等各种场合的用途将得到规模化开发，逐步推进木橡功能复合材料的产业化和标准化。木橡复合是木质复合材料功能化的重要方向，发展前景广阔。通过橡胶阻尼功能体的导入，强化锯材或单板、刨花、纤维乃至微纳米复合材料的减震、降噪、保温等功能。需要进一步加强界面胶合、结构设计、表面修饰等核心理论和关键技术研究，使木材/橡胶功能复合材料得到规模化发展。

参 考 文 献

[1] 李坚. 生物质复合材料学[M]. 2 版. 北京：科学出版社，2017.

[2] 李坚. 木材科学[M]. 3 版. 北京：科学出版社，2014.

[3] 刘一星，于海鹏，赵荣军. 木质环境学[M]. 北京：科学出版社，2007.

[4] 佚名. 我国木材加工业现状及发展趋势分析[J]. 国际木业，2015，45（7）：1-5.

[5] 李坚，吴玉章，马岩，等. 功能性木材[M]. 北京：科学出版社，2011.

[6] 于海鹏，刘一星，刘迎涛. 国内外木质环境学的研究概述[J]. 世界林业研究，2003，（6）：20-26.

[7] 刘一星，赵广杰. 木质资源材料学[M]. 北京：中国林业出版社，2004.

[8] 邓妮，武双磊，陈胡星. 调湿材料的研究概述[J]. 材料导报：纳米与新材料专辑，2013，27（2）：4.

[9] 刘铮. 供给侧改革前后我国木材供给效率研究[J]. 国家林业和草原局管理干部学院学报，2022，21（3）：20-24.

[10] 国家发展和改革委员会. 中国资源综合利用年度报告（2014）[J]. 再生资源与循环经济，2014，7（11）：2-6.

[11] 习近平. 习近平：加快建设农业强国推进农业农村现代化[EB/OL].（2023-8-10）[2023-3-15].https://www.gov.cn/xinwen/2023-03/15/content_5746861.htm.

[12] 欧荣贤. 基于动态塑化的木质纤维塑性加工原理[D]. 哈尔滨：东北林业大学，2014.

[13] 许民，李坚. 木材的碳素储存与科学保护[M]. 北京：科学出版社，2013.

[14] 聂家达. 环氧化天然橡胶/天然高分子复合材料的功能化应用研究初探[D]. 广州：华南理工大学，2021.

[15] Shao D W, Xu M, Cai L P, et al. Fabrication of wood fiber-rubber composites with reclaimed rubber[J]. BioResources, 2018, 13（2）：3300-3314.

[16] Li Y L, Sun H, Zhang Y Y, et al. The three-dimensional heterostructure synthesis of ZnO/cellulosic fibers and its application for rubber composites[J]. Composite Science and Technology, 2019, 177：10-17.

[17] 杜君立. 百年兴衰话橡胶[J]. 企业观察家，2016（4）：111-113.

[18] 岩利，张桂梅，姜士宽，等. 5 个橡胶树品系天然橡胶性能的研究[J]. 橡胶工业，2021，68（4）：276-279.

[19] Nawamawat K, Sakdapipanich J T, Ho C C, et al. Surface nanostructure of hevea brasiliensis natural rubber latex particles [J]. Colloids and Surfaces A：Physicochemical and Engineering Aspects, 2011, 390（1）：157-166.

[20] 孙琰. 功能性胶乳海绵复合材料的制备及性能研究[D]. 青岛：青岛科技大学，2019.

[21] 王薇，陈树新. 橡胶制品成型技术的新进展[J]. 橡塑技术与装备，2002，5（28）：1-5.

[22] 李亚兰. 冰模板-硫化法制备纤维素/天然胶乳海绵及功能性研究[D]. 哈尔滨：东北林业大学，2022.

[23] 郭晓慧. 新型多功能生物质橡胶防老剂的制备及其对橡胶复合材料结构与性能的影响[D]. 广州：华南理工大学，2021.

[24] 周坤. 橡胶改性 UF 制造弹性胶合板的研究[D]. 南京：南京林业大学，2013.

[25] 林辉荣，阳杨，毛小英. 废橡胶资源化利用的技术现状及展望[J]. 四川化工，2017，20（4）：4-6.

[26] 邓海燕. 世界废旧轮胎综合利用纵览[J]. 中国橡胶，2002（23）：25-27，29.

[27] 钱伯章. 美国废旧轮胎回收利用现状[J]. 橡塑资源利用，2007（5）：2.

[28] 宗利. 加拿大废旧轮胎回收利用情况[J]. 中国橡胶，2005，21（13）：2.

[29] 郑咸雅. 国外废旧轮胎利用概况一瞥[J]. 中国资源综合利用，2004（7）：1.

[30] 李岩，张勇，张隐西. 废橡胶的国内外利用研究现状[J]. 合成橡胶工业，2003，26（1）：3.

[31] 陈云信. 国内外废旧轮胎的回收利用现状[J]. 轮胎工业，2006，26（12）：3.

[32] 田晓龙，郭磊，王孔烁，等. 废旧轮胎循环与资源化利用发展现状[J]. 中国材料进展，2022，41（1）：22-29，

66-67.

[33] 陈占勋. 废旧高分子材料资源及综合利用[M]. 北京：中国石化出版社，2001.

[34] 钱伯章. 我国废旧橡胶综合利用现状及发展[J]. 橡塑资源利用，2014（1）：19-35.

[35] 于晓晓，李彦伟，蔡斌，等. 胶粉改性沥青研究进展：从分子到工程[J]. 合成橡胶工业，2022，45（1）：2-12.

[36] 曹庆鑫. 中国废橡胶综合利用行业的发展现状和需要完善的政策[J]. 中国橡胶，2017，33（11）：21-25.

[37] 强金凤，黎广，李涛，等. 废旧橡胶回收再利用方法概述[J]. 橡胶科技，2020，18（12）：675-677.

[38] Kim D，Shiu F J Y，Yen T F. Devulcanization of scrap tire through matrix modification and ultrasonication[J]. Energy Sources，2003，25（11）：1099-1112.

[39] 肖永清. 解码轮胎翻新预硫化法工艺技术及其发展[J]. 乙醛醋酸化工，2018（4）：7.

[40] Owen K C. Scrap tires：a pricing strategy for a recycling industry[J]. Corporate Environmental Strategy，1998，5（2）：42-50.

[41] 刘志远. 废旧橡胶处理及资源化利用现状[J]. 中国轮胎资源综合利用，2019.

[42] 周作艳. 废旧轮胎热解炭黑的改性及应用研究[D]. 青岛：青岛科技大学，2017.

[43] Tripathy A R，Williams D E，Farris R J. Rubber plasticizers from degraded/ devulcanized scrap rubber：a method of recycling waste rubber[J]. Polymer Engineering & Science，2010，44（7）：1338-1350.

[44] 邱贤华，曹群，孙鸿燕，等. 废橡胶胶粉利用现状及发展趋势[J]. 江西科学，2006（3）：262-264.

[45] 张玉坤，梁基照. 废旧轮胎回收与再利用技术[J]. 特种橡胶制品，2013，34（2）：81-84.

[46] 褚佳岩. 废旧橡胶粉的回收利用研究[D]. 厦门：厦门大学，2007.

[47] 耿鑫，韦静，夏季. 浅析废橡胶胶粉的再生利用[J]. 北方交通，2008，6：74-76.

[48] 蒋涛，邹国享，程时远. 胶粉的活化改性及其在弹性体中的应用研究进展[J]. 弹性体，2003，13（2）：47-51.

[49] 艾书伦. 废橡胶胶粉在 CPVC 层压板生产中的应用：201010028969[P]. 2010-01-01.

[50] 牟东兰，李凤英，仲继underscore，等. 废橡胶粉的表面改性及其表征[J]. 化学研究与应用，2001，5（23）：550-553.

[51] 张立群. 我国废旧轮胎的再循环利用[J]. 大同职业技术学院学报，2004，18（2）：88，90.

[52] 李延林. 再生胶工业中的技术问题和出路[J]. 橡塑资源利用，2004（Z1）：1-9，47.

[53] 张欣. 胶粉改性及其在橡胶中的应用研究[D]. 广州：华南理工大学，2015.

[54] 陶国良，纪波印，胡延东，等. 废旧橡胶热-机械剪切脱硫过程及机理[J]. 高分子材料科学与工程，2012，28（10）：102-105.

[55] 孟彩云，张明. 胶粉机械力化学改性及硫化胶相关性能研究[J]. 化工时刊，2013，27（11）：1-6.

[56] Jana G K，Mahaling R N，Rath T，et al. Mechano-chemical recycling of sulfur cured natural rubber[J]. Polimery Warsaw，2007，52（2）：131-136.

[57] 王少波. 废轮胎胶粉的改性及应用[D]. 绵阳：西南科技大学，2017.

[58] Bagheri R，Williams M A，Pearson R A. Use of surface modified recycled rubber particles for toughening of epoxy polymers[J]. Polymer Engineering & Science，1997，37（2）：245-251.

[59] 游长江，谢铌铌，贾德民，等. 顺丁橡胶/公共网络混合物/废胶粉共轭三组分互穿聚合物网络弹性体[J]. 合成橡胶工业，2003，26（5）：309.

[60] Kim J I，Ryu S H，Chang Y W. Mechanical and dynamic mechanical properties of waste rubber powder/ HDPE composite[J]. Journal of Applied Polymer Science，2000，77（12）：2595-2602.

[61] 邱贤华，杨莉，邱清华. 废胶粉与聚氨酯聚苯乙烯互穿聚合物网络[J]. 环境科学与技术，2010，33（5）：5.

[62] 杨莉，谢宇，邱贤华. 聚氨酯/ 聚（甲基丙烯酸甲酯-共-二甲基丙烯酸乙二醇酯）互穿聚合物网络改性废胶粉体系的力学性能[J]. 机械工程材料，2010（9）：5.

[63] 肖建军，邱祖民，周伟，等. 废旧橡胶脱硫再生及其在塑料中的应用研究进展[J]. 化工新型材料，2015，

43（4）：223-225，228.

[64] Isayeva A I，Chen J H. Continuous ultrasonic devulcanization of vulcanized elastomers：5284625[P]. 1994-02-08.

[65] 肖鹏. 微波辐射废胶粉改性沥青的反应机理[J]. 江苏大学学报（自然科学版），2007（6）：491-494.

[66] 肖永清. 创新科技引导废旧橡胶生产加工循环利用绿色发展[J]. 中国轮胎资源综合利用，2019（4）：38-44.

[67] 唐帆，强金凤，路丽珠，等. 废橡胶再生工艺与高值化利用绿色化进展[J]. 橡胶科技，2020（3）：128-133.

[68] 许民. 生物质-塑料复合工学[M]. 北京：科学出版社，2006.

[69] 孙伟圣，傅峰. 木橡胶功能复合材料的研究现状与发展趋势[J]. 中国人造板，2008，12：4-6.

[70] 袁旭，马岩. 木橡胶的性能及开发利用前景展望[J]. 安徽农业科学，2014，42（9）：2662，2697.

[71] Yang H S，Kim D J，Lee Y K，et al. Possibility of using waste tire composites reinforced with rice straw as construction materials [J]. Bioresource Technology，2004（95）：61-65，78.

[72] 赵君，王向明，常建民，等. 木材-橡胶功能性复合材料制造工艺主要影响因素的交互作用和相关性[J]. 林业科学，2011，47（3）：146-155.

[73] Vladkova T G，Dineff P D，Gospodinova D N. Wood flour：a new filler for the rubber processing industry. Ⅲ. Cure characteristics and mechanical properties of nitrile butadiene rubber compounds filled by wood flour in the presence of phenol formaldehyde resin [J]. Journal of Applied Polymer Science，2004，92：95-101.

[74] 曾铮，任文坛，徐驰，等. 纤维素短纤维补强天然橡胶复合材料性能的研究[J]. 特种橡胶制品，2008，29（1）：15-19.

[75] 古菊，李雄辉，贾德民，等. 天然微晶纤维素晶须补强天然橡胶的研究[J]. 高分子学报，2009（7）：595-599.

[76] 杨刚. 木橡弹性复合材工艺及性能的研究[D]. 南京：南京林业大学，2013.

[77] 辛淑英. 木质基废旧橡胶复合材料的制备与性能研究[D]. 哈尔滨：东北林业大学，2012.

[78] 邵东伟. 木材/橡胶复合材料的制备及混炼过程数值模拟分析[D]. 哈尔滨：东北林业大学，2016.

[79] Ismail H，Rosnah N，Ishiaku U S. Oil palm fibre-reinforced rubber composite：effects of concentration and modification of fiber surface [J]. Polymer International，1997，43：223-230.

[80] Sameni J K，Ahmad S H，Zakaria S. Effect of MAPE on the mechanical properties of rubber wood fiber/thermoplastic natural rubber composites[J]. Advances in Polymer Technology，2004，23（1）：18-23.

[81] Ahmad S H，Anuar H. Kenaf fiber reinforced thermoplastics natural rubber composites [J]. Appita Annual Conference，2005，3：21-26.

[82] 李凯夫，温福泉，王栋梁，等. 废旧橡胶/刨花复合工艺的研究[J]. 木材加工机械，2007，4：1-4.

[83] 陈玲. 木橡塑三元复合材料的制备及性能研究[D]. 南京：南京林业大学，2016.

第2章 木质材料/废旧橡胶复合材料及热压工艺

2.1 木材纤维/废旧橡胶粉复合材料

中密度纤维板（medium density fiberboard，MDF）是以木质纤维或其他植物纤维为原料，使用人工合成树脂，在加热加压条件下制备成的一种木质基材料，密度通常为 $0.65\sim0.80\text{g/cm}^3$[1]。MDF 结构均匀、机械加工性能好、物理力学性能优良并且易于进行板边和板面的型面加工，可广泛用于强化木地板基材、家具制造、室内装修、车船的内部装修、音箱制作及礼品包装等[2]。MDF 是国内外广泛生产和应用的碎料重组型复合板材，对节约森林木材资源、满足人民生活需要起到了巨大的作用。脲醛树脂是用于生产 MDF 最常用的胶黏剂之一，但是固化后存在一些亲水的羟基、氨基、羧基等基团，使脲醛树脂的耐水性变差，并存在较多的游离甲醛[3]。因此，学者常通过三聚氰胺对脲醛树脂进行改性，制得了三聚氰胺-尿素-甲醛（MUF）树脂[4]。碱性环状结构的三聚氰胺能与脲醛树脂中的羟甲基脲反应，减少亲水性基团，还可以与脲醛树脂中的甲醛发生反应，降低游离甲醛的含量，也使脲醛树脂的稳定性增强，热稳定性更好[5]。

近年来，由于木材资源紧张，人们开始考虑使用废旧橡胶与木材纤维混合通过热压制备新型复合材料。南京林业大学的杨刚等利用密度为 1.1g/cm^3 的废旧轮胎颗粒、杨木纤维为原料，施以 12%脲醛树脂胶黏剂，在热压温度 160℃、热压时间 420s、热压压力 4MPa 的条件下制成厚度 11mm、密度 0.9g/cm^3 橡胶纤维复合板材，通过考察橡胶颗粒的掺量与粒径大小对复合材料力学性能及物理性能的影响，得出橡胶颗粒的掺入降低了板材的力学强度，增加了耐水性、弹性[6]。Song等对木质/废旧轮胎橡胶复合板的研究表明，木质纤维与橡胶颗粒的混合比例、MDI 的施胶量对复合板的物理力学、机械性能的影响非常显著。木质纤维与废旧轮胎颗粒能够很好被 MDI 胶合，同时随着木质纤维、MDI 施胶量的增加，复合材料的静曲强度（MOR）、弹性模量（MOE）、内结合强度（IB）都在不同程度上有所提高[7, 8]。热压工艺是木材纤维/废旧橡胶粉复合材料制备的一道重要工序，因其热压过程中材料表层与高温压板紧密接触，热压板以一定的速度合拢，复合材料板坯逐渐变薄，平均密度逐渐增大，内部应力逐渐增大。同时，热量从复合材料表层向芯层传递，使复合材料从表层到芯层温度逐渐升高。由于温度上升，一方面，复合材料内的水分变为水蒸气，向纤维之间的空隙中扩散，其中一部分排出到板坯外部；另一方面，温度和水分的变化影响着复合材料的力学性质。复合材料板坯温度升高使其内部的胶黏剂缩聚反应加快，从而产生复杂的物理化学过程。因此，正确的热压工艺才能保证木材纤维/废旧橡胶粉复合材料的质量。那么，如何利用现有生产设备生产木材纤维/废旧橡胶粉复合材料，也就成为木材纤维/废旧橡胶粉复合材料快速进行大规模工业生产的基础。本节主要研究普通 MUF 树脂作为木材纤维与废旧橡胶粉复合板材的胶黏剂，这对木材纤维与废旧橡胶粉复合板材的应用推广具有重要意义。此外，利用 MUF 胶黏剂制造的低游离甲醛释放的功能性环保复合材料可以兼顾甲醛释放量和木材纤维/废旧橡胶粉复合材料性能，具有重要的实用意义。

2.1.1　实验材料和方法

1. 实验原料

（1）木材纤维：采自黑龙江兴隆中密度纤维板有限公司，纤维为普通工业生产用纤维，纤维含水率为 6%。

（2）废旧橡胶粉：购于哈尔滨永红橡胶颗粒厂，尺寸为 80～200 目。

（3）胶黏剂：自制 MUF 树脂，树脂性能指标如表 2-1 所示。

表 2-1　MUF 树脂性能

黏度/(mPa·s)	固体含量/%	固化时间/s	游离甲醛量/%
154.8	53.42	114.6	0.68

（4）固化剂：氯化铵，配制成 20% 的水溶液与 MUF 树脂混合，施加量为 1%。

2. 实验设备

（1）DF19-9.6 型烘箱：尺寸 120cm×70cm×120cm，功率 9.6kW，宏奇热力有限公司。

（2）SC69-02 快速水分测定仪：最大荷重 10g，分度值 5mg。

（3）50t 实验预压机：公称压力 50000kgf，油缸直径 210mm，模压面积 370mm×370mm，单位压力 0.75MPa，功率 3kW，上海人造板机械厂有限公司。

（4）100t 实验热压机：公称压力 100000kgf，单层，油缸直径 230mm，模压面积 370mm×370mm，单位压力 2.9MPa，功率 18kW。

（5）Sartorius Group 天平：精度 0.001mg、0.1mg、0.01g 各一台。

（6）力学试验机：RGT-20A 微机控制电子万能力学试验机，深圳市瑞格尔仪器有限公司。

3. 实验方法

1）木材纤维/废旧橡胶粉复合材料的制备工艺

木材纤维/废旧橡胶粉复合材料的制备工艺流程见图2-1。

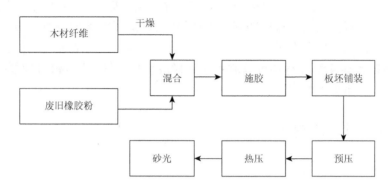

图2-1 木材纤维/废旧橡胶粉复合材料的制备工艺流程图

（1）施胶。

制备木材纤维/废旧橡胶粉复合材料采用黑龙江兴隆中密度纤维板有限公司用纤维，密度约为 $0.39g/cm^3$，而废旧胶粉密度约为 $1.3g/cm^3$。

（2）板坯铺装。

板坯采用单层结构，手工铺装。毛坯尺寸：360mm（长）×340mm（宽）。

（3）预压。

板坯铺装完后，为避免热压影响板坯结构，需要进行预压，使得板坯密实，排除板坯内空气。预压单位压力2.0MPa，时间30s。

（4）热压。

板坯厚度为10mm，目标密度为 $0.8g/cm^3$。

2）木材纤维/废旧橡胶粉复合材料物理力学性能测试方法

木材纤维/废旧橡胶粉复合材料物理力学性能主要包括静曲强度（MOR）、弹性模量（MOE）、内结合强度（IB）、2h吸水厚度膨胀率（2hTS）。试件按照《中密度纤维板》（GB/T 11718—2021）制备，静曲强度和弹性模量测试用试件尺寸为50mm×250mm，内结合强度和2h吸水厚度膨胀率试件尺寸为50mm×50mm。

3）木材纤维/废旧橡胶粉复合材料实验方案

木材纤维/废旧橡胶粉复合材料的热压过程就是复合材料原料中的各组分发生一系列物理化学变化，从而使纤维与废旧胶粉、木材纤维与木材纤维之间形成各种结合力，形成符合质量要求制品的过程。热压工艺主要取决于热压温度和热压时间。热压温度决定着木材纤维/废旧橡胶粉复合材料中所发生的物理和化学变化，如胶黏剂固化、复合材料中水分蒸发、木材纤维塑化等都是由温度引起的，而热压时间对于提高生产率和复合材料性能，如弹性模量、静曲强度和内结合强度等是非常重要的。所以，采用 $L_9(3^4)$ 正交实验设计，对影响木材纤维/废旧胶粉复合材料性能的因子进行分析和优化，确定木材纤维/废旧胶粉复合材料性能最佳热压工艺条件，根据中密度纤维板国家标准（GB/T 11718—2021），检测材料的静曲强度、弹性模量、内结合强度、2h 吸水厚度膨胀率。材料的压制密度为 $0.8g/cm^3$。$L_9(3^4)$ 正交实验影响因子水平表见表 2-2，4 个因子分别为热压温度（A_F）、热压时间（B_F）、木/橡胶质量比（C_F）、施胶量（D_F）。

表 2-2　因子水平表

水平	因子			
	热压温度/℃	热压时间/min	木/橡胶质量比	施胶量/%
1	150	5	8 : 2	13
2	160	6	7 : 3	14
3	170	7	6 : 4	15

2.1.2　结果与分析

木材纤维/废旧橡胶粉复合材料的正交实验结果如表 2-3 所示。

表 2-3　正交实验结果

实验号	MOR/MPa	MOE/MPa	IB/MPa	2hTS/%
1	16.33	1734.96	0.39	15.88
2	26.63	2626.24	0.59	7.02
3	25.05	2198.23	0.62	4.81
4	21.23	2131.59	0.63	11.84
5	32.91	3059.14	0.68	6.47
6	25.95	2225.89	0.62	12.06
7	28.03	2518.03	0.65	5.55
8	22.87	2209.04	0.52	8.56
9	36.34	3192.46	0.76	4.62

1. 木材纤维/废旧胶粉复合材料性能影响因子的统计分析

1) 工艺因子对 MOR 的统计分析

为确定工艺因子对木材纤维/废旧橡胶粉复合材料 MOR 的影响，对影响 MOR 性能的热压温度、热压时间、木/橡胶质量比和施胶量进行极差和方差分析，同时利用 SPASS 实验可得到复合因子对 MOR 影响的显著性分析，结果见表 2-4 和表 2-5。

表 2-4　工艺因子 MOR 极差分析

因子	MOR/MPa			极差 R_{MOR}
	X_{MOR1}	X_{MOR2}	X_{MOR3}	
热压温度	22.67	27.70	29.08	6.41
热压时间	21.86	27.47	29.11	7.25
木/橡胶质量比	21.71	18.07	28.66	10.59
施胶量	28.53	26.87	23.05	5.48

表 2-5　工艺因子对 MOR 的方差分析

方差来源	偏差平方和	自由度	均方和	F 值	显著性
热压温度	125.96	2	62.98	4.02	0.057
热压时间	173.40	2	86.70	5.53	0.027
木/橡胶质量比	177.87	2	88.94	5.68	0.025
施胶量	94.66	2	47.33	3.02	0.099
误差	140.99	9	15.67		
总和	712.89	17			

由 R_{MOR} 可以比较出，复合材料的 MOR 受四种因素影响的主次顺序：木/橡胶质量比＞热压时间＞热压温度＞施胶量。

由 SPASS 显著性分析（Sig.＜0.01 为极显著，Sig.＜0.05 为显著）可以看出，木/橡胶质量比和热压时间对木材纤维/废旧橡胶粉复合材料的 MOR 影响显著，施胶量和热压温度对 MOR 无显著影响。

2) 工艺因子对 MOE 的统计分析

为确定工艺因子对木材纤维/废旧橡胶粉复合材料 MOE 的影响，对影响 MOE 性能的热压温度、热压时间、木/橡胶质量比和施胶量进行极差和方差分析，同时利用 SPASS 实验可得到复合因子对 MOE 影响的显著性分析，结果见表 2-6 和表 2-7。

表 2-6　工艺因子 MOE 极差分析

因子	MOE/MPa			极差 R_{MOE}
	X_{MOE1}	X_{MOE2}	X_{MOE3}	
热压温度	2186.48	2472.21	2639.84	453.36
热压时间	2128.19	2538.86	2631.47	503.28
木/橡胶质量比	2056.63	2591.80	2650.10	593.47
施胶量	2179.62	2456.72	2662.19	482.57

表 2-7　工艺因子对 MOE 的方差分析

方差来源	偏差平方和	自由度	均方和	F 值	显著性
热压温度	630571.61	2	315285.81	2.95	0.103
热压时间	861026.22	2	430513.11	4.03	0.056
木/橡胶质量比	1284022.59	2	642011.29	6.02	0.022
施胶量	703752.27	2	351876.14	3.30	0.084
误差	960498.40	9	106722.04		
总和	4439871.10	17			

由 R_{MOE} 可以比较出，复合材料的 MOE 受四种因素影响的主次顺序：木/橡胶质量比＞热压时间＞施胶量＞热压温度。

由 SPASS 显著性分析（Sig.＜0.01 为极显著，Sig.＜0.05 为显著）可以看出，木/橡胶质量比对木材纤维/废旧橡胶粉复合材料 MOE 影响显著，热压温度、热压时间和施胶量对 MOE 无显著影响。

3）工艺因子对 IB 的统计分析

为确定工艺因子对木材纤维/废旧橡胶粉复合材料 IB 的影响，对影响 IB 性能的热压温度、热压时间、木/橡胶质量比和施胶量进行极差和方差分析，同时利用 SPASS 实验可得到复合因子对 IB 影响的显著性分析，结果见表 2-8 和表 2-9。

表 2-8　工艺因子 IB 的极差分析

因子	IB/MPa			极差 R_{IB}
	X_{IB1}	X_{IB2}	X_{IB3}	
热压温度	0.53	0.64	0.64	0.11
热压时间	0.55	0.60	0.67	0.12
木/橡胶质量比	0.51	0.65	0.67	0.16
施胶量	0.58	0.61	0.62	0.04

表 2-9 工艺因子对 IB 的方差分析

方差来源	偏差平方和	自由度	均方和	F 值	显著性
热压温度	0.050	2	0.025	4.02	0.057
热压时间	0.043	2	0.021	3.44	0.078
木/橡胶质量比	0.090	2	0.045	7.21	0.014
施胶量	0.004	2	0.002	0.29	0.760
误差	0.056	9	0.006		
总和	0.240	17			

由 R_{IB} 可以比较出,复合材料的 IB 受四种因素影响的主次顺序:木/橡胶质量比>热压时间>热压温度>施胶量。

由显著性分析(Sig.<0.01 为极显著,Sig.<0.05 为显著)可以看出,木/橡胶质量比对 IB 的影响显著,热压温度、热压时间和施胶量对 IB 无显著影响。

4)工艺因子对 2hTS 的统计分析

为确定工艺因子对木材纤维/废旧橡胶粉复合材料 2hTS 的影响,对影响 2hTS 性能的热压温度、热压时间、木/橡胶质量比和施胶量进行极差和方差分析,同时利用 SPASS 实验可得到复合因子对 IB 影响的显著性分析,结果见表 2-10 和表 2-11。

表 2-10 工艺因子 2hTS 的极差分析

因子	2hTS/%			极差 R_{2hTS}
	X_{2hTS1}	X_{2hTS2}	X_{2hTS3}	
热压温度	6.24	9.24	10.12	3.88
热压时间	7.16	7.35	11.09	3.93
木/橡胶质量比	5.61	7.83	12.17	6.56
施胶量	8.21	8.40	8.99	0.78

表 2-11 工艺因子对 2hTS 的方差分析

方差来源	偏差平方和	自由度	均方和	F 值	显著性
热压温度	49.74	2	24.87	57.42	0.00
热压时间	58.91	2	29.45	68.00	0.00
木/橡胶质量比	133.41	2	66.70	154.00	0.00
施胶量	1.96	2	0.98	2.28	0.16
误差	3.90	9	0.43		
总和	247.91	17			

由 R_{2hTS} 可以比较出，复合材料的 2hTS 受四种因素影响的主次顺序：木/橡胶质量比＞热压时间＞热压温度＞施胶量。

由 SPASS 显著性分析（Sig.＜0.01 为极显著，Sig.＜0.05 为显著）可以看出，木/橡胶质量比、热压时间和热压温度对木材纤维/废旧橡胶粉复合材料 2hTS 影响极显著，施胶量对 2hTS 无显著影响。

2. 影响因子对木材纤维/废旧橡胶粉复合材料性能影响分析

1）影响因子对 MOR 和 MOE 影响分析

（1）热压温度和热压时间对 MOR 和 MOE 的影响。

热压温度和热压时间对木材纤维/废旧橡胶粉复合材料 MOR 和 MOE 的影响见图 2-2～图 2-5。

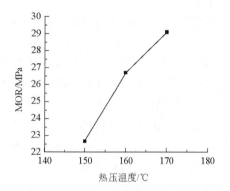

图 2-2　热压温度对 MOR 的影响

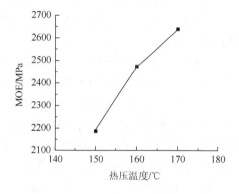

图 2-3　热压温度对 MOE 的影响

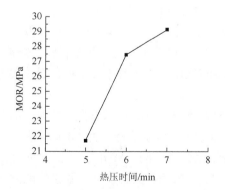

图 2-4　热压时间对 MOR 的影响

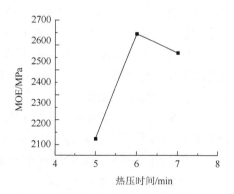

图 2-5　热压时间对 MOE 的影响

图 2-2 和图 2-3 显示热压温度由 150℃升高至 170℃时，木材纤维/废旧橡胶粉复合材料的 MOR 和 MOE 值都升高。热压温度 170℃时的 MOR 和 MOE 值分别是 150℃时的 1.28 倍和 1.21 倍，这说明热压温度升高有利于提高复合材料的物理力学性能。热压温度低，能耗低，但热压时间延长降低生产效率，否则影响胶黏剂固化从而影响复合材料的性能。图 2-4 和图 2-5 分别显示热压时间由 5min 延长至 7min 时，木材纤维/废旧橡胶粉复合材料的 MOR 和 MOE 值变化趋势。由图 2-4 和图 2-5 可知，随着热压时间的延长，复合材料的 MOR 值升高，而复合材料的 MOE 值先升高后降低。这表明在选定的热压时间范围内，热压时间对复合材料的 MOR 和 MOE 影响不同，对于复合材料热压时间 7min 时 MOR 最高，达到 29.11MPa，而对于复合材料 MOE 值存在最佳的热压时间，热压时间在 7min 时复合材料的 MOE 值达到最高，为 2631.47MPa。

（2）木/橡胶质量比和施胶量对 MOR 和 MOE 的影响。

橡胶含量和施胶量对木材纤维/废旧橡胶粉复合材料 MOR 和 MOE 的影响见图 2-6～图 2-9。

图 2-6 和图 2-7 分别显示木材纤维与废旧橡胶粉比例对 MOR 和 MOE 的影响趋势。随着废旧胶粉比例增加，木材纤维/废旧橡胶粉复合材料的 MOR 值和 MOE 值都受到明显影响。这是因为木材纤维具有较高缠绕性，并且木材纤维长宽比很大，所以它在提高复合材料静曲强度和弹性模量方面起到了关键的作用。但是，随着橡胶加入比例增加，MOE 值降低也表明复合材料刚性下降、弹性增加。MUF 树脂胶黏剂不能与橡胶形成良好胶接，并且 MUF 树脂与被胶结物之间的密度、热导率、热膨胀系数、弹性模量等均不同，在复合材料热压成型过程中，两种原料的界面处会形成热应力，这种热应力将成为界面残余应力而保留下来。界面残余应力的存在会使界面传递应力的能力下降，最终导致材料的力学性能下降。同时，当木材纤维/废旧橡胶粉复合材料受到外力作用时，引发橡胶粒子的周围产生大量银纹，银纹的产生和发展能吸收大量能量。橡胶分子在受力作用时将围绕长的主链段自由旋转运动，并且它的侧基数目较多，虽然可以提高复合材料的防震、隔音的效果，但也降低了复合材料的 MOR 和 MOE，尤其当橡胶颗粒含量较大时不利于提高 MOR 和 MOE。

图 2-8 和图 2-9 显示施胶量在 13%～15%之间变化时，随着施胶量增加，木材纤维/废旧橡胶粉复合材料的 MOR 和 MOE 值降低。这主要是因为 MUF 树脂与胶接木材纤维/废旧橡胶粉复合材料的异氰酸酯化合物不同，MDI 化学活性非常活泼，能分别与木材纤维和橡胶粉反应，而 MUF 树脂不具备胶接橡胶粉的能力，使用 MUF 树脂只是胶接木材纤维，橡胶粉只是与木材纤维缠绕在一起。随着 MUF 树脂施胶量的增加，复合材料的 MOR 和 MOE 值都下降，分别下降 19%和 18%。因此木材纤维/废旧橡胶粉复合材料 MUF 的施胶量应根据复合材料性能确定。

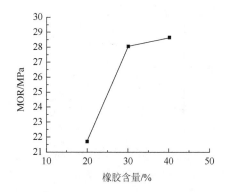

图 2-6　橡胶含量对 MOR 的影响

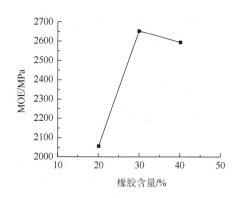

图 2-7　橡胶含量对 MOE 的影响

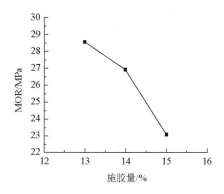

图 2-8　施胶量对 MOR 的影响

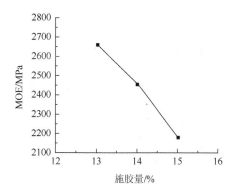

图 2-9　施胶量对 MOE 的影响

2）影响因子对 IB 和 2hTS 影响分析

（1）热压温度和热压时间对 IB 和 2hTS 的影响。

热压温度和热压时间对木材纤维/废旧橡胶粉复合材料 IB 和 2hTS 的影响见图 2-10～图 2-13。

图 2-10～图 2-13 显示热压温度由 150℃升高至 170℃，热压时间由 5min 延长至 7min 时，木材纤维/废旧橡胶粉复合材料的 IB 值都升高和 2hTS 值先升高，再降低，这说明热压温度升高有利于复合材料的物理力学性能提高。提高热压温度和延长热压时间都有助于复合材料的固化及热量的传递，但温度过高和热压时间过长致使复合材料表层 MUF 胶黏剂迅速固化，固化层阻碍热量向内传递和内部水蒸气向外排出，造成内部水蒸气压力大于木材纤维、废旧橡胶与胶黏剂之间的胶接力，复合材料易出现分层和鼓泡现象，严重影响复合材料的性能。

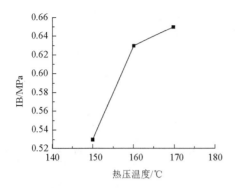

图 2-10　热压温度对 IB 的影响

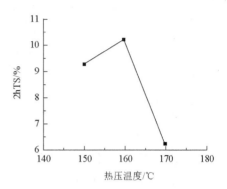

图 2-11　热压温度对 2hTS 的影响

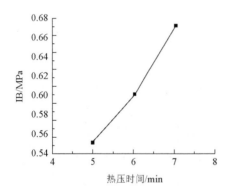

图 2-12　热压时间对 IB 的影响

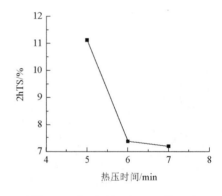

图 2-13　热压时间对 2hTS 的影响

（2）木/橡胶质量比和施胶量对 IB 和 2hTS 的影响。

木/橡胶质量比和施胶量对木材纤维/废旧橡胶粉复合材料 IB 和 2hTS 的影响见图 2-14～图 2-17。

图 2-14 和图 2-15 分别显示木/橡胶质量比对 IB 和 2hTS 的影响变化趋势。随着木材纤维比例减少，橡胶比例增加，木材纤维/废旧橡胶粉复合材料的 IB 先升高再降低和 2hTS 值降低。橡胶颗粒是球状形态，长宽比接近于 1；橡胶粉是由废橡胶粉碎而制成的粉末颗粒，因为其内部的交联结构未完全破坏，这种结构在一定程度上限制了表面分子链的运动，致使胶粉的表面呈惰性，不利于橡胶粉与木材之间的结合，所以随着橡胶比例的增加会使材料的内结合强度降低。同时，橡胶粉表面的惰性使其呈现出较好的疏水能力，有利于降低材料吸水厚度膨胀率；但当橡胶含量达到一定程度时，耐水性的改善随着橡胶含量的增加而变得不明显。

图 2-16 和图 2-17 显示施胶量在 13%～15% 之间变化时，随着施胶量增加，木

材纤维/废旧橡胶粉复合材料的 IB 先升高后降低，而 2hTS 值先降低后升高。这是由于 MUF 树脂并不具备胶接废旧橡胶的能力，施胶量增加也不能显著提高复合材料的性能，反而复合材料性能还下降，同时施胶量增加还会提高复合材料的生产成本，造成室内外环境污染。所以，应当在满足复合材料性能的前提下，尽可能降低 MUF 胶黏剂的用量。

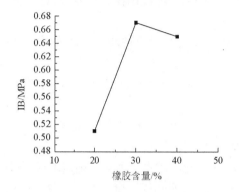

图 2-14　橡胶含量对 IB 的影响

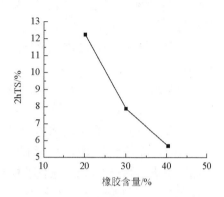

图 2-15　橡胶含量对 2hTS 的影响

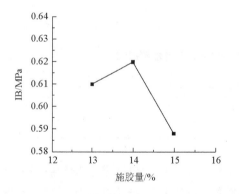

图 2-16　施胶量对 IB 的影响

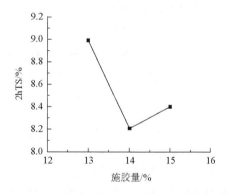

图 2-17　施胶量对 2hTS 的影响

3）木材纤维/废旧橡胶粉复合材料热压工艺优化

确定影响木材纤维/废旧橡胶粉复合材料各项物理力学性能的主要因子及其水平。B_F 和 C_F 2 个因子对 MOR 影响显著，MOR 值越高，复合材料抗弯曲破坏的能力越强。所以，对于 MOR，影响因子的最佳水平组合为 $A_{F3}B_{F3}C_{F3}D_{F1}$。C_F 因子对 MOE 影响显著，对于 MOE，影响因子的最佳水平组合为 $A_{F3}B_{F2}C_{F2}D_{F1}$。C_F 因子也显著影响 IB，IB 值越高，复合材料的结合强度越高。对于 IB，影响因子的最佳水平组合为 $A_{F3}B_{F3}C_{F2}D_{F2}$。A_F、B_F 和 C_F 因子对 2hTS 影响极显著，2hTS 是复合材料尺寸稳定性的标志，其值越小说明复合材料的尺寸稳定性越好。对于 2hTS，影响因子的最佳水平组合为 $A_{F3}B_{F3}C_{F3}D_{F2}$。通过分析各工艺因子及其水平对木材纤维/废旧橡胶粉复合材料的影响结果，确定各工艺因子及其水平如下。

（1）A_F 因素：工艺因子 A_F 取水平 A_{F3} 时木材纤维/废旧橡胶粉复合材料力学性能最好，因此因素 A_F 取 A_{F3} 水平。

（2）B_F 因素：综合考虑木材纤维/废旧橡胶粉复合材料性能，工艺因子 B_F 取水平 B_{F3}。

（3）C_F 因素：考虑充分利用废旧橡胶粉以及复合材料其他性能之间的平衡，工艺因子 C_F 选取 C_{F2}。

（4）D_F 因素：综合考虑成本和材料性能因素，水平 D_{F2} 的性能最好，而且在水平 D_{F2} 时可以达到国家标准，因此工艺因子 D_F 选择 D_{F2}。

综合考虑木材纤维/废旧橡胶粉复合材料的性能、成本等因素，确定木材纤维/废旧橡胶复合材料最佳工艺参数为 $A_{F3}B_{F3}C_{F2}D_{F2}$，即热压温度 170℃，热压时间 7min，木/橡胶质量比 7：3，MUF 施胶量 14%。为验证木材纤维/废旧橡胶粉复合材料最佳工艺，在最佳条件下进行重复实验，木材纤维/废旧橡胶粉复合材料性能检测结果如表 2-12 所示。

表 2-12　木材纤维/废旧橡胶粉复合材料性能测试结果

种类	MOR/MPa	MOE/MPa	IB/MPa	2hTS/%
木材纤维/废旧橡胶粉复合材料	36.34	3192.46	0.76	4.62
国家标准 GB/T 11718—2021	24	2400	0.50	15

通过表 2-12 可以看出，在最佳工艺条件下生产的木材纤维/废旧橡胶粉复合材料的性能，达到国家标准《中密度纤维板》（GB/T 11718—2021）中干燥状态使用的普通型中密度纤维板性能要求，并且与国家标准相比，木材纤维/废旧橡胶粉复合材料的静曲强度（MOR）超过约 50%，内结合强度（IB）超过接近 50%，2h 吸水厚度膨胀率（2hTS）降低约 70%。

由上述实验结果可知，采用工厂普遍使用的 MUF 树脂生产的木材纤维/废旧橡胶粉复合材料能生产出性能合格的复合材料，复合材料的 MOR、MOE、IB 和 2hTS 分别为 36.34MPa、3192.46MPa、0.76MPa 和 4.62%，达到国家标准《中密度纤维板》（GB/T 11718—2021）中干燥状态使用的普通型中密度纤维板性能要求。采用正交实验选取影响木材纤维/废旧橡胶粉复合材料的四个因素为热压温度、热压时间、木/橡胶质量比和施胶量，实验结果确定木/橡胶质量比对复合材料的 MOR、MOE 和 IB 影响显著，木/橡胶质量比、热压时间和热压温度对复合材料的 2hTS 影响极显著。综合考虑材料的使用性能、生产成本与环境效益，确定木材纤维/废旧橡胶粉复合材料最佳工艺条件为：热压温度 170℃，热压时间 7min，木/橡胶质量比 7∶3，施胶量 14%，密度 0.8g/cm³。

2.2　木材刨花/废旧橡胶粉复合材料工艺的研究

2.2.1　木材刨花/废旧橡胶粉复合材料热压工艺的研究

目前，木质复合材料是世界范围内使用最为广泛的材料之一。人类社会发展对木材资源的大量需求，造成木材供需紧张，而且单一木质材料性能已经不能满足人们的使用要求。因此，各国木材科学工作者开始研究木材与其他材料进行复合以提高材料自身附加值。但是，木材与其他材料进行复合时存在胶接问题，如何选取合适的胶黏剂是提高木质复合材料性能的关键。异氰酸酯胶黏剂是指体系中含有相当数量的异氰酸酯基及一定的氨基甲酸酯，或直接使用单体异氰酸酯作为黏接物的一类反应型胶黏剂[9, 10]。由于含有极性很强、化学活性很高的官能团（—NCO，—NHCOO—），异氰酸酯胶黏剂黏接性能优异、应用广泛，可与含有活泼氢的材料形成良好交联，能够黏接泡沫、皮革、塑料、织物、陶瓷、橡胶、木材等材料，同时也可与金属、玻璃、橡胶、塑料等表面光洁材料产生优良的化学黏合力[11]。

异氰酸酯胶黏剂应用于木材工业的历史并不长。1951 年，Deppe 首先使用异氰酸酯作为胶黏剂制备了刨花板；1973 年，美国俄勒冈州东部的 Ellingson Lumber Co.公司试制用于室外的两面贴单板的异氰酸酯胶刨花板[12]；1979 年，英国皇家化学工业公司使用异氰酸酯胶黏剂生产优质刨花板[13]；20 世纪 80 年代初，Wilson 较深入地研究了异氰酸酯胶黏剂制造人造板的胶合强度、湿强度、黏弹性等性质[14]。与传统木材胶黏剂相比，异氰酸酯胶黏剂具有不含甲醛、热压时间短、施胶量少、耐水性好和胶接力强等优异性能，已逐步在刨花板、复合板材、中密度纤维板、层积材、集成材及人造板二次加工等生产中得到广泛应用[15]。此外，对于普通合成树脂胶黏剂难以胶接的农产品剩余物，如麦草、稻草、稻壳等，异氰酸酯胶黏剂也具有良好的胶接性能[16, 17]。因此，木材与其他非木材材料复合时，尤其是难胶接材料（如橡胶、塑料等），异氰酸酯胶黏剂是较好的选择[18]。在本节研究中，选取异氰酸酯作为木材刨花/废旧橡胶粉复合材料的胶黏剂，考察了木材与橡胶比例、热压温度等因素对木材刨花/废旧橡胶粉复合材料性能的影响，为木质基废旧橡胶复合材料的制备和应用奠定理论基础。

1. 实验材料与方法

木质基废旧橡胶复合材料是近年来才被提出的一种新型功能性复合材料，相关的研究报道较少，在热压工艺条件下需要确定影响材料性能的主要因素。通过实验研究热压时间、木材与橡胶比例、热压温度、施胶量和密度对木材刨花/废旧橡胶粉复合材料性能的影响。木材刨花/废旧橡胶粉复合材料参照国家标准《刨花板》（GB/T 4897—2015），检测复合材料的静曲强度（MOR）、弹性模量（MOE）、内结合强度（IB）、2h 吸水厚度膨胀率（2hTS）。所压制板材的规格统一为340mm×320mm×10mm。

1）实验材料

（1）山杨木方：采自黑龙江朗乡林场，密度为 0.39g/cm³，尺寸为 80mm×80mm×2000mm，含水率为 11%～20%。在实验室将山杨木方制作成刨花，刨花的几何形态为普通工业生产用针状刨花，长 5～24mm，宽 1.2～2.5mm，厚 0.3～0.8mm，并将刨花干燥到含水率为 5%～8%。

（2）废旧橡胶粉：购于哈尔滨永红橡胶颗粒厂，尺寸为 80～200 目。

（3）胶黏剂：异氰酸酯（MDI），购于哈尔滨。

（4）丙酮：异氰酸酯的稀释溶剂，分析纯，购于哈尔滨。

（5）脱模材料：聚四氟乙烯薄膜，购于哈尔滨。

2）实验设备

（1）DF19-9.6 型烘箱：尺寸为 120cm×70cm×120cm，功率 9.6kW，沈阳红旗设备制造厂有限公司。

（2）SC69-02 快速水分测定仪：最大荷重 10g，分度值 5mg。

（3）50t 实验预压机：公称压力为 50000kgf，热压面积为 370mm×370mm，单位压力为 36kg/cm³，功率为 3kW，上海人造板机械厂有限公司。

（4）100t 实验热压机：单层，油缸直径 230mm，公称压力 100000kgf，模压面积 500mm×500mm，单位压力 40kPa，功率 18kW。

3）制备工艺

木材刨花/废旧橡胶粉复合材料的制备工艺流程见图 2-18。

（1）施胶。

木材刨花/废旧橡胶粉复合材料采用杨木刨花，密度约为 0.39g/cm³，而废旧橡胶粉密度约为 1.3g/cm³。施胶过程中，胶粉与木刨花密度不同，由于重力作用，胶粉容易集中，难以实现均匀拌胶。因此，拌胶后需要检查胶粉是否产生集中现象。此外，为达到较好施胶效果，需在异氰酸酯中加入 15%的丙酮进行稀释，然后进行喷胶。

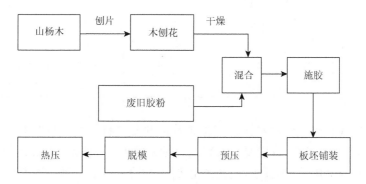

图 2-18　木材刨花/废旧橡胶粉复合材料的制备工艺流程图

（2）板坯铺装。

板坯采用单层结构，手工铺装。毛坯尺寸为 360mm（长）×340mm（宽）。

（3）预压。

板坯铺装完后，为避免热压影响板坯结构，需要进行预压，排除板坯内空气，使得板坯密实。预压单位压力 2.0MPa，时间 30s。

（4）脱模。

MDI 在热压时将发生黏板现象。因此，在热压前放置聚四氟乙烯薄膜于热压板坯上下表面，防止黏板。

（5）热压。

为了便于对木材刨花/废旧橡胶粉复合材料各项性能进行对比研究，板材目标厚度均为 10mm，用厚度规控制板材厚度。

4）物理力学性能检测方法

木材刨花/废旧橡胶粉复合材料物理力学性能主要包括静曲强度（MOR）、弹性模量（MOE）、内结合强度（IB）、2h 吸水厚度膨胀率（2hTS）。试件按 GB/T 4897—2015 制备，静曲强度和弹性模量测试用试件尺寸为 50mm×250mm，剩余检测项目试件尺寸均为 50mm×50mm。

2. 结果与分析

1）木材刨花/废旧橡胶粉复合材料主要影响因子数值确定

通过单因素实验，确定木材刨花/废旧橡胶粉复合材料热压工艺的主要影响因素及其取值范围，如热压温度、热压时间、复合材料密度及木材刨花与废旧橡胶粉的质量比（简称木/橡胶质量比）等。单因素实验方案见表 2-13。

表 2-13　单因素实验方案

序号	施胶量/%	热压温度/℃	热压时间/min	材料密度/(g/cm³)	木/橡胶质量比
1	2	140	4	0.6	6∶4
2	3	150	5	0.7	7∶3
3	4	160	6	0.8	8∶2
4	5	170	7	0.9	9∶1
5	6	180	8	1.0	10∶0

（1）木/橡胶质量比对木材刨花/废旧橡胶粉复合材料性能的影响。

确定木材刨花/废旧橡胶复合材料的目标密度为 1.0g/cm³、热压时间 4min、热压温度 150℃、MDI 施胶量 5%，通过改变木/橡胶质量比，确定木材刨花/废旧橡胶粉复合材料中木材与废旧橡胶的质量比。选取 5 个水平的木/橡胶质量比分别为 10∶0、9∶1、8∶2、7∶3、6∶4 进行实验，木材刨花/废旧橡胶粉复合材料的性能测试结果见表 2-14。

表 2-14　木/橡胶质量比与复合材料力学性能的关系

序号	木/橡胶质量比	MOR/MPa	MOE/MPa	IB/MPa	2hTS/%
1	10∶0	43.40	3564.50	2.24	3.56
2	9∶1	39.38	3343.08	1.70	3.30
3	8∶2	35.55	3216.15	1.62	2.72
4	7∶3	34.24	2999.56	1.58	2.24
5	6∶4	31.76	2720.88	1.41	1.39

由表 2-14 可知，橡胶加入比例在 0～40% 之间时，随着橡胶加入比例的增加，木材刨花/废旧橡胶粉复合材料的 MOR、MOE、IB 值都呈下降趋势，其中 IB 下降 37%，MOR 下降 27%，MOE 下降 24%。这说明废旧橡胶加入比例是影响木材刨花/废旧橡胶复合材料性能的主要因素。然而，复合材料 2hTS 值随着橡胶加入比例增加呈现下降趋势。这说明随着橡胶加入比例增加，复合材料的尺寸稳定性提高。

（2）热压时间对木材刨花/废旧橡胶粉复合材料性能的影响。

在木材刨花/废旧橡胶复合材料的目标密度 1.0g/cm³、木/橡胶质量比 7∶3、热压温度 150℃、施胶量 5% 的条件下，通过改变热压时间，确定木材刨花/废旧橡胶粉复合材料的热压时间。选取热压时间为 4min、5min、6min、7min、8min 五个水平进行实验，木材刨花/废旧橡胶粉复合材料的性能测试结果见表 2-15。

表 2-15 热压时间与复合材料力学性能的关系

序号	热压时间/min	MOR/MPa	MOE/MPa	IB/MPa	2hTS/%
1	4	34.24	2999.56	1.58	2.24
2	5	35.24	3423.97	1.62	2.72
3	6	36.04	4085.19	1.73	2.29
4	7	38.74	4226.66	1.84	1.47
5	8	37.41	4134.77	1.52	1.19

表 2-15 显示热压时间在 4~7min 之间时，木材刨花/废旧橡胶粉复合材料的 MOR、MOE、IB 值随着热压时间延长而升高，热压时间为 7min 时达到最大值，2hTS 值随着热压时间延长而减小，表明尺寸稳定性提高。热压时间为 4min 时胶黏剂由于没有足够的时间固化，胶接强度不高，所以复合材料的 MOR、MOE 和 IB 值较低。当热压时间为 7min 时，复合材料的 MOR、MOE 和 IB 值都升高，尤其是复合材料的 MOE 值升高 41%。当热压时间为 8min 时，复合材料的 MOR、MOE、IB 值开始下降，说明木材刨花/废旧橡胶复合材料热压工艺存在最佳热压时间。

（3）热压温度对木材刨花/废旧橡胶粉复合材料性能的影响。

在木材刨花/废旧橡胶复合材料的目标密度 $1.0g/cm^3$、木/橡胶质量比 7:3、热压时间 7min、MDI 施胶量 5% 的条件下，通过改变热压温度，确定木材刨花/废旧橡胶粉复合材料的热压温度。选取热压温度为 140℃、150℃、160℃、170℃、180℃ 五个水平进行实验，木材刨花/废旧橡胶粉复合材料的性能测试结果见表 2-16。

表 2-16 热压温度与复合材料力学性能的关系

序号	热压温度/℃	MOR/MPa	MOE/MPa	IB/MPa	2hTS/%
1	140	35.91	3039.03	1.77	1.61
2	150	38.74	4226.66	1.84	1.47
3	160	39.54	4554.73	2.06	1.57
4	170	33.85	2906.31	1.68	1.64
5	180	33.31	2756.35	1.21	1.79

由表 2-16 可知，当热压温度在 140~160℃ 之间时，木材刨花/废旧橡胶粉复合材料的 MOR、MOE、IB 值随着热压温度升高而增大，热压温度为 160℃ 时达到最大值，2hTS 值在热压温度 150℃ 时达到最小值，表明复合材料尺寸稳定性提高。当热压温度超过 160℃ 时，木材刨花/废旧橡胶粉复合材料的 MOR、MOE、IB 值随着热压温度升高而降低。热压温度达到 180℃ 时，木材刨花/废旧橡胶粉复合材料的 MOR、MOE 和 IB 值达到最低，相比于 160℃ 时的最高值分别下降 16%、

39%和 41%。这说明在 180℃时，热压温度过高致使胶黏剂固化产生脆性，影响胶接性能。2hTS 随着热压温度升高而增加，说明复合材料的尺寸稳定性下降。

（4）施胶量对木材刨花/废旧橡胶粉复合材料性能的影响。

在木材刨花/废旧橡胶复合材料的目标密度 1.0g/cm³、木/橡胶质量比 7∶3、热压温度 160℃、热压时间 7min 的条件下，通过改变 MDI 施胶量，确定木材刨花/废旧橡胶粉复合材料的施胶量。选取施胶量为 2%、3%、4%、5%、6%五个水平进行实验，木材刨花/废旧橡胶粉复合材料的性能测试结果见表 2-17。

表 2-17　施胶量与复合材料力学性能的关系

实验号	施胶量/%	MOR/MPa	MOE/MPa	IB/MPa	2hTS/%
1	2	27.43	2541.84	0.83	1.78
2	3	33.27	2797.26	1.21	1.70
3	4	37.24	3271.14	1.43	1.52
4	5	38.74	4226.66	1.84	1.47
5	6	40.28	4669.99	2.10	1.39

由表 2-17 可知，随着 MDI 施胶量的增加，木材刨花/废旧橡胶粉复合材料的 MOR、MOE、IB 值增大，2hTS 值随着施胶量增加而减小。复合材料的性能都有明显提高，说明增加施胶量是提高木材刨花/废旧橡胶粉复合材料性能的一种有效方法。但是，单纯地用增加施胶量的方法提高复合材料性能只会增加产品的生产成本，最终由于产品成本过高而丧失竞争力，因此在满足复合材料性能要求的前提下，应尽可能降低施胶量，以确保复合材料的生产成本和产品竞争力。

（5）复合材料密度对木材刨花/废旧橡胶粉复合材料性能的影响。

在木材刨花/废旧橡胶复合材料的木/橡胶质量比 7∶3、热压温度 160℃、热压时间 7min、MDI 施胶量为 3%的条件下，确定木材刨花/废旧橡胶粉复合材料的密度。选取密度为 0.6g/cm³、0.7g/cm³、0.8g/cm³、0.9g/cm³、1.0g/cm³ 五个水平进行实验，木材刨花/废旧橡胶粉复合材料的性能测试结果见表 2-18。

表 2-18　密度与复合材料力学性能的关系

实验号	密度/(g/cm³)	MOR/MPa	MOE/MPa	IB/MPa	2hTS/%
1	0.6	9.75	1471.59	0.52	8.00
2	0.7	14.10	1991.08	0.67	6.25
3	0.8	19.46	2030.72	0.72	5.12
4	0.9	29.61	2675.75	1.17	2.95
5	1.0	33.27	2797.26	1.21	1.77

从表 2-18 中可以看出，复合材料密度在 0.6~1.0g/cm³ 之间时，木材刨花/废旧橡胶粉复合材料的 MOR、MOE、IB 值变化趋势相似，随着密度的增大而增加，2hTS 随密度增大而减小。当复合材料的密度为 0.6g/cm³ 时，复合材料单位空隙较大，水分容易进入，导致 2hTS 较高；相反密度为 1.0g/cm³ 时，刨花之间的距离缩小，胶层变薄，板坯结合紧密，胶接效果好，强度较高，尺寸稳定性好。复合材料密度对木质基废旧橡胶复合材料的物理力学性能起重要作用，是改善其各项性能的一种有效方法。然而，复合材料密度过高将导致复合材料过重，运输困难，生产成本提高，影响其应用。综合各项性能指标，确定木材刨花/废旧橡胶粉复合材料密度为 0.8g/cm³ 比较合适。

2）木材刨花/废旧橡胶粉复合材料性能影响因子的统计分析

通过单因素实验结果分析，确定了木材刨花/废旧橡胶粉复合材料性能影响因子范围。采用 $L_9(3^4)$ 正交实验设计，对影响木材刨花/废旧橡胶粉复合材料性能的影响因子进行分析和优化，确定木材刨花/废旧橡胶粉复合材料性能最佳热压工艺条件。根据刨花板国家标准（GB/T 4897—2015），测试材料的静曲强度、弹性模量、内结合强度、2h 吸水厚度膨胀率。材料的压制密度为 0.8g/cm³。$L_9(3^4)$ 正交实验影响因子水平见表 2-19，4 个因子分别为热压温度（A_P）、热压时间（B_P）、木/橡胶质量比（C_P）和施胶量（D_P）。木材刨花/废旧橡胶粉复合材料正交实验结果如表 2-20 所示。

表 2-19 因子水平表

水平	因子			
	热压温度/℃	热压时间/min	木/橡胶质量比	施胶量/%
1	140	6	8∶2	2
2	150	7	7∶3	3
3	160	8	6∶4	4

表 2-20 正交实验结果

实验号	MOR/MPa	MOE/MPa	IB/MPa	2hTS/%
1	20.39	2475.42	0.57	5.92
2	23.89	2568.74	0.84	3.10
3	19.38	2186.22	0.99	2.84
4	25.12	2814.58	0.97	2.07
5	18.51	1917.37	0.58	6.86
6	23.70	2835.12	0.88	4.11

续表

实验号	MOR/MPa	MOE/MPa	IB/MPa	2hTS/%
7	20.54	2076.98	0.86	3.64
8	29.08	3315.18	1.06	4.67
9	23.10	2328.65	0.64	8.62

（1）工艺因子对 MOR 的统计分析。

为确定工艺因子对木材刨花/废旧橡胶复合材料 MOR 的影响，对影响 MOR 性能的热压温度、热压时间、木/橡胶质量比和施胶量进行极差和方差分析，同时利用 SPASS 实验可得到复合因子对 MOR 影响的显著性分析，结果见表 2-21 和表 2-22。

表 2-21　工艺因子 MOR 的极差分析

因子	MOR/MPa			极差 R_{MOR}
	X_{MOR1}	X_{MOR2}	X_{MOR3}	
热压温度	21.22	22.44	24.24	3.02
热压时间	22.02	23.82	22.06	1.80
木/橡胶质量比	24.39	24.04	19.48	4.91
施胶量	20.67	22.71	24.52	3.85

表 2-22　工艺因子对 MOR 的方差分析

方差来源	偏差平方和	自由度	均方和	F 值	显著性
热压温度	27.76	2	13.88	3.532	0.074
热压时间	12.75	2	6.38	1.622	0.250
木/橡胶质量比	90.14	2	45.07	11.470	0.003
施胶量	44.68	2	22.34	5.680	0.025
误差	35.37	9	3.93		
总和	210.69	17			

由极差 R_{MOR} 可以比较出，复合材料的 MOR 受四种因素影响的主次顺序：木/橡胶质量比＞施胶量＞热压温度＞热压时间。

由 SPASS 显著性分析（Sig.＜0.01 为极显著，Sig.＜0.05 为显著）可以看出，木/橡胶质量比对 MOR 影响极显著，施胶量影响显著，热压温度有一定影响，但不显著，热压时间无显著影响。

（2）工艺因子对 MOE 的统计分析。

为确定工艺因子对木材刨花/废旧橡胶复合材料 MOE 的影响，对影响 MOE 性能的热压温度、热压时间、木/橡胶质量比和施胶量进行极差和方差分析，同时利用 SPASS 实验可得到复合因子对 MOE 影响的显著性分析，结果见表 2-23 和表 2-24。

表 2-23　工艺因子 MOE 的极差分析

因子	MOE/MPa			极差 R_{MOE}
	X_{MOE1}	X_{MOE2}	X_{MOE3}	
热压温度	2410.12	2522.36	2573.61	163.49
热压时间	2455.66	2600.43	2450.00	144.77
木/橡胶质量比	2875.24	2570.66	2060.19	815.05
施胶量	2240.48	2493.62	2772.00	531.52

表 2-24　工艺因子对 MOE 的方差分析

方差来源	偏差平方和	自由度	均方和	F 值	显著性
热压温度	83898.75	2	41949.38	1.30	0.074
热压时间	87243.20	2	43621.60	1.36	0.250
木/橡胶质量比	2035325.13	2	1017662.56	31.62	0.003
施胶量	848167.13	2	424083.56	13.18	0.025
误差	289649.02	9	32183.22		
总和	3344283.22	17			

由极差 R_{MOE} 可以比较出，复合材料的 MOE 受四种因素影响的主次顺序：木/橡胶质量比＞施胶量＞热压温度＞热压时间。

由 SPASS 显著性分析（Sig.＜0.01 为极显著，Sig.＜0.05 为显著）可以看出，木/橡胶质量比对木材刨花/废旧橡胶粉复合材料 MOE 影响极显著，施胶量对 MOE 的影响显著，热压温度和热压时间对 MOE 无显著影响。

（3）工艺因子对 IB 的统计分析。

为确定工艺因子对木材刨花/废旧橡胶复合材料 IB 的影响，对影响 IB 性能的热压温度、热压时间、木/橡胶质量比和施胶量进行极差和方差分析，同时利用 SPASS 实验可得到复合因子对 IB 影响的显著性分析，结果见表 2-25 和表 2-26。

表 2-25　工艺因子 IB 的极差分析

因子	IB/MPa			极差 R_{IB}
	X_{IB1}	X_{IB2}	X_{IB3}	
热压温度	0.8	0.81	0.85	0.05
热压时间	0.8	0.83	0.84	0.04
木/橡胶质量比	0.84	0.82	0.81	0.03
施胶量	0.59	0.86	1.01	0.42

表 2-26　工艺因子对 IB 的方差分析

方差来源	偏差平方和	自由度	均方和	F 值	显著性
热压温度	0.01	2	0.005	0.27	0.78
热压时间	0.01	2	0.004	0.21	0.81
木/橡胶质量比	0.003	2	0.001	0.07	0.93
施胶量	0.50	2	0.250	13.10	0.002
误差	0.17	9	0.019		
总和	0.69	17			

由极差 R_{IB} 可以比较出,复合材料的 IB 受四种因素影响的主次顺序:施胶量>热压温度>热压时间>木/橡胶质量比。

由 SPASS 显著性分析(Sig.<0.01 为极显著,Sig.<0.05 为显著)可以看出,施胶量对木材刨花/废旧橡胶复合材料 IB 影响极显著,热压温度、热压时间和木/橡胶质量比对 IB 无显著影响。

(4)工艺因子对 2hTS 的统计分析。

为确定工艺因子对木材刨花/废旧橡胶复合材料 2hTS 的影响,对影响 2hTS 性能的热压温度、热压时间、木/橡胶质量比和施胶量进行极差和方差分析,同时利用 SPASS 实验可得到复合因子对 2hTS 影响的显著性分析,结果见表 2-27 和表 2-28。

表 2-27　工艺因子对 2hTS 的极差分析

因子	2hTS/%			极差 R_{2hTS}
	X_{2hTS1}	X_{2hTS2}	X_{2hTS3}	
热压温度	3.96	4.35	5.64	1.68
热压时间	3.88	4.88	5.19	1.31
木/橡胶质量比	4.9	4.6	4.45	0.45
施胶量	7.14	3.62	3.19	3.95

表 2-28　工艺因子对 2hTS 的方差分析

方差来源	偏差平方和	自由度	均方和	F 值	显著性
热压温度	9.37	2	4.68	30.63	0.000
热压时间	5.65	2	2.82	18.47	0.001
木/橡胶质量比	0.64	2	0.32	2.09	0.180
施胶量	56.2	2	28.13	183.91	0.000
误差	1.38	9	0.15		
总和	73.30	17			

由极差 R_{2hTS} 可以比较出，复合材料的 2hTS 受四种因素影响的主次顺序：施胶量＞热压温度＞热压时间＞木/橡胶质量比。

由 SPASS 显著性分析（Sig.＜0.01 为极显著，Sig.＜0.05 为显著）可以看出，热压温度、热压时间和施胶量对 2hTS 的影响极显著，木/橡胶质量比无显著影响。这是因为橡胶属于憎水性物质，对提高材料的耐水性起重要作用，此处对 2hTS 影响不明显，是由于当橡胶量添加到一定比例时，会出现耐水性不随橡胶含量增加明显变化的情况。

3）影响因子对木材刨花/废旧橡胶粉复合材料性能的影响分析

（1）影响因子对 MOR 和 MOE 影响分析。

热压温度和热压时间对木材刨花/废旧橡胶复合材料 MOR 和 MOE 的影响见图 2-19～图 2-22。

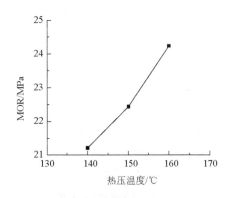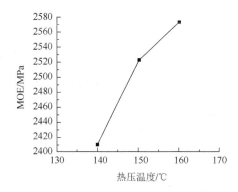

图 2-19　热压温度对 MOR 的影响　　　　图 2-20　热压温度对 MOE 的影响

图 2-19 和图 2-20 显示热压温度由 140℃升高至 160℃时，木材刨花/废旧橡胶粉复合材料的 MOR 和 MOE 值都升高。热压温度 160℃时的 MOR 和 MOE 分别是 140℃时的 1.14 倍和 1.07 倍，这说明热压温度升高有利于复合材料的物理力学

性能提高。热压温度低，能耗低，但热压时间延长降低生产效率，否则影响胶黏剂固化从而影响复合材料的性能。图 2-21 和图 2-22 分别显示热压时间由 6min 延长至 8min 时，木材刨花/废旧橡胶粉复合材料的 MOR 和 MOE 值变化趋势。图 2-21 和图 2-22 表明随着热压时间的延长，复合材料的 MOR 与 MOE 值先升高后降低。这表明在选定的热压时间范围内存在最佳的热压时间，热压时间在 7min 时复合材料的 MOR 和 MOE 值达到最高，分别为 23.82MPa 和 2600.43MPa。

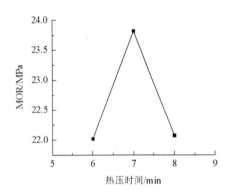

图 2-21　热压时间对 MOR 的影响　　　　图 2-22　热压时间对 MOE 的影响

　　木/橡胶质量比对木材刨花/废旧橡胶粉复合材料 MOR 和 MOE 的影响分别见图 2-23 和图 2-24。

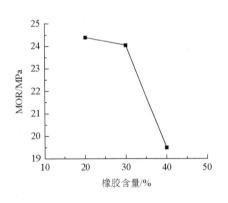

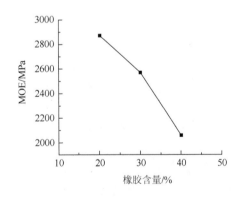

图 2-23　橡胶含量对 MOR 的影响　　　　图 2-24　橡胶含量对 MOE 的影响

　　图 2-23 和图 2-24 显示木/橡胶质量比对 MOR 和 MOE 的影响变化趋势基本相同。随着木材刨花比例降低、橡胶比例增加，木材刨花/废旧橡胶粉复合材料的 MOR 和 MOE 降低，分别降低了 20%和 28%。这主要是因为木材具有较高的比强

度和刚性，且木材刨花长宽比很大，所以在提高复合材料静曲强度和弹性模量方面起到了关键的作用。但是橡胶颗粒是球状形态，长宽比接近于 1，不利于提高 MOR 和 MOE。因此，随着橡胶加入比例增加，MOE 值降低表明复合材料刚性下降，弹性增加。

施胶量对木材刨花/废旧橡胶粉复合材料 MOR 和 MOE 的影响分别见图 2-25 和图 2-26。

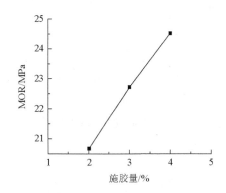 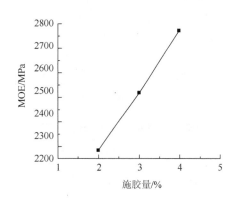

图 2-25　施胶量对 MOR 的影响　　　　图 2-26　施胶量对 MOE 的影响

图 2-25 和图 2-26 显示，施胶量在 2%～4%之间变化时，随着施胶量增加，木材刨花/废旧橡胶粉复合材料的 MOR 和 MOE 值也增加。异氰酸酯化合物含有高度不饱和键的异氰酸酯基团—NCO（—N＝C＝O），化学活性非常活泼，易与各种官能团反应，具有两个—NCO 的异氰酸酯胶黏剂能够分别与木材刨花和橡胶粉反应，具有良好胶接作用，因此随着异氰酸酯施胶量的增加，复合材料的 MOR 和 MOE 值分别增加 19%和 24%。这表明 MDI 施胶量增加是提高复合材料 MOR 和 MOE 值的有效方法。

（2）影响因子对 IB 和 2hTS 影响分析。

热压温度和热压时间对木材刨花/废旧橡胶粉复合材料 IB 和 2hTS 的影响见图 2-27～图 2-30。

图 2-27～图 2-30 显示热压温度由 140℃升高至 160℃，热压时间由 6min 延长至 8min 时，木材刨花/废旧橡胶粉复合材料的 IB 和 2hTS 值都升高。热压温度 160℃时的 IB 和 2hTS 分别是 140℃时的 1.06 倍和 1.42 倍，这说明热压温度升高有利于复合材料的物理力学性能提高，然而复合材料 2hTS 值的升高证明其耐水性能降低。提高热压温度和延长热压时间都有助于复合材料的固化及热量的传递，但热压温度过高及热压时间过长，会致使复合材料表层异氰酸酯胶黏剂迅速固化，固化层阻碍外部热量向内传递和内部水蒸气向外排出，造成内部水蒸气压力大于刨

花、废旧橡粉与胶黏剂之间的胶接力，复合材料易出现分层和鼓泡现象，严重影响复合材料的性能。

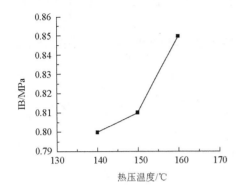

图 2-27　热压温度对 IB 的影响

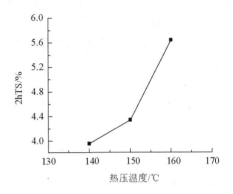

图 2-28　热压温度对 2hTS 的影响

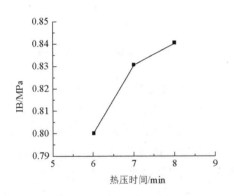

图 2-29　热压时间对 IB 的影响

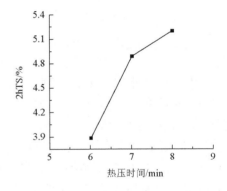

图 2-30　热压时间对 2hTS 的影响

　　木/橡胶质量比和施胶量对木材刨花/废旧橡胶复合材料 IB 和 2hTS 的影响见图 2-31～图 2-34。

　　图 2-31 与图 2-32 显示木/橡胶质量比对 IB 和 2hTS 的影响变化趋势基本相同。随着木材刨花比例减少，废旧橡胶粉比例增加，木材刨花/废旧橡胶粉复合材料的 IB 和 2hTS 降低。废旧橡胶粉是由废橡胶粉碎制成的粉末颗粒，因为其内部的交联结构未完全破坏，这种结构在一定程度上限制了表面分子链的运动，所以废旧橡胶粉的表面呈惰性[19]，不利于与木材之间的结合，废旧橡胶粉比例的增加会使复合材料的 IB 值降低。同时由于橡胶粉表面的惰性，其具有很好疏水性，有利于降低复合材料的 2hTS 值。但是当橡胶含量达到一定程度时，耐水性的改善随着橡胶含量的增加变得并不明显。图 2-33 和图 2-34 显示施胶量在 2%～4% 之间变化

时，随着施胶量增加，木材刨花/废旧橡胶粉复合材料的 IB 值增加，2hTS 值降低，尺寸稳定性提高。异氰酸酯胶黏剂具有高度反应活性，能够与木材刨花和橡胶粉反应，具有良好胶接作用，因此随着异氰酸酯施胶量的增加，复合材料的 IB 值增加，2hTS 值降低。施胶量直接影响木材刨花/废旧橡胶粉复合材料的物理力学性能。但是，异氰酸酯的价格较高，通过增加施胶量来提高复合材料性能会增加生产成本，而且造成室内外环境污染。因此，应当在满足使用要求的前提下，尽可能降低异氰酸酯的用量。

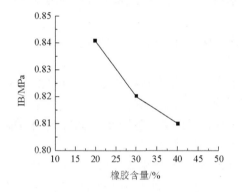

图 2-31　橡胶含量对 IB 的影响

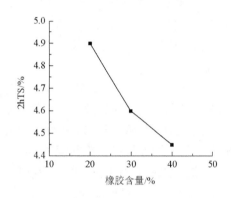

图 2-32　橡胶含量对 2hTS 的影响

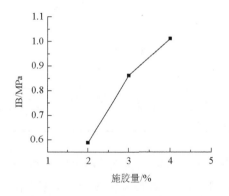

图 2-33　施胶量对 IB 的影响

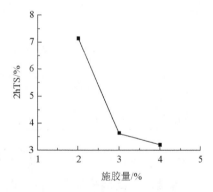

图 2-34　施胶量对 2hTS 的影响

（3）木材刨花/废旧橡胶复合材料热压工艺优化。

确定影响木材刨花/废旧橡胶粉复合材料各项物理力学性能的主要因子及其水平。C_P 和 D_P 2 个因子对 MOR 影响显著，MOR 的数值越高其抗弯曲破坏的能力就越强。故对于单项指标 MOR，影响因子的最佳水平组合为 $A_{P3}B_{P2}C_{P1}D_{P3}$。C_P

和 D_P 因子对 MOE 影响显著。对于单项指标 MOE，影响因子的最佳水平组合为 $A_{P3}B_{P2}C_{P1}D_{P3}$。D_P 因子对 IB 影响显著，而且 IB 的数值越高，复合材料的结合强度越高。对于 IB，影响因子的最佳水平组合为 $A_{P3}B_{P3}C_{P1}D_{P3}$。A_P、B_P 和 D_P 因子对 2hTS 影响显著。2hTS 是复合材料尺寸稳定性的标志，其值越小说明复合材料的尺寸稳定性越好。对于 2hTS，影响因子的最佳水平组合为 $A_{P1}B_{P1}C_{P3}D_{P3}$。通过分析各工艺因子及其水平对木材刨花/废旧橡胶粉复合材料的结果，确定各工艺因子及其水平如下。

A_P 因素：工艺因子 A_P 取水平 A_{P3} 时木材刨花/废旧橡胶粉复合材料力学性能最好，工艺因子 A_P 取 A_{P3} 水平。

B_P 因素：综合考虑木材刨花/废旧橡胶粉复合材料性能与节能，工艺因子 B_P 取水平 B_{P2}。

C_P 因素：C_P 的值越低，木材刨花/废旧橡胶粉复合材料的力学性能越好，考虑充分利用废旧橡胶粉及复合材料其他性能之间平衡，工艺因子 C_P 选取 C_{P2}。

D_P 因素：尽管水平 D_{P3} 的性能最好，但是异氰酸酯价格较高，同时在水平 D_{P2} 时可以达到国家标准，工艺因子 D_P 选择 D_{P2}。

综合考虑木材刨花/废旧橡胶粉复合材料的性能、成本等因素，确定木材刨花/废旧橡胶粉复合材料最佳工艺参数为 $A_{P3}B_{P2}C_{P2}D_{P2}$，即热压温度 160℃，热压时间 7min，木/橡胶质量比 7：3，MDI 施胶量 3%。为了验证木材刨花/废旧橡胶粉复合材料最佳工艺，在最佳条件下进行重复实验，所得力学性能检测结果如表 2-29 所示。

表 2-29　木材刨花/废旧橡胶粉复合材料性能测试结果

	MOR/MPa	MOE/MPa	IB/MPa	2hTS/%
木材刨花/废旧橡胶复合材料	22.01	2102.42	0.78	4.33
国家标准 GB/T 4897—2015	≥11	≥1800	≥0.4	≤8

通过表 2-29 可以看出，在最佳工艺条件下生产的木材刨花/废旧橡胶粉复合材料的性能，达到国家标准《刨花板》（GB/T 4897—2015）中在干燥状态下使用的家具型刨花板要求，且与国家标准相比，木材刨花/废旧橡胶粉复合材料的静曲强度（MOR）超过约 100%，内结合强度（IB）超过接近 95%，2h 吸水厚度膨胀率（2hTS）降低约 46%。

由上述实验结果可知，通过单因素实验发现木/橡胶质量比、热压温度、热压时间、施胶量和复合材料密度是影响复合材料性能的主要因素，平衡材料性能和成本等因素，确定木材刨花/废旧橡胶粉复合材料密度为 $0.8g/cm^3$。采用正交实验选取影响木材刨花/废旧橡胶粉复合材料性能的四个因素为热压温度、热压时间、木/橡胶质量比和施胶量，由实验结果确定木/橡胶质量比和施胶量对复合材料的 MOR 与 MOE 有显著影响，施胶量对 IB 有显著影响，热压温度、热压时间和施胶量对 2hTS 有显著影响。综合考虑材料的使用性能、生产成本与环境效益，确定木材刨花/废旧橡胶粉复合材料最佳工艺条件为热压温度 160℃，热压时间 7min，木/橡胶质量比 7∶3，施胶量 3%，密度 $0.8g/cm^3$。在最佳工艺条件下制备的复合材料，各项物理力学指标均达到了国家标准《刨花板》（GB/T 4897—2015）要求，其中 MOR、IB 和 2hTS 均远高于国家标准要求。

2.2.2　木材刨花/废旧橡胶粉复合材料模压工艺的研究

木材刨花模压制品是将木质或非木质材料（主要是竹材、甘蔗渣、麻类等为原料）及其加工剩余物制成的一定规格的刨花，施加一定数量的胶黏剂和其他添加剂制成板坯，在模具中热压成饰面或不饰面的、具有制品最终形状和规格的产品。凡含有木质纤维素、半纤维素的木质材料和非木质材料都可作为模压刨花产品的原料。刨花模压制品源于 1923 年德国华沙力迪工业装备有限公司，20 世纪 40 年代国际上开展刨花模压工艺的研究工作，由此刨花模压工艺不断发展和完善。具有代表性的刨花模压成型工艺有四种：①Haataja 模压工艺；②Thermody 模压工艺；③Collipress 模压工艺；④Werzalit 模压工艺。这四种模压工艺特点见表 2-30。

表 2-30　四种代表性模压工艺特点

模压工艺	特点	用途
Haataja	以大片刨花作为主要原料，施用 1%～2%的石蜡和一定量的胶黏剂，施胶刨花不需要预压；采用气流铺装或振动铺装快速且定量地直接铺入热压模具中，热压时间为 1.2～2.4min	生产运输托盘
Thermody	刨花含水率一般在 10%～17%之间，而且此种工艺不使用胶黏剂，先在模具中进行铺装并使用 $180kg/cm^2$ 的压力对模具进行预冷压，然后放入特殊钢制造的密闭成型模具中热压	板状家具、建筑用部件等
Collipress	模压机是由几个方向加压的模具组成，具有一个垂直的和几个水平的油缸；垂直的油缸用来加压箱体底部，水平的油缸用来加压箱体的四壁；另外，生产时模具和压机是一个组合体，胶黏剂固化后不用冷却就可以装卸	装瓶子、罐头等的包装箱
Werzalit	模压时分为两个步骤，先将施过胶的刨花在成型模具中冷预压成型至适当密度；再将毛坯在热压机中用成型模具热压成型	建筑、家具、包装等工业部件

以上四种模压工艺各有特点，但现在只有 Werzalit 工艺在世界范围内广泛使用。在 Werzalit 基础之上，我国林业科研人员发明两步法模压工艺。这种工艺采

用两次加压法，即将刨花用低压压力平压成平板状，再模压热压成异型板材。此种工艺的特点是在刨片拌胶、铺装后，要进行平板预压至一定的密度和强度。采用此方式预压是两步法模压工艺的核心[20]。刨花模压制品具有以下优点[21]。

（1）刨花模压主要使用木质材料加工剩余物为原料，木质材料具有一些其他材料不具备的优点，如比强度高、成本低廉、热稳定性好等。

（2）开拓了木质材料和非木质植物纤维材料综合利用的新途径。

（3）模压成型可根据产品的需要在压制成型过程中使产品带上沟槽和饰面轮廓等，减少产品的再加工工序，提高加工工效和生产效率。

（4）模压工艺中一般木材利用率可达 85%以上，能有效提高材料利用率。

（5）可满足多向性和专用性要求，不同的加工工艺满足不同的行业产品需求。

（6）产品尺寸变异小。

同一模具中生产出的产品不会像传统工艺那样因人为因素而带来尺寸误差。刨花模压制品主要用作家具、包装、工业配件和建筑元件。根据木制品模压及产品特点，研究模压工艺在木材刨花/废旧橡胶粉复合材料上的应用，并自主设计木材刨花/废旧橡胶粉复合材料的模压模具。通过研究木材刨花/废旧橡胶粉复合材料模压工艺，明确模压工艺参数对复合材料性能的影响，确定木材刨花/废旧橡胶粉的模压工艺参数，为木质基废旧橡胶粉复合材料的模压生产奠定基础。

1. 模压模具设计

根据木质材料模压工艺特点，设计木材刨花/废旧橡胶粉复合材料模压模具。模压木制品要求造型美观，表面光滑平整。设计模具时应考虑到模具结构和模具表面粗糙度等问题。模具铺装腔与上模板应该有一定脱模斜度，以便开模、脱模及热压时的排气。热压模具排气装置应简单、流畅。模具必须有足够刚度、尺寸稳定；模具受热面积应尽量大，以保证迅速升温，各处温差应保持 3℃，最大不超过 5℃。在模具表面分布 9 个排气孔，模压木制品热压时，产生水蒸气，这些水蒸气要从成品中通过排气道排出来。排水蒸气布点合理，通畅无阻。为使木材刨花/废旧橡胶粉复合材料脱模方便，在铺装腔上装有把手，模压时模具与热压机的上下热压板使用螺栓连接，这样方便铺装和脱模。

1）模具材料选定

模具是关键设备，而模具中的关键部件是上、下两块模板和铺装腔。整个模具的设计主要是对模板及铺装腔的选材和结构设计。木材刨花/废旧橡胶粉复合材料产品表面光滑则要求模具内腔所选材质硬度较高，而且如果复合材料中含有腐蚀性化学物质，还要求模具内腔具备耐腐蚀性能。一般可以直接选用不锈钢，考虑到经济实用可以选用中碳结构钢通过电镀硬质材料达到要求。因此，木材刨花/废旧橡胶粉复合材料模具选用的是 37 号碳素钢，表面镀铬。

2）模具结构设计

木材刨花/废旧橡胶粉复合材料模具主要由上模压板、铺装腔和下模压板构成。铺装腔随着行程变化而变化，开始铺装腔体积最大，随着压机的闭合而逐渐缩小，最后达到终止位置，形成预压件所要求的厚度。铺装腔长度尺寸确定，要考虑试件取模后产生膨胀因素，即考虑试件与模具的尺寸符合性。膨胀率的大小取决于产品形状、尺寸、刨花形态和胶种等因素，一般取值在 0.5%～1%之间。模压木制品热压时，产生水蒸气，这些水蒸气要从成品中通过排气道排出来，因此，必须在模具内腔下表面设计出排气座和排气孔。型腔与型芯表面应进行防腐蚀处理，粗糙度应不低于 Ra0.05，柔光处理后应不低于 Ra0.02。模具毛坯最好锻压加工并消除应力。模具结构剖视图、俯视图和分解图分别见图 2-35、图 2-36 和图 2-37。

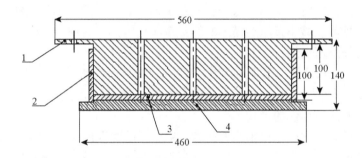

图 2-35　木材刨花/废旧橡胶粉复合材料模具剖视图（mm）

1. 上模；2. 铺装腔；3. 木材刨花/废旧橡胶粉复合材料；4. 下模

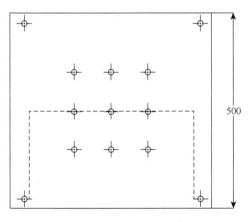

图 2-36　模具俯视图（mm）

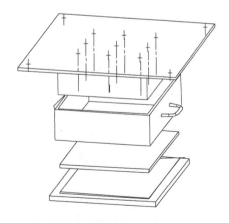

图 2-37　模具分解图

2. 模压工艺特点

木材刨花/废旧橡胶粉复合材料模压制品作为一种特殊的刨花板，生产工艺流程同普通刨花板相差不大，只是模压产品中加入一定比例的废旧橡胶粉，但是胶粉的加入影响了这种木质复合材料的生产工艺，也形成了这种工艺的自身特点。因此，生产中的一些工艺参数同普通刨花板的有较大差别。

1）解决水分排出问题

板坯在模压时封闭在模具的型腔内，内部水分被加热汽化后无法向四周自由扩散到大气中，只能由模具内的排气孔排出，如果使用普通刨花板的工艺参数及操作方式，则会出现严重的分层、鼓泡现象，影响材料的性能[22]。

（1）降低施胶量和刨花含水率。

模压制品生产工艺要求将刨花含水率降低至为零，最高不宜超过 2%，以减少水分的带入量；同时，适当降低施胶量和提高胶黏剂浓度，不仅能够减少水分的带入量，而且可以减小预压后模坯的膨胀量和缩短热压周期。

（2）延长热压周期。

鉴于热压时水分排出困难，适当延长热压时间有利于提高材料的性能。但是，热压周期过长将会影响生产率，并使表面装饰质量变差，严重时会使表面碳化。

（3）改变热压曲线的形式。

为解决模压时水分排出困难的问题，将热压曲线设计成图 2-38 所示形式，先将压力升至最大值后保压一段时间，使板坯内各部分温度升高至特定程度，再将压力从最大值骤然降到零，然后缓缓打开模具，迫使板坯内水分大量排出。之后再次升压至最大值，保压一段时间后分段降压到一个周期结束。

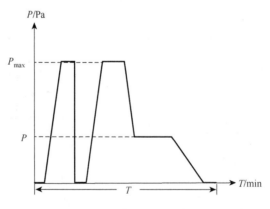

图 2-38　模压工艺曲线

（4）分选工序设置在干燥之前。

先将刨花分选后再干燥，可以使粗、细刨花分开干燥，对不同刨花分别拟定不同的干燥工艺参数，最终确保干燥后刨花的含水率为零。

2）提高表面质量

模压制品在热压后便直接进入到表面装饰工序，因此要求模坯表面必须十分平整光洁，不允许有粗大刨花存在。为保持模压制品模坯表面光洁平整，应当采用三层结构，加大表面细刨花层的厚度比例，避免粗大刨花露出表面。

3）减小预压后膨胀量

减少施胶量和容积重，是控制模坯膨胀量的有效举措。树脂数量增多会使模坯膨胀量增大，因此在不影响制品质量的前提下，减少施胶量可以有效控制模坯膨胀。容积重减小，可以使刨花用量和施胶量同时减少，从而使膨胀量减小。

4）提高握钉力

握钉力是刨花模压制品应用中最关键的力学性能之一。影响握钉力的主要因素是施胶量、密度和刨花的形态与大小，一般都是从增大制品的密度和增加施胶量入手来提高握钉力。但是使用此法提高握钉力的同时，分层和鼓泡现象也随密度和施胶量的增加而加剧。因此，通过改进刨花模压制品的组成成分和改造刨花模压制品的局部结构，可以做到在提高握钉力的同时不增大或是减小密度和施胶量[23]。

3. 实验设计

根据木材刨花/废旧橡胶粉复合材料模压工艺的自身特点，采用图 2-38 所示的模压工艺曲线，确定木材刨花/废旧橡胶粉复合材料的木/橡胶质量比 7∶3、施胶量 3%、板坯密度 0.8g/cm³，实验目的是研究木材刨花/废旧橡胶粉复合材料模压温度和模压时间对复合材料性能的影响，实验方案如表 2-31 所示。

表 2-31　模压工艺实验设计表

序号	温度/℃	时间/min	序号	温度/℃	时间/min
1	200	15	7	190	10
2	200	10	8	190	6
3	200	6	9	180	15
4	190	17	10	180	10
5	190	15	11	180	6
6	190	13			

4. 结果与分析

1）模压测试结果

不同模压温度和模压时间条件下木材刨花/废旧橡胶粉复合材料的性能测试结果见表 2-32。

表 2-32 模压实验结果

序号	模压温度/℃	模压时间/min	MOE/MPa	MOR/MPa	IB/MPa	2hTS/%
1	200	15	1650.61	10.17	0.72	7.12
2	200	10	1765.63	10.21	0.67	7.32
3	200	6	1671.23	10.09	0.55	7.42
4	190	17	1743.05	11.52	0.65	7.23
5	190	15	1850.70	12.86	0.85	7.29
6	190	13	1751.94	11.88	0.73	7.52
7	190	10	1643.51	10.86	0.67	7.78
8	190	6	1504.81	10.06	0.65	8.01
9	180	15	1555.22	9.24	0.46	7.32
10	180	10	1397.28	8.20	0.45	7.67
11	180	6	1391.32	8.25	0.45	7.87

2）结果分析

（1）模压温度对复合材料性能的影响。

以模压时间 15min 为例，如图 2-39 和图 2-40 所示，模压温度 190℃时的 MOR 和 MOE 高于 180℃时的 MOR 和 MOE。刨花板的表面密度是影响 MOR 和 MOE 的重要因素，因为弯曲应力在表层最高。模压温度越高，表层胶固化越快，产生的密度梯度就越大。在同一平均密度下，密度梯度越大，MOR 和 MOE 就越大。模压温度 200℃时的 MOR 和 MOE 低于 190℃的，是由于半纤维素受热分解。

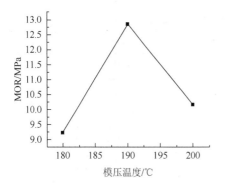

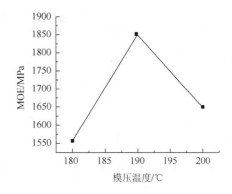

图 2-39 模压温度对 MOR 的影响   图 2-40 模压温度对 MOE 的影响

以模压时间 15min 为例（图 2-41），模压温度 190℃时的 IB 值高于 180℃时的，这是因为热压温度升高会使胶黏剂固化更加充分，结构单元结合更加紧密，从而提高复合材料的内结合强度。但是，模压温度 200℃时的 IB 值低于 190℃时的。热压板温度越高表面越容易产生预固化层，制品的密度梯度越大，平均密度相同时芯层密度越低，IB 值因此随温度升高反而降低。

以模压时间 15min 为例，如图 2-42 所示，随着模压温度的升高，2hTS 值逐渐降低。适当提高热压温度，胶固化也比较快，传递到芯层的热量比较迅速到达，使材料内部结合得更加密实，水分不易进入。但是温度过高就会形成表面胶层预固化，使材料内部出现分层鼓泡的现象，进而降低材料的耐水性。

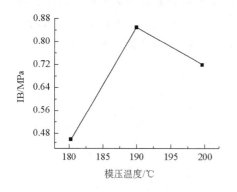

图 2-41　模压温度对 IB 的影响　　　　图 2-42　模压温度对 2hTS 的影响

（2）模压时间对复合材料性能的影响。

以模压温度 190℃为例，如图 2-43 和图 2-44 所示，模压时间从 13min 到 15min 时 MOR 和 MOE 值提高，热量从表层很好地传递到芯层并确保了芯层胶黏剂固化，因此 MOR 和 MOE 有所提高。模压时间 17min 时比 15min 时值低，主要原因是板坯表层发生了半纤维素和胶黏剂水解。

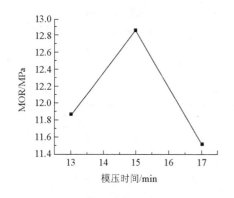
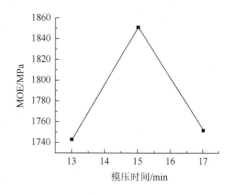

图 2-43　模压时间对 MOR 的影响　　　　图 2-44　模压时间对 MOE 的影响

以模压温度190℃为例（图2-45），模压时间从13min到15min时IB值提高，按照人造板生产的规律，随着热压时间的延长，IB值应该因为密度梯度的降低而增大。模压时间从15min到17min时IB值降低，板坯表层部分发生水解，表层强度降低，部分表层强度甚至低于芯层强度，拉伸破坏主要发生在靠近表层的位置。

以模压温度190℃为例（图2-46），模压时间从13min到15min再到17min，2hTS值逐渐降低。从受热受压到热压过程结束，热量从表层逐渐传递到芯层需要一定时间，温度传递到芯层胶才能固化，芯层胶充分固化后才能起到防水和提高强度的作用。热压时间若太短，芯层胶甚至来不及固化，不能起到应有的黏结作用。因此适当延长热压时间对板芯层固化有利，可以提高其防水性。

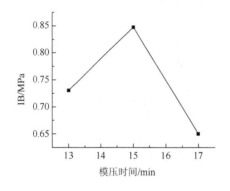

图2-45 模压时间对IB的影响

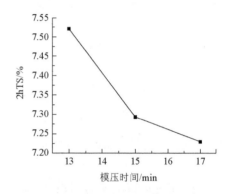

图2-46 模压时间对2hTS的影响

（3）最佳工艺条件的确定。

通过以上实验发现在模压温度190℃、模压时间15min时材料的各项性能较好，与国家标准《刨花板》（GB/T 4897—2015）中在干燥状态下使用的家具及室内装修用板要求相比较（表2-33），材料的各项性能均达到要求。可以确定最佳工艺条件为橡胶含量30%，施胶量3%，密度0.8g/cm³，模压温度190℃，模压时间15min。

表2-33 性能对比表

项目	国家标准 GB/T 4897—2015	样品性能
MOR/MPa	≥12.5	12.86
MOE/MPa	≥1800	1850.7
IB/MPa	≥0.28	0.89
2hTS/%	≤8	7.29

　　由上述实验结果可知，在模压工艺中，采用特定的热压工艺曲线制备木材刨花/废旧橡胶粉复合材料是可行的。模压温度对复合材料性能有显著影响，适当提高模压温度使胶黏剂固化更加充分，结构单元结合更加紧密，产生适当的密度梯度有利于材料性能的提高；但是模压温度过高，会使半纤维素受热分解，板坯表面容易产生预固化层，从而降低材料的性能。模压时间对复合材料性能有显著影响。适当延长模压时间可使热量从表层很好地传递到芯层，并确保了芯层胶黏剂的固化，从而提高材料性能；然而模压时间过长，会使板坯表层发生半纤维素和胶黏剂的分解，进而降低材料性能。通过实验结果可以确定木材刨花/废旧橡胶粉模压最佳工艺参数为：橡胶含量30%，施胶量3%，密度0.8g/cm^3，模压温度190℃，模压时间 15min。在此工艺条件下制备的复合材料可以达到国家标准《刨花板》（GB/T 4897—2015）中在干燥状态下使用的家具及室内装修用板要求。

2.3　废旧橡胶粉微波改性对木材刨花/废旧橡胶粉复合材料性能的影响

　　木材与橡胶之间良好的胶接是木质基废旧橡胶复合材料性能的基础。废旧橡胶粉是废旧橡胶经粉碎产生的颗粒，表面呈惰性，是一种由硫化橡胶、炭黑、软化剂及硫化促进剂等多种材料组成的含交联结构材料。废旧橡胶粉与木材的表面性质不同，故它们之间相容性或结合力较差，两者直接掺杂使用，界面难以形成较好的结合，复合材料性能一般都较差。因此，采用一定的方法对胶粉表面进行物理或化学改性，提高胶粉与木材的界面结合能力，就可能使木材/废旧橡胶粉复合材料的性能得到提升，从而扩大废旧橡胶粉的应用价值。因此，如何对废旧橡胶粉表面进行改性以提高胶粉与木材之间胶接性能，就显得尤为重要。橡胶的表面性能涉及生物相容性和黏合性等诸多性能，若想更好地发挥橡胶的表面性能，除需对橡胶表面化学特性、表面能、润湿性、界面相互作用等问题进行研究外，还需从橡胶表面分子的微观结构入手，不断探索新的改性手段从而达到适应不同环境的目的。

　　微波场是一个变化频率极高的交变电场，例如，频率为2450MHz的微波的电场方向每秒要变化2450万次，在此方向振荡很快的电场中，一切极性基团都将迅速改变自己的方向而摆动，但因分子本身的热运动和相邻分子的相互作用及分子的惯性，极性基团随电场变化的摆动受阻，从而在极性基团和分子之间产生巨大的能量。硫化橡胶分子间及大分子内存在S—S键和S—C键，可将硫键看成是一种硫醚键的偶极矩，因此硫化橡胶在电场中会发生偶极极化，从而使其具有一定的极性。另外，一般硫化橡胶中都含有炭黑，而炭黑吸收微波的能力很强，并且硫醚键的偶极矩越大，在微波场中该处获得的能量也越大，这就有可能使含有炭黑的硫化橡胶在微波能的作用下发生 S—S 或 S—C 键断裂。由此，破坏了硫化橡胶的网状结构而获得塑性，从而达到再生的目的[24, 25]。该方法与传统的方法相比，优点是能耗低、周期短、效率高且无新的环境污染，因此受到国内外专家学者的广泛关注。本节运用微波辐射活化胶粉并将其与木材刨花制成复合材料，考察微波辐射条件对复合材料性能的影响。

2.3.1 实验方法

微波炉在不同微波辐射强度和时间对废旧橡胶粉进行微波处理，见表 2-34。分别将在各种辐射条件下改性的胶粉与木材刨花混合，在热压工艺条件，即热压温度 160℃，热压时间 7min，橡胶含量 30%，施胶量 3%，密度 0.8g/cm^3 下制成复合材料，并检测其性能。

表 2-34 微波改性实验设计表

序号	辐射时间/s	辐射强度/W
1	60	—
2	120	—
3	180	480
4	240	—
5	360	—
6	—	160
7	—	320
8	120	480
9	—	640
10	—	800

2.3.2 结果与分析

1. 微波改性对复合材料力学性能的影响

1）辐射时间对复合材料力学性能的影响

从图 2-47～图 2-50 中可以看出，当辐射时间从 60s 增大到 120s 时，复合材料的 MOR、MOE 和 IB 值增大，力学性能提高，2hTS 增大，耐水性降低。当辐射时间进一步从 120s 延长到 360s 时，力学性能指标 MOR、MOE 和 IB 值减小，力学性能降低，2hTS 降低，耐水性提高。上述结果表明，延长辐射时间可以增强废旧橡胶粉的表面活性，改善其表面的极性；但是辐射时间过长反而会使胶粉的表面活性降低，从而影响材料的力学性能。表面活性提高，特别是羟基增多，使材料的亲水性增强，会在一定程度上降低复合材料的耐水性。从实验结果中可以得出，适宜的辐射时间为 120s。

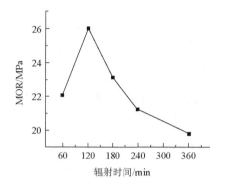

图 2-47　辐射时间对 MOR 的影响

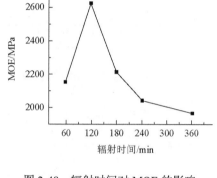

图 2-48　辐射时间对 MOE 的影响

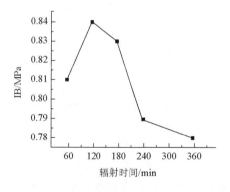

图 2-49　辐射时间对 IB 的影响

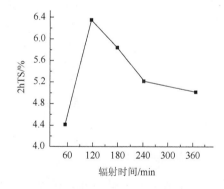

图 2-50　辐射时间对 2hTS 的影响

2）辐射强度对复合材料力学性能的影响

从图 2-51～图 2-54 中可以看出，辐射强度从 160W 增加到 640W 时，复合材料的 MOR、MOE 和 IB 值增大，力学性能提高，2hTS 增大，耐水性降低。辐射强度从 640W 进一步增大到 800W 时，复合材料的 MOR、MOE 和 IB 值减小，力学性能降低，2hTS 降低，耐水性增强。这表明增强辐射强度可以提高废旧橡胶粉的表面活性，从而提高橡胶粉与木材刨花和胶黏剂的反应活性。但是，辐射强度过高反而会使胶粉表面的活性降低，进而影响材料的力学性能。从实验结果中可以得出，适宜的辐射强度为 640W。

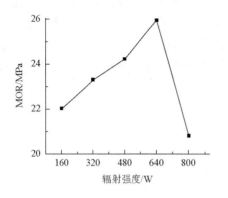

图 2-51　辐射强度对 MOR 的影响

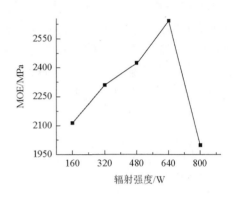

图 2-52　辐射强度对 MOE 的影响

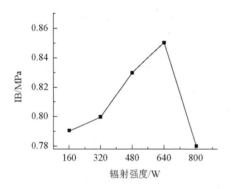

图 2-53　辐射强度对 IB 的影响

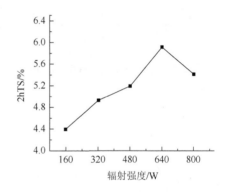

图 2-54　辐射强度对 2hTS 的影响

2. 接触角分析

从图 2-55 中可以看出，在辐射功率一定的情况下，橡胶粉表面接触角随辐射时间的延长呈现先减小后增大的趋势，在 120s 时达到最低值 119.4°。从实验结果可以得出，延长辐射时间可以使胶粉表面的润湿性增强，但是辐射时间过长又会使润湿性逐渐降低。

从图 2-56 中可以看出，在辐射时间一定的情况下，橡胶粉表面接触角随辐射强度的增强呈现先减小后增大的趋势，在 640W 时达到最低值 120.4°。从实验结果可以得出，增强辐射强度可增加胶粉表面的润湿性，但是辐射强度过强又会降低表面的润湿性。

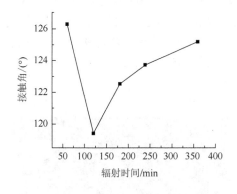

图 2-55　不同辐射时间下橡胶粉的接触角　　图 2-56　不同辐射强度下橡胶粉的接触角

3. 红外波谱分析

从图 2-57 中可以看出，经过微波处理之后的橡胶粉，羟基峰（$3300cm^{-1}$ 左右）明显增强，说明橡胶粉表面的活性基团增多、极性增强[24]，这有利于橡胶粉与木材、异氰酸酯结合，使材料内部结合得更加紧密，从而提高材料的力学强度。同时，由于橡胶表面羟基增多，亲水性增强，材料的吸水厚度膨胀率增大。

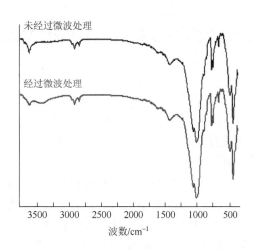

图 2-57　经过微波处理和未经过微波处理的橡胶粉红外波谱图

4. 扫描电子显微镜分析

通过扫描电子显微镜对试样进行观察，对比使用改性橡胶和未改性橡胶制成的复合材料的拉伸断面扫描电子显微镜图片，分析断面形态，进一步研究改性效果。如图 2-58 所示，材料内部各个单元结构紧凑，不存在明显的裂隙，说明橡胶粉与木材刨花界面实现紧密结合。如图 2-59 所示，可以看到材料内部存在明显的裂隙，单元结构也较图 2-58 中松散，表明橡胶粉与木材刨花界面没有充分结合。上述分析进一步证明了利用微波改性橡胶可以增强橡胶粉表面的极性，改善与木材刨花的界面相容性，从而增强材料的性能。

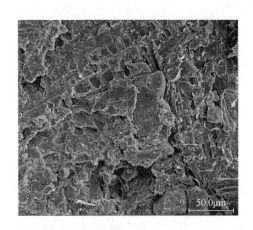

图 2-58　改性橡胶制成的复合材料

图 2-59　未改性橡胶制成的复合材料

2.4　木质材料/废旧橡胶粉复合材料的 VOC 组分研究

木质基废旧橡胶复合材料不但可以应用到传统木质复合材料领域，如实验室、住宅、公共场所和运动场所等地方，而且由于其自身具有的特性还可以用于公路隔音板、飞机场周围建筑及楼顶、天棚板隔音、音响等领域，而这些是传统木质复合材料所无法比拟的[25, 26]。木质基材料由于大量使用各种胶黏剂和一些涂饰材料，因而挥发性有机物（VOC）的释放问题非常突出[27, 28]。木质基材料及其制品，特别是人造板，常用的胶黏剂和涂饰材料中有害挥发物主要有甲醛、苯酚、甲醇、苯乙烯、甲苯二异氰酸酯、苯、甲苯、二甲苯等[29, 30]，这些易挥发的物质不仅严重影响室内空气环境，而且对人体也造成了一定的危害。室内 VOC 污染影响健康等严重的社会问题已经引起消费者的关注，世界发达国家对甲醛、甲苯和二甲苯等严重影响人体健康的化学物质含量要求越来越严格[31, 32]。2017 年，我国重新修订并颁布了国家强制标准《室内装饰装修材料 人造板及其制品中甲醛释放限量》（GB 18580—2017），该标准的发布有利于我国控制木质复合材料 VOC 释放。此外，当应用在住宅等室内活动空间时，人们比较关心木质基废旧橡胶复合材料使用时挥发到空气中对人体有害的 VOC 含量，以及在生产和使用过程中复合材料挥发到空气中的 VOC 对环境造成的污染是否危害人们的身体健康。

在此基础上，如何控制木质基废旧橡胶粉复合材料使用过程中 VOC 释放，特别是废旧橡胶在使用过程中是否释放有毒物质，污染人们居住环境空间空气，影响人们的健康就显得比较重要。针对这一问题，本节研究制备了两种木质基废旧橡胶复合材料，一种是木材刨花/废旧橡胶粉复合材料，使用 MDI 作为胶黏剂，没有游离甲醛释放，有利于研究废旧橡胶对木材刨花/废旧橡胶粉复合材料释放 VOC 的影响，以及废旧橡胶是否释放 VOC；另一种是木材纤维/废旧橡胶粉复合材料，使用自制 MUF 树脂作为胶黏剂，研究木材纤维/废旧橡胶复合材料与普通 MUF 树脂胶接的木质复合材料释放 VOC 的差别。因此，研究室内用木质基废旧橡胶复合材料 VOC 组分及其含量是木质基废旧橡胶复合材料中一个重要方向，对木质基废旧橡胶复合材料 VOC 的研究将奠定木质基废旧橡胶复合材料应用的理论基础。

2.4.1　VOC 测试方法

采用最佳热压工艺条件制备 4 种材料，分别为普通中密度纤维板（MDF）、木材纤维/废旧橡胶复合材料（WFR）、普通刨花板（PB）和木材刨花/废旧橡胶粉复合材料（WPR）。

（1）试样是在温度 23℃，相对湿度（RH）45%，密闭测试箱中测试。

（2）将试件边部用清洁的铝胶带完全密封，以免气体泄漏，试件测试面积为 0.015m²。将处理好的试件用铝箔包好，并用塑料袋密封放入冰箱冷藏备用。用碱性清洁剂擦洗试件采集干燥器，相继使用自来水和蒸馏水冲洗，并烘干。

（3）将测试试件放置在 15L 干燥器中，干燥器边部涂以凡士林，防止漏气，密闭放置 24h 后准备采样，干燥器与智能真空泵进气口连接。待实验材料密闭 24h 后及实验仪器连接准备完毕后，开启真空泵[33]。

（4）干燥器出气口通过智能真空泵连接干燥塔（干燥塔底端用氯化钙作为干燥剂进行填充，以吸收气体中的水蒸气，在氯化钙干燥剂上方用脱脂棉进行隔离，干燥塔上部填充 300g 已在 350℃高温条件下活化了 3h 的活性炭，用以吸收 VOC。干燥塔顶端出气口用聚四氟乙烯管与智能真空泵出气口连接，底端出气口与大气相通），利用干燥塔内填充的活性炭对复合材料释放的 VOC 进行吸附，保持采样舱内条件连续吸附 24h 后，停止吸附。抽气时，干燥器瓶塞略微通气，防止干燥器内产生负压倒吸空气。对连续吸附 24h VOC 的活性炭进行预处理，用二氯甲烷作溶剂浸泡吸附了 VOC 的活性炭 20～30min，流量 150mL/min，共计 3L，加入标样量为 400mg。根据相似相溶原理，使吸附的 VOC 解吸到溶剂中[34]。

（5）将浸泡在溶剂中的活性炭过滤，滤液经旋转蒸发器浓缩后制备成试样，采用 Trace DSQ II 单四极杆气相色谱质谱联用仪（GC/MS，美国赛默飞世尔有限公司）分析 VOC 的具体成分和含量。结合气相色谱质谱联用仪测定分析样品 VOC 的成分。利用实验分析应用仪器自带软件对总离子流色谱图进行分析，利用 NIST 和 WILEY 谱库进行检索定性，确定 VOC 中的主要成分，最终分析得出木材刨花/废旧橡胶粉复合材料 VOC 中的化合物、相似度和质量分数。

2.4.2　结果与分析

1. 木材纤维材料与木材纤维/废旧橡胶粉复合材料 VOC 测试结果与分析

VOC 检测对于木材纤维/废旧橡胶粉复合材料的应用具有重要意义。通过检测可以确定木材纤维/废旧橡胶粉复合材料的 VOC 释放与普通木材纤维材料的 VOC 是否不同，并结合两者 VOC 释放浓度和主要成分对比，确定木材纤维/废旧橡胶粉复合材料的 VOC 释放特点。

木材纤维材料与木材纤维/废旧橡胶粉复合材料挥发物含量对比见图 2-60，其中 MDF 为普通中密度纤维板，WFR 为木材纤维/废旧橡胶粉复合材料。木材纤维材料 VOC 以芳香族类化合物的含量最高，约占 VOC 总量的 44%，其次是烷烃类化合物，占总 VOC 的 17%，酯类物质占 15%，杂环类化合物占总 VOC 的 0.08% 及醛类化合物占总 VOC 的 0.02%。木材纤维/废旧橡胶复合材料的 VOC 中芳香族类化合物的含量也最高，约占 VOC 总量的 47%，其次是杂环类化合物，占总 VOC 的 22%，酯类物质占 0.08% 及醛类化合物占总 VOC 的 0.08%。通过对木材纤维材料和木材纤维/废旧橡胶复合材料的 VOC 分析发现，使用 MUF 树脂作为胶黏剂的木质基材料中，芳香族类挥发物都是最高的，分别为 44% 和 47%，几乎占到总 VOC 的一半。芳香族类化合物可能主要来自废旧橡胶粉和木材中的木质素。废旧橡胶粉成分十分复杂，主要是由于人们在合成橡胶的过程中，为提高橡胶性能加入各种添加剂，如硫化剂、防老剂和增强剂等，这些添加剂中含有大量的有机物。在热压过程中，由于温度升高，大量的有机物会受热挥发出来，产生刺鼻的气味。木材纤维是木材经过热磨以后得到的，而木质素是木材中一类复杂的芳香族物质，其结构中存在甲氧基、羟基、烯醛和烯醇基等官能团，当热压温度升高到一定程度时，木质素一些官能团将脱落并释放出 VOC。所以，木质基材料中芳香族类化合物含量最高。醛酮类物质是 VOC 中的次要成分，典型物质是苯甲醛。醛酮类物质主要来自 MUF 树脂中游离甲醛和不稳定基团热降解。木材纤维材料与木材纤维/废旧橡胶复合材料在热压时 VOC 主要来源于木材组分中的纤维素、半纤维素和木质素的降解与水解，木材纤维在干燥过程中已经有部分半纤维素和纤维素发生了热降解和水解，散发 VOC。木质基材料制备过程中，纤维与胶黏剂、固化剂之间在高温作用下，发生复杂的物理化学反应，并且 MUF 树脂是由甲醛、尿素和三聚氰胺共缩聚而成，MUF 树脂在固化过程，树脂中的羟甲基脲、亚甲基脲等成分易分解为低分子，释放出醛类物质。此外，在高温作用下，树脂自身的水解也会释放一定量的 VOC。

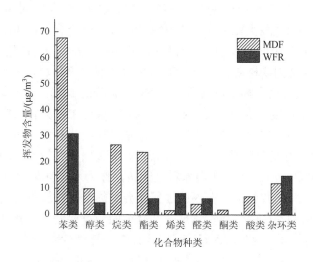

图 2-60　木材纤维材料与木材纤维/废旧橡胶粉复合材料挥发物含量

图 2-60 显示普通木材纤维材料中的苯类、醇类、烷类、酯类、酮类和酸类挥发物含量都高于木材纤维/废旧橡胶粉复合材料，其中木材纤维/废旧橡胶复合材料挥发物质中不含烷类、酮类和酸类挥发物，如 1, 4-二甲基-环己烷、乙基-环己烷、顺式-1, 2-二乙基-环己烷、2-(1-甲基丙基)-环戊酮、3, 7-二甲基-癸烷、十四烷和 2-苯乙基酯异烟酸等。此外，木材纤维材料的 VOC 总量 153μg/m³，木材纤维/废旧橡胶粉复合材料的 VOC 为 68μg/m³，可能有以下两点原因：①木材纤维与废旧橡胶粉混合时，由于木材纤维长宽比较大，废旧橡胶粉与纤维结合较紧密，致使使用相同原材料和生产工艺制备的材料在微观上的孔隙造成差别，木材纤维/废旧橡胶复合材料的孔隙率较小，使木材纤维/废旧橡胶复合材料的 VOC 释放变得困难，导致某些 VOC 没能释放出来。②废旧橡胶粉是人工合成的高分子材料，在合成过程中添加了各种化学试剂。其中某些化学试剂具有高反应活性，在较高热压温度下与木材中一些挥发物质反应，导致木材纤维/废旧橡胶粉复合材料的 VOC 与木材纤维材料不同。

2. 木材刨花材料与木材刨花/废旧橡胶粉复合材料 VOC 测试结果与分析

木材刨花材料与木材刨花/废旧橡胶粉复合材料挥发物含量对比见图 2-61，其中 PB 为普通刨花板，WPR 为木材刨花/废旧橡胶粉复合材料。木材刨花材料中的 VOC 是以酯类物质最高，约占 VOC 总量的 52%；其次是芳香族类化合物，约占 VOC 总量的 30%；杂环类化合物占总 VOC 的 7%，醇类化合物占总 VOC 的 6% 及醛类化合物占总 VOC 的 5%。木材刨花/废旧橡胶复合材料的 VOC 中芳香族类化合物的含量最高，约占 VOC 总量的 34%，其次是酯类化合物，占总 VOC 的 26%，杂环类物质占 13% 及醛类化合物占总 VOC 的 8%，醇类含量占 10%。分析木材刨花材料和木材刨花/废旧橡胶粉复合材料的 VOC 成分发现，同样是使用 MDI 树脂作为胶黏剂的木材刨花材料和木材刨花/废旧橡胶粉复合材料，在木材刨花材料的 VOC 成分中，酯类化合物含量最高，占 VOC 总量的 52%，占到总 VOC 的一半以上，而木材刨花/废旧橡胶粉复合材料的 VOC 成分中，芳香族类挥发物含量最高，为 34%，可能主要来自废旧橡胶粉、苯基异氰酸酯和木材中的木质素。与木材纤维/废旧橡胶粉复合材料的 VOC 成分相似，废旧橡胶粉中不同种类的添加剂也是 VOC 的主要来源。MDI 主要原料是苯胺，作为木材刨花材料和木材刨花/废旧橡胶粉复合材料的胶黏剂，在热压过程中会受热分解释放出大量的芳香族化合物。此外，木材刨花中的木质素也是一类复杂的芳香族物质，其结构中存在甲氧基、烯醇基等官能团。此外，木材的浸提成分中还包含多种类型的有机物，其中最常见的就是多元酚类、树脂酸类和碳水化合物等，也可能成为 VOC 的来源。

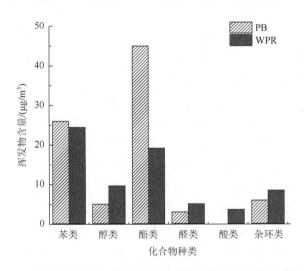

图 2-61 木材刨花材料与木材刨花/废旧橡胶粉复合材料挥发物含量

图 2-61 显示木材刨花/废旧橡胶粉复合材料的醇类、醛类、酸类和杂环类挥发物含量都高于木材刨花材料，其中木材刨花材料 VOC 中不含酸类物质。木材刨花材料 VOC 总量为 88μg/m³，而木材刨花/废旧橡胶粉复合材料的 VOC 总量为

$72\mu g/m^3$，与木材纤维和废旧橡胶粉混合产生的效果不同，因为木材刨花是薄片状，不能与废旧橡胶粉形成缠绕，木材刨花与废旧橡胶粉之间主要是通过胶黏剂连接，从而形成材料的物理力学强度。此外，与木材纤维材料使用 MUF 胶黏剂不同，木材刨花材料使用 MDI 胶黏剂。相比于 MUF 树脂，MDI 胶黏剂的反应活性很高并且性质稳定，在高热压温度下 VOC 也较少，导致木材刨花材料和木材刨花/废旧橡胶粉复合材料的挥发物总量都少于木材纤维材料和木材纤维/废旧橡胶复合材料。

由上述实验结果可知，尽管木质基材料使用 MUF 和 MDI 两种不同种类的胶黏剂，VOC 种类组成基本不变，主要包括芳香族类、烷烃类、醛类、酯类、醇类、酸类和杂环类化合物。通过分析木材纤维材料、木材纤维/废旧橡胶粉复合材料、木材刨花材料和木材刨花/废旧橡胶粉复合材料释放的 VOC 成分发现，在使用 MUF 树脂作为胶黏剂的木材纤维材料和木材纤维/废旧橡胶粉复合材料中，芳香族类挥发物含量是最高的，分别为 44% 和 47%，几乎占到总挥发物的一半；而在使用 MDI 树脂作为胶黏剂的木材刨花材料和木材刨花/废旧橡胶粉复合材料中，木材刨花材料的 VOC 成分中，酯类化合物含量最高，占 VOC 总量的 52%，占到总挥发物的一半以上，木材刨花/废旧橡胶粉复合材料的 VOC 成分中，芳香族类挥发物含量最高，为 34%。

参 考 文 献

[1] 华毓坤. 人造板工艺学[M]. 北京：中国林业出版社，2002.

[2] 周定国，梅长彤. 人造板工艺学[M]. 3 版. 北京：中国林业出版社，2019.

[3] 朱丽滨，顾继友，曹军. 木材胶接用三聚氰胺改性脲醛树脂胶黏剂性能研究[J]. 化学与粘合，2009（4）：4.

[4] 王辉，杜官本，单人为. 三聚氰胺-尿素-甲醛共缩聚树脂的热性能分析[J]. 中国胶粘剂，2014，23（4）：1-4.

[5] 陈耀，胡孝勇，张银钟. 三聚氰胺改性脲醛树脂胶粘剂的研究进展[J]. 粘接，2010（12）：3.

[6] 杨刚，周坤，刘秀娟，等. 木材纤维/ 橡胶颗粒复合地板基材的研制[J]. 林业工程学报，2012，26（6）：77-80.

[7] Song X M，Hwang J Y. Mechanical properties of composites made with wood fiber and recycled tire rubber[J]. Forest Products Journal，2001，51（5）：45-51.

[8] Song X M，Hwang J Y. A study of the microscopic characteristics of fracture surface of MDI-bonded wood fiber recycled tire rubber composites using scanning electron microscopy[J]. Wood Fiber Science，1997，29（2）：131-141.

[9] 顾继友，艾军，高振华，等. 刨花板用异氰酸酯胶粘剂合成工艺的研究[J]. 中国胶粘剂，1999（5）：4-8.

[10] 王淑敏，时君友. 水性异氰酸酯木材胶黏剂耐久性研究[J]. 林产化学与工业，2015，35（2）：25-30.

[11] 王志玲，王正，解竹柏，等. 异氰酸酯水乳液胶粘剂在木质复合材料中的应用[J]. 林产工业，2004（2）：3-6.

[12] 李凯夫. 刨花板研究最新进展[J]. 建筑人造板，1991（2）：5-10.

[13] Ball G W. Emulsifiable isocyanate：universal binder for particleboard free of formaldehyde[J]. World Wood，1979（120）：18-20.

[14] Wilson J B. Isocyanate adhesives as binders for composition board[J]. Adhes Age，1981，24（5）：41-44.

[15] 赵艳, 高珣, 林琳, 等. 异氰酸酯胶黏剂压制刨花板的力学性能[J]. 北华大学学报 (自然科学版), 2019, 20 (1): 132-136.

[16] 崔勇, 陈磊, 许民. 改性稻草/高密度聚乙烯复合材料的工艺性能[J]. 东北林业大学学报, 2009, 37 (12): 75-77.

[17] 季永臣, 徐伟涛, 张佳彬, 等. 聚氨酯在人造板行业的应用[J]. 林产工业, 2019, 46 (2): 54-58.

[18] 张学敏, 龙来早, 马福波, 等. 聚氨酯木材胶粘剂的研究进展[J]. 中国胶粘剂, 2018, 27 (6): 48-52.

[19] 李岩, 张勇, 张隐西, 等. 离子体改性废橡胶胶粉及其与 PVC 共混复合材料的研究[J]. 高分子材料科学与工程, 2016, 21 (3): 245-249.

[20] 涂平涛. 模压木质碎料制品及其制造技术解析[J]. 建筑人造板, 1993 (2): 7.

[21] 高黎. 刨花模压制品生产工艺的研究[D]. 北京: 北京林业大学, 2004.

[22] 孙光瑞, 陆肖宝, 浦强. 刨花模压制品主要工艺参数的研究[J]. 林产工业, 1995, 22 (6): 12-14.

[23] 孙光瑞. 刨花模压制品技术关键 (续) [J]. 林产工业, 1996, 23 (3): 25-27.

[24] 牛晓伟. 废胶粉的微波活化及其应用研究[D]. 扬州: 扬州大学, 2006.

[25] 工业和信息化部电子第五研究所. 扫描电镜和能谱仪的原理与实用分析技术[M]. 2 版.北京: 电子工业出版社, 2010.

[26] 徐信武, 陈玲, 刘秀娟, 等. 木材-橡胶功能复合材料的研究进展[J]. 林业科技开发, 2014, 28 (2): 1-6.

[27] 徐舒, 吕吉宁, 姜彬, 等. 木橡复合层积材的工艺优化及性能研究[J]. 林业工程学报, 2017, 2 (6): 80-85.

[28] 严石. 木制家具中 VOCs 释放特性研究及后处理工艺优化[D]. 北京: 北京林业大学, 2021.

[29] 宋楚翘. 精装修住宅室内化学污染物浓度影响因素与污染源释放特性研究[D]. 沈阳: 沈阳建筑大学, 2023.

[30] Maria R S. 木质人造板的 VOC 释放[J]. 中国人造板, 2003 (6): 15-18.

[31] Xuan H D, Ki-Hyun K, Jong R S, et al. Emission rates of volatile organic compounds released from newly produced household furniture products using a large-scale chamber testing method[J]. The Scientific World Journal, 2011, 11: 1597-1622.

[32] Lin C C, Yu K P, Zhao P, et al. Evaluation of impact factors on VOC emissions and concentrations from wooden flooring based on chamber tests[J]. Building and Environment, 2009, 44 (3): 525-533.

[33] Daeumling C. Product evaluation for the control of chemical emissions to indoor air: 10 years of experience with the AgBB scheme in germany[J]. Acta Hydrochimica et Hydrobiologica, 2012, 40 (8): 779-789.

[34] Ye W, Won D, Zhang X. A simple VOC prioritization method to determine ventilation rate for indoor environment based on building material emissions[J]. Procedia Engineering, 2015, 121: 1697-1704.

第3章 木质材料/再生橡胶复合材料及混炼工艺

基于对废弃材料的再次开发利用和环境保护的目的，本章以纤维状或粉末状木材剩余物材料、再生胶或废胶粉等废旧轮胎橡胶和天然橡胶为原料，采用木材橡胶混炼、开炼和硫化成型工艺制备木材橡胶复合材料（wood rubber composites, WRCs），探索不加胶黏剂制备木材橡胶复合材料的工艺技术，探讨化学和物理改性方法对改善木粉和废胶粉在橡胶基体中的均匀分布和界面结合性的影响。

针对实验中出现的木材纤维在橡胶基体中均匀分布不良的技术问题，在现有定速剪切型转子的基础上，从密炼室转子这一混炼关键部件的设计基本理论入手，系统分析转子截面几何形状、几何结构和转子转速对混炼过程的影响。随后采用 Pro/E 软件，运用扫描成型法构建转子三维实体模型，借助 ANSYS 有限元分析软件，对应力和变形值进行分析，完成转子的强度校核，设计出适合木材橡胶复合材料的调速专用转子，强化胶料沿轴向和周向的混炼过程，改善木材纤维在橡胶基体中的均匀分布。

3.1 混炼工艺的概述

3.1.1 橡胶混炼工艺简介

伴随化学工业的迅猛发展，橡胶制品种类繁多，但其生产工艺过程基本相同。生产工艺过程（图 3-1）主要包括：原材料准备→塑炼→混炼→成型→硫化→检验，本章实验的制备工艺参考这一工艺流程。

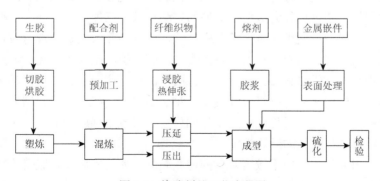

图 3-1 橡胶制品工艺流程图

1. 原材料准备

橡胶制品的主要材料有生胶、配合剂、纤维材料和金属材料。其中，生胶为基本材料；配合剂是为了改善橡胶制品的某些性能而加入的辅助材料；纤维材料（棉、麻、毛及各种人造纤维、合成纤维）和金属材料（钢丝、铜丝）是作为橡胶制品的骨架材料，以增强机械强度、限制制品变形[1]。

2. 塑炼

将生胶的长链分子降解，形成可塑性的过程称为塑炼。生胶富有弹性，缺乏加工时的可塑性，因此不便于加工。为了提高生胶的可塑性，需要对其进行塑炼。这样在混炼时配合剂就容易均匀分散在生胶中；同时在压延、成型过程中也有助于提高胶料的渗透性和成型流动性。混炼机的塑炼效果取决于塑炼的温度、时间、化学塑解剂种类、转子速度、装胶容量及上顶压力等工艺因素，其中塑炼温度是影响混炼机塑炼效果的最主要因素[2]。

3. 混炼

混炼就是将塑炼后的生胶与配合剂混合，通过机械拌和作用使配合剂完全、均匀地分散在生胶中的过程。为了适应各种不同使用条件、获得各种不同性能，也为了提高橡胶制品性能和降低成本，必须在生胶中加入不同的配合剂。混炼是橡胶制品生产过程中的一道重要工序，如果混合不均匀就不能充分发挥橡胶和配合剂的作用，影响产品的使用性能。一般混炼的加料顺序为：生胶→小料→补强剂→油类软化剂→硫磺及超促进剂。混料一般采用慢速混炼，加入硫磺时温度必须不高于 100℃。

4. 成型

在橡胶制品的生产过程中，利用压延机或压出机预先制成形状各式各样、尺寸各不相同的工艺过程称为成型。成型的方法有以下三种。

（1）压延成型：适用于制造简单的片状、板状制品。它是将混炼胶通过压延机压制成一定形状、一定尺寸的胶片的方法。有些橡胶制品（如轮胎、胶布、胶管等）所用纺织纤维材料必须涂上一层薄胶，涂胶工序一般也在压延机上完成。纤维材料在压延前需要进行烘干和浸胶，烘干的目的是减少纤维材料的含水率和提高纤维材料的温度，以保证压延工艺的质量。浸胶是挂胶前的必要工序，目的是提高纤维材料与胶料的结合性能。

（2）压出成型：适用于较为复杂的橡胶制品，如轮胎胎面、胶管、金属丝表面覆胶需要用压出成型的方法制造。它是将具有一定塑性的混炼胶放入挤压机的料斗内，在螺杆的挤压下，通过各种各样的口型进行连续造型的一种方法。压出之前，胶料必须进行预热，变得柔软、易于挤出，从而得到表面光滑、尺寸准确的橡胶制品。

（3）模压成型：也可以用模压方法来制造某些形状复杂（如皮碗、密封圈）的橡胶制品，借助成型的阴、阳模具，将胶料放置在模具中加热成型。

为了压延工艺的顺利进行，以便获得无气泡、无流痕的表面光滑的压延胶片或胶布，要求压延时所用胶料必须具备一定的热可塑性和均一的质量[3]。

5. 硫化

将塑性橡胶转化为弹性橡胶的过程称为硫化。它是将一定量的硫化剂（如硫磺、硫化促进剂等）加入到由生胶制成的半成品中，在规定温度下加热、保温，使生胶线形分子间生成"硫桥"而相互交联成立体网状结构，从而使塑性的胶料变成具有高弹性的硫化胶[4-8]。由于交联键主要由硫-硫键组成，因此称为"硫化"。

3.1.2　木质材料/橡胶混炼机理

木材纤维/橡胶混炼是将木材纤维均匀混入到橡胶中，制成质量均匀的混炼胶料的过程，即橡胶和纤维的混合与分布过程。混炼是橡胶制品加工过程中的第一道工序，也是最重要的一道工序。混炼胶料的质量，直接影响到制品的质量、性能及其使用寿命。对混炼胶料的质量要求，主要表现在以下两个方面：①胶料应具有优良的工艺加工性；②胶料能保证制品具有优良的使用性能，即要求混炼胶料具有优良的物理机械性能。

1. 研究的意义

目前，国内外市场上虽然有很多密炼机，其混炼机理和方法已日渐成熟，但是受木材纤维表面极性等自身特点的限制，对木材纤维/橡胶混炼理论的研究较少。将木材纤维与橡胶混合制成木材纤维/橡胶复合材料，使木材纤维均匀分布到橡胶基体中难度很大。研究表明，木材纤维、炭黑及其他添加剂混炼后在橡胶中分布与分散是否均匀，直接影响到复合材料的抗拉强度、断裂伸长率和耐磨性等力学性能[9, 10]。这给密炼机提出了比常规橡胶混炼更高的要求。混炼过程不是简单的混合，在混合过程中混合质量受剪切力、混炼温度、混炼时间和添加剂种类等多个因素的影响[11]。例如，在混炼过程中密炼室内转子剪切力过大或者转速过高，会产生径向温度梯度，造成局部胶料过热，产生焦烧；如果剪切力过小或者转速过低，又导致混炼均匀性变差。混炼温度同样制约着混炼质量，如果温度过低，橡胶难以塑化，达不到预期的混炼目的。因此，在研究混炼时不能从单一影响因素出发，需从多方面考虑各因素对混炼质量的影响[12, 13]。综上，有必要对混炼理论进行深入研究，建立合理的物理或数学模型，佐证相应的实验。

2. 木材纤维/橡胶混炼机理

实验室现有密炼机（XH-409）的混炼过程及操作流程见图 3-2 和图 3-3，橡胶与木材纤维从密炼室上部长方形的加料口喂入，加料后启动压料装置，压铊下降进入加料口，构成密闭空间，对物料进行加压。密炼室内主副双转子以 1.3 的速比相向回转，使木材纤维/橡胶混合物料在双转子之间、转子与密炼室壁之间，以及转子与压铊之间受到不断变化的剪切、撕拉、搅拌、折卷和摩擦等强烈捏合混炼作用，使胶料温度升高，产生氧化断链，增加可塑度，使纤维分布均匀，达到混炼目的。混炼结束后提升压铊，密炼室翻转 110°，通过双转子反转将木材纤维/橡胶混合胶料排出。从木材纤维/橡胶喂入密炼室到混炼结束后排出胶料，完成一个混炼周期。

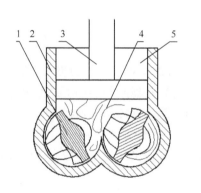

图 3-2　木材纤维/橡胶在密炼机中的混炼图

1. 转子；2. 密炼室壁；3. 压铊；4. 密炼室；5. 喂料口

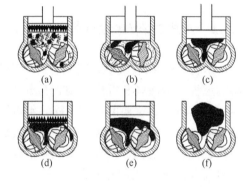

图 3-3　椭圆蝶翼型转子密炼机混炼流程图

（a）压铊下压；（b）混炼开始；（c）木材纤维/橡胶共混物；（d）压铊上提；（e）混炼结束；（f）卸料

木材纤维/橡胶在密炼室中主要受到以下四种作用。

1）转子螺棱峰与密炼室内壁面间的混炼作用

转子外表面与密炼室内表面之间的间隙是随转子的转动而不断变化的。以 XH-409 密炼机为例，其间隙在 4～120mm 范围内变化，最小值在螺棱峰与密炼室壁内表面距离之间。当物料通过最小间隙时受到强烈剪切、捏合和挤压作用；此处不但速度梯度大，而且转子螺棱峰与密炼室内壁面形成的投射角小，胶料受到转子螺棱峰作用后，又会继续受到转子其余表面的作用。

2）双转子螺旋棱间的捏混炼作用

木材纤维/橡胶由加料口喂入密炼室后，首先落在相对回转的双转子上部，在压铊的压力作用下进入双转子之间的间隙中。由于双转子异步回转，具有一定速比，木材纤维/橡胶受到强烈的剪切作用，并在 ω 形密炼室的下部将混合物料分成两部分带入到转子与密炼室壁的间隙中，在此处经剪切混炼后被分开的两股物料又相汇于双转子的上部，再进入两个转子间隙中，如此反复直至达到预期效果。此外，由于密炼室内两个转子的转速不同，其转子棱峰的相对位置不断发生变化，使转子之间的胶料容积和相对位置随之变化，进而受到充分的搅拌作用。

3）两个转子间的折卷作用

两个转子间的折卷作用指一侧转子前面部分的混合胶料被挤压到对面的密炼室内，与另一侧转子前面的物料一并捏炼之后，其中一部分混合胶料又被拉回，这恰似用两台相邻的开炼机连续倒替混炼胶料时的过程。

4）转子轴向的往返切割作用

混炼时，木材纤维/橡胶混合胶料不仅围绕转子运动，而且转子上的螺旋棱对物料产生轴向推移作用，使胶料沿转子轴向移动，如图 3-4 所示。

转子受力分析如图 3-5 所示，由于转子转动，转子螺旋棱表面产生一个垂直作用力 P，其分解成法向力 P_r、切向力 P_t 和轴向力 P_a（图中未注出）。

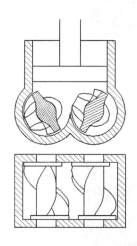

图 3-4   主副双转子工作原理图

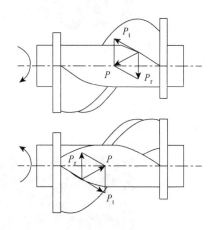

图 3-5   转子轴向作用力简图

木材纤维/橡胶通过混炼作用，达到组分均匀分散和分布的物理模型结构如下。

（1）当橡胶的质量分数大于木材纤维的质量分数时，结构模型为橡包木，如图 3-6 所示。

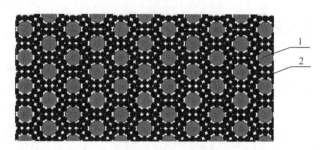

图 3-6 木材纤维/橡胶混合胶料的橡包木模型结构

1. 木材纤维；2. 橡胶

（2）当橡胶的质量分数小于木材纤维的质量分数时，模型结构为木包橡，如图 3-7 所示。

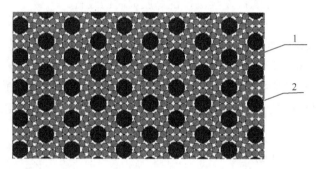

图 3-7 木材纤维/橡胶混合胶料的木包橡模型结构

1. 木材纤维；2. 橡胶

（3）当橡胶的质量分数等于木材纤维的质量分数时，模型结构为半木包橡或半橡包木，如图 3-8 所示。

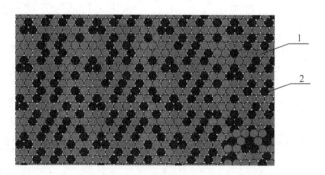

图 3-8 木材纤维/橡胶混合胶料的半木包橡或半橡包木模型结构

1. 木材纤维；2. 橡胶

3.2　木粉/再生橡胶复合材料

木粉的化学成分主要是纤维素（结晶度高达 50%～70%的直链聚合物）、半纤维素（分子量高的支链聚合物）和木质素（三维网状结构），还有少量有机抽提物和无机矿物质。其中，化学成分中，高摩尔数的是 65%～75%的多糖和 18%～35%的木质素，低摩尔数的是 4%～10%的有机抽提物和无机矿物质[14-16]。木粉是非塑性材料，这主要是由它的三种主要组分（40%～50%的纤维素、10%～30%的半纤维素和 20%～30%的木质素）的结构和性质决定的[17-20]。其中，纤维素的分子量高达 10^6，大分子基环是由 D-葡萄糖以 β-1，4-糖苷键组成的多糖，分子链相互扭转聚集成束，构成微纤丝，分子结构极其稳定，柔顺性最低[21]。木粉的表面极性及颗粒之间的相互作用是影响其复合材料加工性能的主要因素。因此，木粉不能以热塑性的方式直接进行加工。研究者发现，利用化学改性可以将木粉转化为热塑性材料[22,23]，这不仅有利于增加木质复合材料中木粉或木纤维的用量，而且能改善其成型性能，将大幅度提高木粉或木纤维等木材剩余物的利用价值。因为实验所用的木纤维是将木材剩余物经过热磨工艺加工而成，而木粉是将木材剩余物直接常温粉碎制得，化学组分更接近木材，所以在进行木材橡胶复合材料机理分析时选择木粉作为原材料，并对木粉进行改性。

木粉与其他非极性材料制备复合材料，如木塑复合材、木橡复合材等，都存在界面相容性问题，导致复合材料性能受到不同程度的影响。影响界面黏合强度的因素主要有两个：一是在界面处是否形成化学键合作用；二是与填料的表面形态有关。研究学者通常要对木粉做物理或化学方面的改性，降低木粉的表面极性和表面自由能等表面特性，以增强复合材料的界面相容性，或是提高木材与基体的接触面积，以提高界面结合强度，优化复合材料性能。常见的木粉改性方法有如下几种。

1. 热处理改性木粉

高温热处理的方法分为气相介质处理、水热处理、油热处理，属于物理改性。热处理时间和温度的控制决定热处理木材的性质，高温热处理是改善木材尺寸稳定性和耐久性的有效方法之一。热处理后木材的颜色变深，所含抽提物含量减少，尺寸稳定性和耐久性得到显著提高，但是力学强度降低，这一缺陷严重阻碍了热处理木材的广泛应用[24]。对木粉进行热处理，可以使抽提物减少，孔隙增多，增加木粉与橡胶的接触面积，同时使木粉的分子量降低，提高材料的可塑性。

2. 碱处理改性木粉

木粉表面常吸附一些灰尘杂质，且木粉含小分子化合物。在混炼过程中，这些小分子物质会渗出到木粉表面，从而在界面处形成弱边界层，削弱界面相互作用。在对木粉的碱处理过程中，这些杂质均可被 NaOH 消耗或者被淋洗掉，减少弱边界层的影响。

木粉主要由纤维素、半纤维素和木质素组成，适当的碱处理可溶去纤维素外层的木质素和半纤维素，使纤维素与基体的有效接触面积增加。而且 NaOH 溶液还会使纤维素变得蓬松，促进纤维素微束的原纤化，即碱处理增大了纤维素纤维的长径比。由于碱处理的时间较短，只有部分木质素和半纤维素被溶解，因此在木粉表面和内部孔隙表面出现更多的凹坑，这使木粉的粗糙度得以提高，使纤维束分裂、纤维之间孔隙增多，降低纤维的亲水性，从而使基体树脂比较容易浸入纤维束的导管，提高纤维与基体间的界面结合强度。碱处理一般可使材料的冲击强度提高 20%以上，但对拉伸和弯曲强度影响不大。

王茹用质量分数为 18%的 NaOH 溶液对木粉进行处理，可有效提高 PP/WF（聚丙烯/松木粉）复合材料的力学性能，且熔融流动性也变好。原因是碱处理可去除木粉表面的杂质、灰分等，以及使木粉原纤化，增加 PP 和木粉接触的比表面积，从而增加 PP 和木粉的界面黏合力[25]。

3. 相容剂改性木粉

相容剂是指聚烯烃或热塑性弹性体接枝极性单体化合物。极性单体主要有马来酸酐、丙烯酸及丙烯酸酯类等，其中以马来酸酐接枝最为普遍。这类改性剂的作用机理是：接枝在聚合物上的极性单体可与植物纤维中羟基反应或形成氢键，降低植物纤维的极性；同时聚合物长链可以与基体分子链发生缠结，从而将植物纤维和聚合物连接起来，提高两者的相容性[26]。

李东方尝试用马来酸酐处理杨木粉、松木粉、竹粉植物纤维，提高其热稳定性，减少引起极性的羟基数目，提高植物纤维和塑料的相容性，从而代替马来酸酐接枝共聚物以降低木塑复合材料成本[27]。梅超群采用马来酸酐、丙烯酸十八酯和硅烷偶联剂改性杨木粉制备的木塑复合材料的抗张强度、弯曲强度和弯曲模量均有较大幅度的提高，界面结合较好，但吸水率和厚度膨胀率有较大幅度的下降[28]。

4. 偶联剂改性木粉

偶联剂一般含有两种化学性质不同的基团，一端可以与植物纤维反应形成化学键，从而减少纤维表面羟基数目，降低极性；另一端能与基体产生化学反应或生成氢键，使植物纤维和基体树脂牢固地偶联起来，用以改善植物纤维与聚合物间的界面作用。

李春桃使用硅烷偶联剂对杨木粉进行改性处理，然后与高密度聚乙烯（HDPE）混合挤出制备木粉/HDPE复合材料[29]，结果表明：采用不同种类的硅烷偶联剂对木粉进行处理，可不同程度地提高木粉与HDPE两组分之间的界面相容性，从而提高复合材料的各项性能；其中A-171是改性效果最好的偶联剂，当A-171的溶液浓度为5%时，改性效果最佳。

3.2.1　实验部分

1. 橡胶组成成分

橡胶购于哈尔滨兴达橡胶厂，片材（2m×1.5m×0.005m，长×宽×厚），组成成分如表3-1所示。

表 3-1　橡胶组成成分

成分	用量/%	成分	用量/%
天然橡胶（NR）	30	氧化锌	3.5
丁苯橡胶（SBR）	6	硬脂酸	2
聚丁二烯橡胶（BR）	24	锭子油	3
炭黑（N330）	30	防老剂	1.5
硫	1		

2. 木粉化学组分分析

1）木粉化学组分测定依据标准

测定木粉的化学组分及依据标准如下。

（1）木粉水分测定采用GB/T 2677.2—2011标准。

（2）木粉灰分测定采用GB/T 742—2018标准。

（3）木粉1% NaOH抽提物测定采用GB/T 2677.5—1993标准。

（4）木粉有机溶剂抽提物测定采用GB/T 2677.6—1994标准。

（5）木粉不溶木素测定采用GB/T 2677.8—1994标准。

（6）木粉综纤维素测定采用GB/T 744—2004标准。

（7）木粉多戊糖测定采用GB/T 2677.9—1994标准。

2）实验所用仪器及主要药品

实验所用仪器及主要药品见表3-2。

表 3-2　木粉化学组分测定所用仪器和主要药品

序号	设备/药品	规格型号	产地
1	NaOH	分析纯	天津化学试剂有限公司
2	H$_2$SO$_4$	分析纯	北京化工厂
3	苯	分析纯	莱阳红安化工有限公司
4	95% 乙醇	分析纯	莱阳红安化工有限公司
5	盐酸、次氯酸钠	分析纯	哈尔滨市面
6	冰醋酸	分析纯	哈尔滨市面
7	电热恒温水浴锅	DK-98-1 型	天津市泰斯特仪器有限公司
8	电子分析天平	1702 型	德国

3）实验分析结果

木粉化学成分测定结果见表 3-3。

表 3-3　木粉化学成分测定结果

种类	溶液抽提物/%		综纤维素/%	酸不溶木素/%	多戊糖/%
	1% NaOH 溶液抽提物	苯醇抽提物			
木粉	23.9403	2.1889	75.2406	25.1409	14.6382

3. 木粉制备及其改性方法

1）木粉制备

取杨木粉 120g，筛选出目数为 100～120 目的杨木粉，原料初始含水率为 10%～20%，干燥到含水率 1%～3%。

2）热处理改性

选取尺寸规格为 45mm×1000mm×240mm 的杨木木块，以过热蒸汽为传热介质和保护气体热处理杨木，选用热处理温度为 180℃，处理时间 4h。具体步骤如下。

（1）升温阶段：先将热处理箱内温度升高到 80℃，预热处理 1～2h，使木材热透，然后将温度快速升至 110℃，对木材进行干燥处理，此时开始间歇性地通入水蒸气，再将温度以 15～20℃/h 的速度升高到目标温度。

（2）热处理阶段：当热处理箱内温度达到目标温度后，开始保温进行热处理，同时继续间歇性通入水蒸气作为保护气体，以避免力学强度大幅下降和安全实验。

（3）降温和调节过程：热处理结束后，关闭加热开关，让风机继续运转，等热处理箱中温度降至 130℃时，停止通入水蒸气，同时关闭风机，待木材降至室温时即可取出木材，并尽快将热处理杨木置于恒温恒湿箱中调节。

（4）热处理杨木粉制备过程：将所得热处理杨木磨成木粉，筛选出 100～120 目的热处理杨木粉 120g。将所得木粉在 103℃下烘至绝干，装袋密封。

3）碱处理改性

配制质量分数为 18%的 NaOH 水溶液，将干燥后木粉加入其中，木粉与 NaOH 水溶液的质量比为 1∶5，在搅拌状态下处理 1h。然后，用去离子水将处理后的木粉洗至中性，过滤，在 70℃下鼓风干燥 4h，升温至 103℃后烘至绝干，装袋密封。

4）使用 KH550（γ-氨丙基三乙氧基硅烷）试剂改性木粉

将 95%乙醇溶液的 pH 值用冰醋酸（CH_3COOH）调至 3～4，将木粉质量的 1%、3%和 5%的 KH550 分别溶入乙醇溶液中，以过氧化二异丙苯（DCP，分子式为 $C_{18}H_{22}O_2$）作为引发剂，使用磁力搅拌器搅拌 30min 后，与木粉充分混合均匀，平铺于托盘中，室温下风干 12h，再在 60℃下置于烘箱中保持 24h 后取出，冷却至室温密封待用。

5）使用 GA（戊二醛）试剂改性木粉

将干燥处理的木粉分别浸渍在浓度为 5%、10%和 15%的 GA 溶液中，用 $MgCl_2·6H_2O$（分析纯）作为催化剂，室温下置于真空度为 0.06MPa 的真空干燥箱中浸渍 4h，取出后，采用循环水式真空泵（SHB-Ⅲ，郑州长城仪器有限公司）抽滤，脱水后平铺于托盘中，室温下风干 24h，然后在 60℃下置于烘箱中保持 6h 后，再在 120℃下置于烘箱中反应 24h 后取出，冷却至室温密封待用。将经过干燥处理的木粉，按照以上过程，只是将 GA 换成蒸馏水经处理后作为对比样密封待用。

4. 实验所用设备及主要仪器

实验所用设备及主要仪器如表 3-4 所示。

表 3-4　实验设备及主要仪器

仪器名称	型号	生产地
加压式密炼机	XH-409	东莞市昶丰机械科技有限公司
开炼机	XH-401A	东莞市昶丰机械科技有限公司
平板硫化机	XH-406B	东莞市昶丰机械科技有限公司
无转子硫化仪	JZ-6043	江都仪器试验公司
旋转流变仪	AR2000ex	美国
万能试验机	Instron 4505	美国
冲片机	JZ-6010	江都区腾达试验厂仪器
邵氏硬度计 A 型	JZ-LX-A	江都区腾达试验厂仪器
冲击弹性测试仪	JZ-6022	江都区腾达试验厂仪器

续表

仪器名称	型号	生产地
扫描电子显微镜	Quanta200	美国
喷金机	SCD-005	美国
真空干燥箱	DZF-系列	上海仪器有限公司

5. 木粉/橡胶复合材料的制备

在密炼机主转子转速为 30r/min，密炼温度为 60℃，混炼时间为 10min（其中橡胶先塑炼 3min，改性木粉/橡胶再混炼 7min），硫化温度为 160℃的条件下，制备木粉/橡胶复合材料。

6. 试样测试与表征方法

1）流变测试

使用旋转流变仪对混炼后的木材橡胶共混试样进行流变测试。采用直径为 25mm 的锯齿平板型夹具，以增大试样的摩擦力，有效避免试样滑动，提高测试的精准性。①应变扫描参数：设定剪切频率为 10rad/s，在温度为 100℃的条件下进行应变扫描，考察线性黏弹性区域，根据储能模量（G'）的拐点确定线性区域范围为 0.01%～0.1%。②频率扫描参数：设定温度为 100℃，应变为 0.05%，频率范围为 0.1～500rad/s，不同组分配比均做 3 个平行样测试。

2）力学性能测试

将硫化成型的改性木粉/橡胶复合材料在冲片机上裁出哑铃形标准试样（厚 2mm，长 116mm，上下端宽 25mm，中间窄部宽 6mm）；根据 ISO 37-2017 标准，使用万能试验机进行拉伸测试，其十字头速度为 500mm/min。改性木粉/橡胶复合材料的硬度采用邵氏硬度计 A 型，按照 ISO 7619-1-2010 标准检测。通过冲击弹性测试仪，按照 ISO 4662-2017 标准，在每摆 0.5J 的势能下进行反弹阻力（即试样回弹）测试。

3）吸水膨胀率测试

将复合材料样品切成相同大小的小块，在实验容器中加入一定量的水，将不同种类的复合材料分别放入水中浸泡一段时间，记录各个时间点下的样本，并记录其质量和尺寸变化。

4）微观形貌表征

用扫描电子显微镜（SEM）来表征与厚度方向平行的试样断裂表面的微观形貌，试样在液氮中冷冻 5min 后脆断，将脆断面喷金后待测。

3.2.2　结果与分析

1. 改性木粉/橡胶复合材料流变特性分析

1）戊二醛改性木粉/橡胶复合材料的流变特性

使用浓度分别为 5%、10% 和 15% 的戊二醛改性木粉制备木材橡胶复合材料（分别对应试样 GA5、GA10 和 GA15），其储能模量（G'）、损耗模量（G''）和复数黏度（η^*）与试样 G0 的对比分析曲线如图 3-9 和图 3-10 所示。

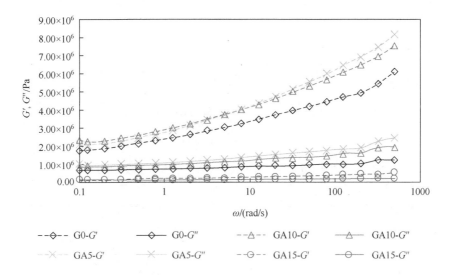

图 3-9　对比样 G0 与改性样 GA5～GA15 的储能模量 G' 和损耗模量 G'' 的对比曲线

图 3-9 给出了木粉改性前后制备的木材橡胶复合材料储能模量和损耗模量与角频率的变化曲线。木粉通过浓度为 5% 和 10% 的戊二醛改性后，其复合材料试样 GA5 和 GA10 的储能模量在频率测试范围内始终高于对比样 G0，而且 GA5 和 GA10 在低频区的平台随着频率的增加逐渐消失。这说明木粉的分散性较好，当频率在高频区（＞10rad/s）时，GA5 的储能模量高于 GA10。而 GA15 的储能模量和损耗模量随着频率的增加变化不大，是最低的，这说明只有浓度为 15% 的 GA 改性剂用量显著降低了复合体系的储能模量。图 3-10 给出了复数黏度与频率的变化曲线。随着频率的增加，G0 与 GA5、GA10 和 GA15 的复数黏度降低，呈现剪切变稀的假塑性流体特性。同时，随着 GA 浓度的增加，复数黏度降低幅度增加。

2）KH550 改性木粉/橡胶复合材料的流变特性

使用浓度分别为 5%、10%和 15%的 KH550 改性木粉制备木材橡胶复合材料（分别对应试样 KH5、KH10 和 KH15），其储能模量（G'）、损耗模量（G''）和复数黏度（η^*）与试样 G0 的对比分析曲线如图 3-11 和图 3-12 所示。

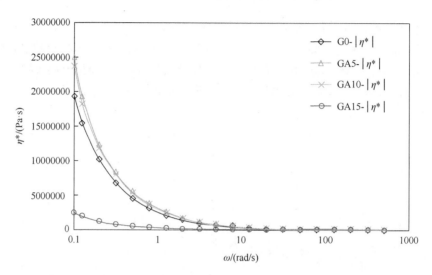

图 3-10　对比样 G0 与改性样 GA5～GA15 的复数黏度 η^*的对比曲线

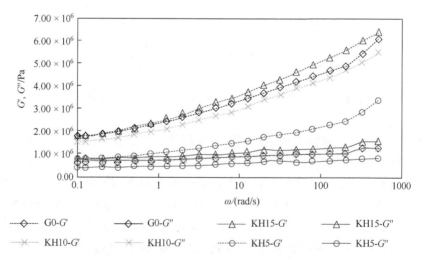

图 3-11　对比样 G0 与改性样 KH5～KH15 的储能模量和损耗模量的对比曲线

图 3-11 给出了木粉改性前后制备的木材橡胶复合材料储能模量和损耗模量与频率的变化曲线。木粉通过浓度为 10%和 15%的 KH550 改性后，其复合材料试

样 KH10 和 KH15 的储能模量在频率测试范围内接近于对比样 G0；其中，KH15
的储能模量始终高于对比样，而 KH10 的储能模量则略低于对比样。对比样 G0
与 KH5、KH10 和 KH15 的曲线在低频区的平台随着频率的增加逐渐消失，说明
木粉的分散性较好。图 3-12 给出了复数黏度与频率的变化曲线。随着频率的增加，
G0 与 KH5、KH10 和 KH15 的复数黏度降低，呈现剪切变稀的假塑性流体特性。
同时，随着 KH550 浓度增加，复数黏度降低幅度增加。

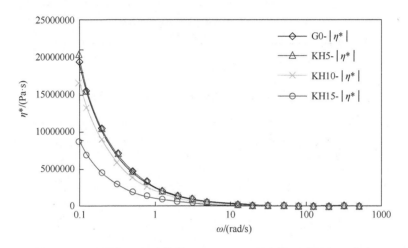

图 3-12　对比样 G0 与改性样 KH5～KH15 的复数黏度的对比曲线

2. 改性木粉/橡胶复合材料力学性能分析

改性木粉/橡胶复合材料的力学性能如表 3-5 所示，其各项性能随改性剂浓度
的变化得到的函数关系拟合图如图 3-13～图 3-16 所示。

表 3-5　改性木粉/橡胶复合材料的力学性能

试样标记	改性剂	改性剂浓度/%	抗拉强度/MPa	断裂伸长率/%	硬度/HA	回弹/%
G0	—	—	6.3（0.3）	305.8（12.1）	85.2（1.1）	39（0.1）
GA5	GA	5	7.0（0.1）	384.9（8.5）	76.3（0.1）	38（0.1）
GA10	GA	10	5.4（0.2）	466.0（7.2）	74.1（0.1）	38（0.1）
GA15	GA	15	4.3（0.3）	416.5（8.3）	71.2（0.1）	36（0.1）
KH5	KH	5	6.4（0.1）	307.3（6.1）	77.3（0.1）	38（0.1）
KH10	KH	10	6.6（0.2）	308.5（6.4）	77.9（0.1）	38（0.1）
KH15	KH	15	6.9（0.1）	306.2（5.1）	78.4（0.1）	38（0.1）

注：括号里面的值为标准偏差。

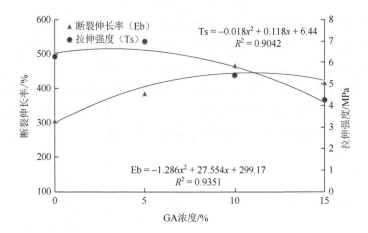

图 3-13　GA 浓度与 Ts、Eb 的函数关系拟合图

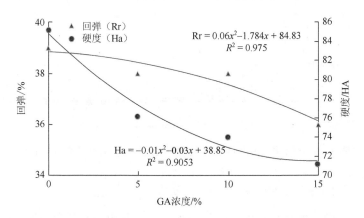

图 3-14　GA 浓度与 Ha、Rr 的函数关系拟合图

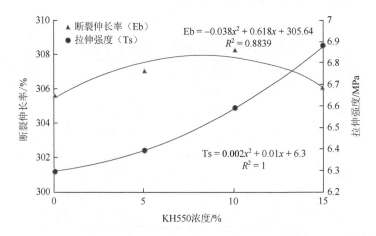

图 3-15　KH550 浓度与 Ts、Eb 的函数关系拟合图

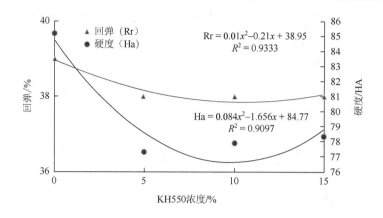

图 3-16　KH550 浓度与 Ha、Rr 的函数关系拟合图

由图 3-13 和图 3-14 可见，木粉通过 GA 改性后，其木材橡胶复合材料的断裂伸长率显著增加，并随着 GA 浓度的增加呈现先增加后减小的趋势，当 GA 浓度为 5%时，断裂伸长率比对比样增加了 26%；此时，抗拉强度比对比样提高了 11%，但抗拉强度随着 GA 浓度的增加而降低；改性木粉/橡胶复合材料的硬度和回弹与对比样相比均略有降低。综上，为了得到改性木粉/橡胶复合材料较好的综合性能，GA 浓度应取 5%为佳。

由图 3-15 和图 3-16 可见，木粉通过 KH550 改性后，其木材橡胶复合材料的抗拉强度和断裂伸长率均略有增加，其中抗拉强度随着 KH550 浓度的增加而增加，当 KH550 浓度为 15%时，抗拉强度增加了 9.5%；断裂伸长率随着 KH550 浓度的增加呈现先增加后减小的趋势，当 KH550 浓度为 10%时，断裂伸长率增加了 0.9%；改性木粉/橡胶复合材料的硬度和回弹均略有降低。综上，为了得到改性木粉/橡胶复合材料较好的综合性能，KH550 的浓度应取 15%为佳。

3. 改性木粉/橡胶复合材料吸水膨胀率分析

1）厚度吸水膨胀率的变化

从图 3-17 可以看出，复合材料短时间（≤168h）厚度吸水膨胀率的顺序为：碱处理＞偶联剂处理＞未处理＞热处理。其中，热处理降低效果最明显，一周内厚度吸水膨胀率几乎为零，而偶联剂处理和碱处理增加了复合材料厚度吸水膨胀率，但是增幅不大。从图 3-18 可以看出，复合材料长时间（≥2 周）厚度吸水膨胀率的顺序为：未处理＞碱处理＞偶联剂处理＞热处理，热处理的降低效果依然最明显。

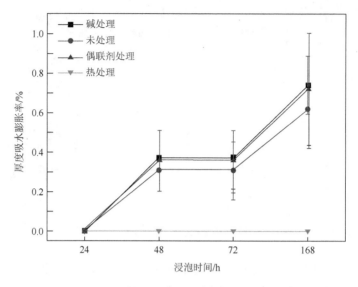

图 3-17　木粉/橡胶复合材料短时间厚度吸水膨胀率

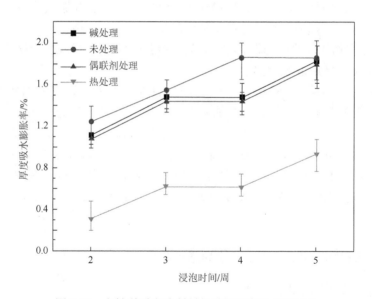

图 3-18　木粉/橡胶复合材料长时间厚度吸水膨胀率

2）质量吸水率的变化

从图 3-19 可以看出，复合材料短时间（≤168h）吸水率大小顺序为：碱处理＞未处理＞偶联剂处理＞热处理。这说明偶联剂处理和热处理胶粉可以降低复合材料短时间吸水率，改善吸水性，而碱处理反而增加了复合材料的吸水率，吸水性变差。其中,热处理复合材料的 24h 吸水率最低,为 0.4%,比未处理降低 42.86%,

偶联剂 KH550 处理复合材料的 24h 吸水率降低 14.29%；对于 168h 吸水率，热
处理降低 38.89%，偶联剂 KH550 处理降低 16.67%。从图 3-20 可以看出，复合
材料长时间（≥2 周）质量吸水率大小顺序总体趋势为：碱处理＞偶联剂处理＞
未处理＞热处理。

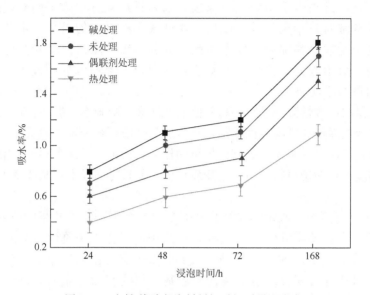

图 3-19　木粉/橡胶复合材料短时间质量吸水率

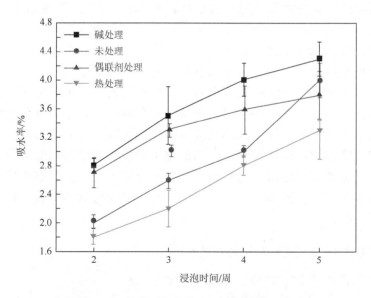

图 3-20　木粉/橡胶复合材料长时间质量吸水率

3）吸水膨胀率的机理分析

综合复合材料短时间和长时间厚度吸水膨胀率与质量吸水率，基本可以得到一个大致规律，即碱处理＞未处理＞偶联剂处理＞热处理，分析原因如下。

（1）碱处理后，除去了部分半纤维素和木质素，增加了纤维素的比例，而纤维素是纤维高吸水率的主要原因。因为纤维素分子除了两个端基外，每个葡萄糖基都有三个羟基（—OH），使纤维具有很强的极性，水分很容易进入纤维素中的非结晶部分，发生结晶区间的有限溶胀；而橡胶基体大部分的极性较弱、疏水性好，致使吸水基团在一定程度上被包裹和覆盖，使吸水膨胀率增加得并不明显。

（2）偶联剂改性降低了复合材料的短时间吸水膨胀率，提高材料吸水性。这是由于硅烷偶联剂与纤维表面的羟基反应后，降低了纤维表面的极性；另外，偶联剂的引入可以在纤维表面起到保护层的作用，阻止了纤维素和半纤维素吸水。而长时间浸泡可能使材料发生一些变质反应，使长时间吸水膨胀率变大，吸水性变差。

（3）热处理改性使吸水膨胀率大大降低，是多种因素综合作用的结果。①半纤维素降解。木粉的半纤维素在热处理过程中会发生显著降解，导致细胞壁中自由羟基数量减少，这是处理材吸水膨胀率下降的主要因素。②纤维素结晶度增加。虽然纤维素分子链上也富含羟基，但约有 2/3 的羟基在纤维素分子链内或分子间通过氢键连接，形成具有部分晶体结构的微纤丝，因而只有非晶区和结晶区表面的羟基才能与水结合。在 200℃左右的高湿热处理条件下，纤维素准结晶区的部分分子会重新排列而结晶化，半纤维素中的木聚糖与甘露聚糖在去除乙酰基后也具有结晶化的能力，从而使纤维素中可与水进行结合的吸着点数量进一步下降。③木质素的缩合反应。热处理使杨木粉木质素的结构发生了变化。一些研究认为木质素在热处理过程中发生了缩合反应，单元间以亚甲基或 C—C 键相连，形成了更加稳固而缺乏弹性的网状结构，包裹在其中的纤维素微纤丝的膨胀性因而受到限制，降低了对水分子的吸收能力。④细胞壁微观结构的变化。热处理引发了细胞壁结构的重组，产生了一个联系更加紧密的结构，它封闭了一些水分原本可以接触到的极性基团，使之在吸湿条件下也无法打开[30]。综上所述，热处理改性木粉可以大大改善复合材料的吸水性。

4. 改性木粉/橡胶复合材料的微观形貌

1）戊二醛改性木粉/橡胶复合材料的微观形貌

戊二醛（GA）改性木粉/橡胶复合材料的 SEM 图如图 3-21 所示。由图 3-21（a）可见，木粉改性前制备的木材橡胶复合材料的脆断面有明显的木粉拔出时留

下的孔洞，说明其与橡胶基体的界面结合力较弱，木粉表面极性使其颗粒间存在
较强的相互作用，在脆断面上呈现出不均匀的分布。由图 3-21（b）和（c）可见，
木粉经 GA 改性后，其与橡胶基体之间的界面变得模糊，木粉颗粒在橡胶基体中
的分布较均匀，脆断面平整度增加，脆断面上的木粉被拉断，说明木材与橡胶之
间的界面结合力增强。然而，由图 3-21（d）可见，随着 GA 浓度增加，木材与橡
胶之间界面结合有减弱的趋势，木粉颗粒拔出时留下的孔洞再次出现，木粉有拖
黏现象。

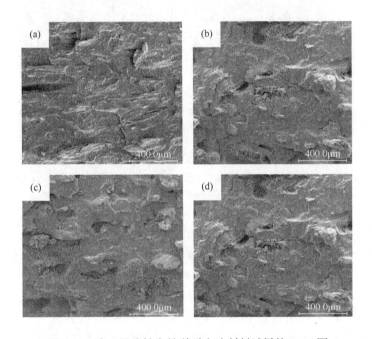

图 3-21　戊二醛改性木粉/橡胶复合材料试样的 SEM 图

（a）对比样（30%未改性木粉/70%橡胶）；（b）5% GA 改性木粉/橡胶复合材料试样；（c）10% GA 改性木粉/橡胶
复合材料试样；（d）15% GA 改性木粉/橡胶复合材料试样

2）KH550 改性木粉/橡胶复合材料的微观形貌

图 3-22 是 KH550 改性木粉/橡胶复合材料的 SEM 图。图 3-22（a）为未改性
木粉制备的木材橡胶复合材料试样的脆断面，同图 3-21（a）形貌一致。随着 KH550
浓度的增加，由图 3-22（b）和（d）明显可见，木粉颗粒浸润较好，均匀嵌入在
橡胶基体中，其与橡胶之间的界限变得模糊，表明 KH550 改性木粉与橡胶基体之
间的界面结合得到明显改善。当 KH550 的浓度为 15%时，KH550 改性木粉在橡
胶基体中的分布较均匀，由其制备的木粉/橡胶复合材料试样的力学性能最佳，与
微观形貌所表现出的良好润湿性和界面结合相一致。

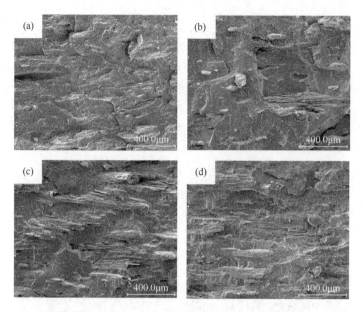

图 3-22　KH550 改性木粉/橡胶复合材料试样的 SEM 图

（a）对比样（30%未改性木粉/70%橡胶）；（b）5% KH550 改性木粉/橡胶复合材料试样；（c）10% KH550 改性木粉/橡胶复合材料试样；（d）15% KH550 改性木粉/橡胶复合材料试样

　　总体来讲，采用戊二醛（GA）对木粉进行改性，降低木粉表面极性，提高与橡胶基体的界面结合。力学性能测试结果表明，木粉通过 GA 改性后，由其制备得到的木粉/橡胶复合材料的断裂伸长率显著增加，当 GA 浓度为 5%时，断裂伸长率增加了 26%（$p < 0.05$），此时，抗拉强度提高了 11%（$p < 0.05$）。采用 KH550 对木粉进行改性，由其制备得到的木粉/橡胶复合材料抗拉强度和断裂伸长率均略有增加。其中，抗拉强度随着 KH550 浓度的增加而增加，当 KH550 浓度为 15%时，抗拉强度增加了 9.5%；断裂伸长率随着 KH550 浓度的增加呈现先增加后减小的趋势，当 KH550 浓度为 10%时，断裂伸长率增加了 0.8%。

　　此外，偶联剂处理和热处理胶粉可以降低复合材料吸水膨胀率，改善吸水性，而碱处理反而增加复合材料吸水膨胀率，吸水性变差。其中，热处理对材料的吸水性改善效果最明显，热处理复合材料 24h 质量吸水率最低，为 0.4%，较未处理木粉降低 42.86%，偶联剂 KH550 处理复合材料的 24h 质量吸水率降低 14.29%；对于 168h 质量吸水率，热处理降低 38.89%，偶联剂 KH550 处理降低 16.67%。流变特性和 SEM 结果表明，改性后的木粉/橡胶复合材料试样的界面结合随着改性剂浓度的不同得到不同程度的改善，当 GA 浓度为 5%，KH550 浓度为 15%时，所得改性木粉/橡胶复合材料的界面结合较佳。

3.3　木材纤维/再生橡胶复合材料

本节将采用木材/橡胶混炼、开炼和硫化成型加工工艺制作木材橡胶复合材料，即采用橡胶先混炼 3min，然后添加木材纤维混炼均匀后，再将混合物开炼和硫化成型。其中，橡胶主要包括天然橡胶（NR）、顺丁橡胶（BR）、丁苯橡胶（SBR）和添加剂等，是轮胎橡胶行业的常用材料，具有耐高低温和防腐蚀等优良性能，可以在恶劣的环境和气候条件下使用[31, 32]。本部分实验采用橡胶加工工艺制备木材橡胶复合材料，主要通过橡胶的黏合力来取代胶黏剂黏合木材和橡胶，突出新材料的环保性，开拓新的加工思路。同时，探讨木材橡胶复合材料制备过程中的转子转速、填充系数和木材纤维添加量三个因素对复合材料性能的综合影响，优化复合材料制备工艺条件，满足实际生产要求，为后续废旧橡胶在木材橡胶复合材料中的合理利用提供基础数据。

3.3.1　实验部分

1. 实验原料

（1）橡胶，购于哈尔滨兴达橡胶厂，片材（2m×1.5m×0.005m，长×宽×厚），组成成分见表 3-1。

（2）木材纤维，由黑龙江兴隆中密度纤维板有限公司提供，长宽比为 1:9，含水率为 3%～5%。

2. 实验所用设备及主要仪器

实验所用设备及主要仪器见表 3-4。

3. 试样制备

采用橡胶加工技术制备木材橡胶复合材料主要包括三个步骤，首先将橡胶和木材纤维在 3L 密炼室中混炼，然后将混合物在开炼机上薄通，最后将薄通片在平板硫化机中硫化成型。其中，混炼是最关键的步骤，混炼质量直接影响产品的使用性能。在木材纤维添加量为 0%、10%、20%、30%、40% 和 50%（对应的复合材料试样分别为 F0、F1、F2、F3、F4 和 F5），主转子转速为 15～45r/min，填充系数为 0.55～0.75 的条件下，共制备了 96 块木材橡胶复合材料，不同条件下分别制备了 6 块平行样。木材橡胶复合材料样品的尺寸为 260mm×260mm×2mm（长×宽×厚），目标密度为 1.0g/cm³，具体实验步骤：①为了使木材纤维在木材橡胶共混物中均匀分布，首先将大片的橡胶原料手工剪成约 5mm³ 的小块，并投入到密炼室中，在密炼温度为 60℃的条件下塑炼 3min，然后将木材纤维加入到密炼室中，继续混炼 5min。②将混炼后的木材橡胶共混物在双滚筒开炼机（速比 1.2，间隙 2mm）上薄通 3min。③将薄通好的片材密封在袋中，室温下陈放 24h 后，通过无转子硫化仪得出硫化曲线，确定复合材料的正硫化时间（t_{90}）和固化温度。在此条件下，将木材橡胶复合材料在工作压力为 15MPa 的平板硫化机中硫化成型。

4. 木材橡胶复合材料性能分析

将硫化成型的木材橡胶复合材料在冲片机上裁出哑铃形标准试样（厚 2mm，长 116mm，上下端宽 25mm，中间窄部宽 6mm），如图 3-23 所示。

图 3-23　木材橡胶复合材料哑铃形标准试样

根据 ISO 37-2017 标准，使用万能试验机进行拉伸测试，其十字头速度为 500mm/min。木材橡胶复合材料的硬度通过邵氏硬度计 A 型，按照 ISO 7619-1-2010 标准检测。通过冲击弹性测试仪，按照 ISO 4662-2017 标准测试，在每摆 0.5J 的势能下进行反弹阻力（即试样回弹）测试。采用 SEM 表征与厚度方向平行的试样断裂表面的微观形貌，将试样在液氮中冷冻 5min 后脆断，脆断面喷金后待测。根据 ISO 6502-2018 标准，通过无转子硫化仪检测试样最小转矩（M_L）、最大扭矩（M_H）、焦烧时间（t_{s2}）和固化时间（t_{90}）等固化特性。在室温下采用 24h 水浸法获得复合材料的吸水率。从硫化样品中剪切出方形试样（尺寸：50mm×50mm×2mm），在真空干燥箱中干燥 12h 后称量，将称重后的试样放置在蒸馏水瓶中浸渍 24h 后取出，表面上的液体用滤纸去除后，立即给试样称量，吸水率（W_a）根据式（3-1）计算。

$$W_a = \frac{m_1 - m_0}{m_0} \times 100\% \tag{3-1}$$

式中，m_0 为测试前的样本质量，g；m_1 为测试后的样本质量，g。

根据中国化工行业标准《橡塑铺地材料 第 1 部分：橡胶地板》（HG/T 3747.1—2011），使用装置（图 3-24）进行试样抗弯曲韧性实验。实验前，需要将实验装置及试样在温度（23±2）℃和相对湿度（50±5）%条件下保持 24h 以上。实验时，尺寸为 250mm×50mm 的样品绕垂直于桌面的直立金属轴在 5s 内弯曲到 180°，然后检查弯曲处，不允许有裂纹，每组完成 3 个平行样测试。

图 3-24　弯曲韧性测试装置

3.3.2　结果与分析

1. 木材纤维添加量对木材橡胶复合材料性能的影响

在密炼机主转子转速为 25r/min，密炼室填充系数为 0.65 的条件下，制备的木材纤维添加量分别为 0%、10%、20%、30%、40%和 50%，目标密度为 1g/cm³ 复合材料的性能见表 3-6。

表 3-6　不同木材纤维添加量的木材橡胶复合材料的力学性能

纤维添加量/%	纤维含量/%	抗拉强度 Ts/MPa	断裂伸长率 Eb/%	硬度 Ha/HA	回弹 Rr/%	弯曲韧性裂纹测试
0	0	16.4(1.1)[a]①	634.1(19.7)[a]	60.0(0)[f]	48.0(0)[a]	良好
10	17	10.3(0.5)[b]	440.7(13.8)[b]	70.2(0.1)[e]	44.4(0.5)[b]	良好
20	33	7.1(0.2)[c]	330.1(13.2)[c]	79.3(0.1)[d]	43.1(0.3)[c]	良好
30	50	6.2(0.3)[d]	293.6(8.1)[d]	88.3(0.2)[c]	40.0(0.1)[d]	良好
40	67	5.1(0.4)[e]	110.8(5.7)[e]	93.2(0.3)[b]	34.3(1.1)[e]	细微裂纹
50	83	4.0(0.1)[f]	31.3(9.2)[f]	95.0(0.1)[a]	26.1(0.4)[f]	大量裂纹

注：①根据 Duncan 的多个范围测试，各栏中有相同字母的组数显示其没有明显不同（$p < 0.05$），即样本之间没有统计学差异，括号里面的值为标准偏差。

木材纤维的平均密度为 0.59g/cm³，制备的木材橡胶复合材料的体积为 135.2cm³，计算出由不同木材纤维添加量制作的木材橡胶复合材料中，木材纤维的体积分数见表 3-6 中第二列。图 3-25 和图 3-26 显示，木材纤维添加量与复合材料的断裂伸长率、硬度和回弹的函数关系是线性的，而与抗拉强度呈多项式函数关系。弯曲韧性实验的结果见表 3-6，当木材纤维添加量低于或等于 30%时，试样的弯曲处无裂纹，表明复合材料具有良好的抗弯曲性能。当木材纤维添加量增加到 40%时，试样的弯曲处有细微裂纹出现，而当木材纤维添加量增加到 50%时，试样的弯曲处有大量裂纹出现，说明过量的纤维添加（大于 30%）降低了材料的抗弯曲性能。

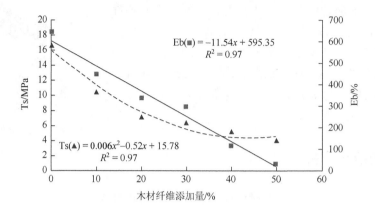

图 3-25　木材纤维添加量与 Ts、Eb 的函数关系拟合图

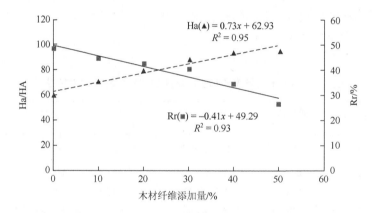

图 3-26　木材纤维添加量与 Ha、Rr 的函数关系拟合图

图 3-26 显示，在柔性的橡胶中加入刚性的木材纤维使复合板的硬度显著增加（$p < 0.05$）。添加木材纤维的复合材料的平均硬度增加了 17%～58%，这与预期的木材纤维补强橡胶相符。加工制作过程和结果表明，一定比例木材纤维与橡胶复合，加工难度和成型难度不大，这种工艺制作木材橡胶复合材料具有可行性，且复合材料的硬度明显提高，证明木材纤维起到了一定的补强作用，提高了复合材料的硬度和刚性。同时，因为 Eb 和 Rr 的增加取决于材料的柔性，所以随着木材纤维添加量的增加，复合材料的硬度和刚性增加的同时 Eb 和 Rr 均降低。橡胶基体中加入大量的木材纤维，使得木材纤维在橡胶基体中的分散不均匀和橡胶颗粒周围的应力集中增加，导致 Ts 随着木材纤维添加量的增加而降低，Eb 具有类似的趋势。Vladkova 等[33]在木粉填充橡胶的研究中也报道了同样的趋势。

2. 转子转速对木材橡胶复合材料性能的影响

在木材纤维添加量为 30%，密炼室填充系数为 0.65 的条件下，制备主转子转速分别为 15r/min、20r/min、25r/min、35r/min 和 45r/min，目标密度为 1g/cm³ 的复合材料的性能如表 3-7 所示。主转子转速与复合材料的抗拉强度（Ts）、断裂伸长率（Eb）、硬度（Ha）和回弹（Rr）的多项式关系如图 3-27 和图 3-28 所示。

当转子转速为 15r/min 时，复合材料的力学性能相对较低，可能是因为低的转子转速导致转子的剪切作用较弱，使木材纤维分散不均匀。随着主转子转速增加，复合材料力学性能增加，在转速约为 27r/min 时，回弹 Rr 达到最大值，抗拉强度 Ts 约在 30r/min 时达到最大值，断裂伸长率 Eb 和硬度 Ha 约在 33r/min 时达到最大值。力学性能增加可能是因为转子转速增加增强了剪切作用，进而提高了混合效率和木材纤维的分布更均匀。然而，当转速过高（超过 33r/min）时，密炼室内混炼温度增加过快，增大了混合室的径向温度梯度，导致木材纤维/橡胶共混物局部焦烧，使材料的力学性能 Ts、Eb、Ha 和 Rr 降低。

表 3-7　不同主转子转速的木材橡胶复合材料的力学性能

主转子转速/(r/min)	抗拉强度/MPa	断裂伸长率/%	硬度/HA	回弹/%
15	4.8(0.4)^c[1]	210.4(13.5)^d	83.4(1.2)^c	39.4(0.7)^c
20	5.3(0.1)^b	245.5(15.2)^c	85.5(1.1)^b	40.9(0.5)^{ab}
25	6.2(0.3)^a	270.8(8.1)^b	88.3(0.2)^a	41.1(0.3)^a
35	6.1(0.4)^a	289.3(5.9)^a	89.2(3.6)^a	39.9(1.5)^{bc}
45	5.0(0.2)^b	245.2(4.2)^c	84.0(3.1)^{bc}	38.2(0.7)^d

注：①根据 Duncan 的多个范围测试，各栏中有相同字母的组数显示其没有明显不同（$p < 0.05$），即样本之间没有统计学差异，括号里面的值为标准偏差。

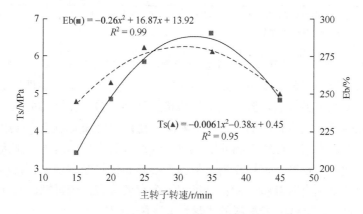

图 3-27　主转子转速与 Ts、Eb 的函数关系拟合图

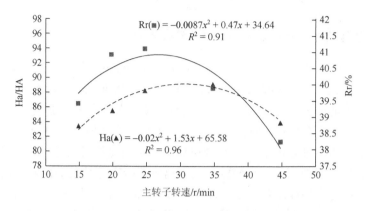

图 3-28　主转子转速与 Ha、Rr 的函数关系拟合图

3. 密炼室填充系数对木材橡胶复合材料性能的影响

在木材纤维添加量为 30%，密炼室主转子转速为 25r/min 的条件下，制备密炼室填充系数分别为 0.55、0.60、0.65、0.70 和 0.75，目标密度为 1g/cm³ 的复合材料的性能如表 3-8 所示。密炼室填充系数与复合材料的 Ts、Eb、Ha 和 Rr 的多项式关系如图 3-29 和图 3-30 所示。

表 3-8　不同填充系数的木材橡胶复合材料的力学性能

填充系数	抗拉强度/MPa	断裂伸长率/%	硬度/HA	回弹/%
0.55	3.2(0.4)^c	136.5(14.3)^d	79.5(0.4)^d	34.2(0.8)^b
0.60	4.8(0.5)^b	215.3(10.6)^b	83.7(0.6)^c	38.5(0.2)^a
0.65	5.9(0.2)^a	285.2(7.5)^a	86.2(0.3)^a	38.9(0.4)^a
0.70	6.3(0.6)^a	276.5(15.1)^a	84.5(0.5)^b	38.4(1.1)^a
0.75	4.5(0.1)^b	194.8(19.5)^c	75.0(0.6)^e	24.6(0.7)^c

注：根据 Duncan 的多个范围测试，各栏中有相同字母的组数显示其没有明显不同（$p < 0.05$），即样本之间没有统计学差异，括号里面的值为标准偏差。

图 3-30 显示，当密炼室填充系数从 0.55 增加到 0.75 时，复合材料的力学性能先升高后降低。在密炼室填充系数为 0.55 时，复合材料的力学性能是最低的，可能是因为填充系数过小，胶料受剪切和挤压强度不够，胶料间空隙过大，影响胶料间的热传导。复合材料的力学性能随着填充系数增加而增加，在约 0.65 时，Ha 和 Rr 达到最大值，在约 0.68 时，Ts 和 Eb 达到最大值，这可能是因为填充系数增加能够使胶料在密炼室内受剪切的强度增加和传热面积增大。但填充系数过大会使胶料得不到有效翻转，木材纤维得不到有效分布，胶料轴向流动不充分，胶料间温差过大，导致复合材料的力学性能下降。

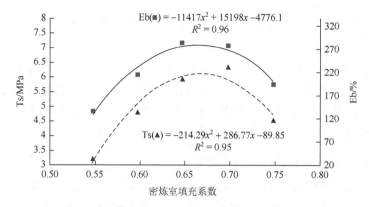

图 3-29　密炼室填充系数与 Ts、Eb 的函数关系拟合图

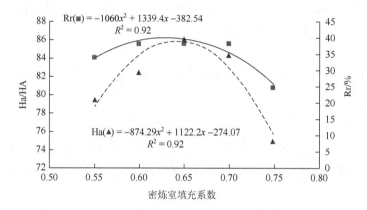

图 3-30　密炼室填充系数与 Ha、Rr 的函数关系拟合图

4. 建立非线性回归性能预测模型

基于实验数据（表 3-6～表 3-8），借助 MATLAB 软件，建立四个非线性回归方程（木材纤维添加量、主转子转速和密炼室填充系数为复合材料的 Ts、Eb、Ha 和 Rr 的函数），如式（3-2）～式（3-5）所示：

$$Ts = -119.85 - 0.23x_1 + 377.27x_2 - 283.90x_2^2 + 0.55x_3 - 0.0092x_3^2$$

$$R^2 = 0.87 \tag{3-2}$$

$$Eb = -3768.40 - 11.35x_1 + 12461x_2 - 9311.60x_2^2 + 13.04x_3 - 0.19x_3^2$$

$$R^2 = 0.97 \tag{3-3}$$

$$Ha = -298.07 + 0.74x_1 + 1091.90x_2 - 851.02x_2^2 + 0.73x_3 - 0.01x_3^2$$

$$R^2 = 0.94 \tag{3-4}$$

$$Rr = -290.77 - 0.38x_1 + 1098.80x_2 - 874.95x_2^2 - 0.23x_3 + 0.0033x_3^2$$
$$R^2 = 0.88 \tag{3-5}$$

式中，x_1 为木材纤维添加量，%；x_2 为密炼室填充系数；x_3 为主转子转速，r/min；R^2 为各回归方程的相关系数。建立了非线性回归方程后，复合材料的力学性能 Ts、Eb、Ha 和 Rr 就可以通过生产条件，如木材纤维添加量、主转子转速和密炼室填充系数来预测。

5. 木材橡胶复合材料性能优化分析

本书作者课题组研制的木材橡胶复合材料主要应用于室内外铺地材料，根据中华人民共和国化工行业标准《橡塑铺地材料 第 1 部分：橡胶地板》（HG/T 3747.1 —2011），要求板的性能 Ts、Eb、Ha 和 Rr 的最小值分别为 0.3MPa、40%、75 HA 和 38%。在实际应用中，当要求材料的硬度 Ha 最高时，建立的非线性规划优化模型如式（3-6）～式（3-9）所示：

Max：
$$Ha(x) = -298.07 + 0.74 + 1091.90x_2 - 851.02x_2^2 + 0.73x_3 - 0.01x_3^2 \tag{3-6}$$

约束：
$$-119.85 - 0.23x_1 + 377.27x_2 - 283.90x_2^2 + 0.55x_3 - 0.0092x_3^2 \geqslant 0.3 \tag{3-7}$$
$$-3768.4 - 11.36x_1 + 12461x_2 - 9311.6x_2^2 + 13.04x_3 - 0.19x_3^2 \geqslant 40 \tag{3-8}$$
$$-290.77 - 0.38x_1 + 1098.80x_2 - 874.95x_2^2 - 0.23x_3 + 0.003x_3^2 \geqslant 38 \tag{3-9}$$

实验限制条件：
$$0 \leqslant x_1 \leqslant 50 \tag{3-10}$$
$$0.55 \leqslant x_2 \leqslant 0.75 \tag{3-11}$$
$$15 \leqslant x_3 \leqslant 45 \tag{3-12}$$

方程的最优解为（x_1，x_2，x_3）=（32，0.63，30)时，$F(x) = 87.78$ 为最高值，即当木材纤维添加量为 32%，密炼室填充系数为 0.63 和主转子转速为 30r/min 时，可以得到 Ha 的最大值为 87.78 HA，此时，板材的 Ts、Eb 和 Rr 分别为 6.08MPa、239.29%和 38.02%，性能均高于标准要求。

实际车间工作人员能够使用非线性规划方法，依据不同的需要来设计生产条件。例如，用于儿童乐园铺地材料需要抗拉强度高、硬度弹性适当，有效避免儿童摔伤，此时设计板材 Ts 最大。根据 HG/T 3747.1—2011 可知，复合材料的性能 Ts、Eb、Ha 和 Rr 的最小值分别为 0.3MPa、40%、75 HA 和 38%，建立的非线性规划模型如式（3-13）～式（3-16）所示：

Max：
$$Ts(x) = -119.85 - 0.23x_1 + 377.27x_2 - 283.90x_2^2 + 0.55x_3 - 0.0092x_3^2 \tag{3-13}$$

约束：

$$-3768.4-11.36x_1+12461x_2-9311.6x_2^2+13.04x_3-0.19x_3^2 \geqslant 40 \qquad (3-14)$$

$$-298.07+0.74x_1+1091.90x_2-851.02x_2^2+0.73x_3-0.01x_3^2 \geqslant 75 \qquad (3-15)$$

$$-290.77-0.38x_1+1098.80x_2-874.95x_2^2-0.23x_3+0.003x_3^2 \geqslant 38 \qquad (3-16)$$

实验限制条件：

$$0 \leqslant x_1 \leqslant 50 \qquad (3-17)$$

$$0.55 \leqslant x_2 \leqslant 0.75 \qquad (3-18)$$

$$15 \leqslant x_3 \leqslant 45 \qquad (3-19)$$

方程的最优解为（x_1，x_2，x_3）=（15，0.66，30)时，$F(x) = 10.35$ 为最高值。即当木材纤维添加量为 15%，密炼室填充系数为 0.66 和主转子转速为 30r/min 时，可以得到 Ts 的最大值为 10.35MPa，此时板材的 Eb、Ha 和 Rr 分别为 445.83%、75.00 HA 和 43.61%，符合橡塑铺地材料标准要求（HG/T 3747.1—2011）。

6. 木材橡胶复合材料的微观形态

木材纤维添加量为 0%、10%、20%、30%、40% 和 50% 时，对应的木材橡胶复合材料试样分别记为 F0、F1、F2、F3、F4 和 F5，其低温脆断面的 SEM 图如图 3-31 所示，图 3-31（a）为纯橡胶空白样。在图 3-31（b）～（f）的橡胶基体中，木材纤维明显可见。由试样的断裂表面可见，木材纤维的浓度随其添加量的增加而增加，并浸润和嵌入在橡胶基体中，二者结合良好。

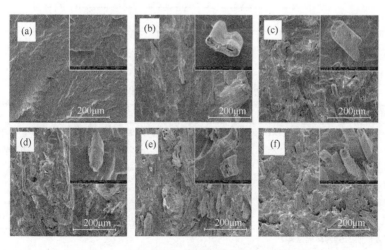

图 3-31　不同木材纤维添加量试样的 SEM 图

（a）纯橡胶空白样；（b）添加 10%木材纤维试样；（c）添加 20%木材纤维试样；（d）添加 30%木材纤维试样；（e）添加 40%木材纤维试样；（f）添加 50%木材纤维试样

当木材纤维添加量低于 20%时，见图 3-31（a）和（b），试样断裂面比较光滑平坦。而当木材纤维的添加量增加（≥20%）时，见图 3-31（c）～（f），因为嵌入在橡胶基体中的木材纤维阻碍了脆断面的平面扩展，断裂表面变得粗糙，丘状突起增多。从不同木材纤维添加量的试样断裂面均可观察到木材纤维和橡胶具有良好的界面结合。由图 3-31 可见，在木材纤维添加量不同的木材橡胶复合材料内部相之间均形成了连续的界面。

7. 木材橡胶共混物的固化特性

木材橡胶复合材料的加工性能与其固化特性有着密切的关系。硫化前，不同木材纤维添加量的木材橡胶复合材料在 160℃时的固化曲线如图 3-32 所示，其固化特性参数如表 3-9 所示。

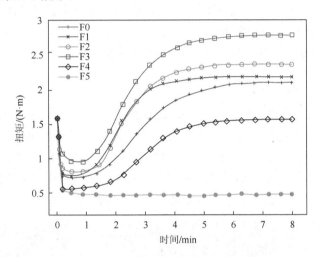

图 3-32　木材橡胶复合材料的固化特性曲线

表 3-9　木材橡胶共混物的固化特性

试样	最小扭矩/（N·m）	最大扭矩/（N·m）	焦烧时间/min	最佳固化时间/min
F0	0.68（0.24）	3.11（0.21）	1.97（0.05）	4.77（0.21）
F1	0.70（0.11）	3.17（0.07）	1.52（0.21）	3.12（0.08）
F2	0.79（0.06）	3.35（0.13）	1.70（0.12）	3.65（0.13）
F3	0.92（0.32）	3.78（0.15）	1.57（0.09）	3.97（0.14）
F4	0.55（0.13）	1.56（0.04）	3.33（0.11）	4.35（0.04）
F5	0.46（0.17）	0.49（0.16）	0（0）	5.87（0.18）

注：括号里面的值为标准偏差。

在图 3-32 中，当木材纤维添加量从 0%增加到 50%时，试样 F0、F1、F2、F3、F4 和 F5 的固化曲线先是下降，然后上升，最后趋于水平。这是因为橡胶基体的软化使木材橡胶共混物初始扭矩下降，转矩增加则是由于橡胶基体的交联，趋于水平状态时表示木材橡胶共混物固化完成。随着木材纤维的增加（添加量＞30%），固化剂（硫）的含量相对降低导致木材橡胶共混物试样（F4 和 F5）的固化趋缓，图 3-32 所示的试样 F5 固化曲线的低扭矩值表示其没有完成硫化。

表 3-9 中的最小扭矩（M_L）与木材橡胶共混物的流动特性密切相关。M_L 值越小，表明木材橡胶共混物的流动性越好。表 3-9 中的最大扭矩（M_H）表示与木材橡胶共混物的交联密度和刚性有关的弹性模量的大小[34]。当木材纤维添加量从 0% 增加到 30% 时，木材橡胶共混物的 M_H 和 M_L 均随之增加，当木材纤维添加量从 40% 增加到 50% 时，M_H 和 M_L 均降低。M_L 值增加表明木材橡胶共混物的黏度随着木材纤维添加量的增加而增加。随着木材纤维添加量的不断增加，橡胶大分子链的流动性受阻，使 M_L 值降低。M_H 值增加表明，木材橡胶复合材料的刚度增强，这主要归因于木材纤维的增强效果。M_H 值降低主要是由于随着木材纤维的增加（添加量＞30%），固化剂（硫）的含量相对降低。表 3-9 中的最佳固化时间（t_{90}）是复合材料的硫化成型时间。如表 3-9 所示，当木材纤维添加量从 10% 增加到 50% 时，t_{90} 也增加。固化时间越长，说明固化速度越慢，导致产率越低。表 3-9 给出的焦烧时间（t_{s2}）是木材橡胶共混物开始硫化的时间，即测试开始时刻至固化曲线（图 3-32）的最小扭矩增加 0.2N·m 时对应的时间。当木材纤维添加量为 30% 时，t_{s2} 和 t_{90} 的值均相对较小，说明交联反应开始较早，固化率较高。

8. 木材橡胶复合材料的吸水率

木材橡胶复合材料试样的 24h 吸水率（W_a）如表 3-10 所示。由于木材纤维具有亲水性，因此复合材料试样的吸水率随木材纤维添加量的增加而略有增加。由表 3-10 可见，复合材料试样的吸水率均在 1%～4% 之内，这应归因于橡胶的良好疏水性能，证实了橡胶基体对于木材纤维的良好包覆作用[35]。

表 3-10　木材橡胶复合材料试样的吸水率

试样	吸水率/%
F0	1.01（0.10）
F1	1.18（0.08）
F2	1.32（0.05）
F3	1.52（0.02）
F4	3.59（0.04）
F5	3.77（0.07）

注：括号里面的值为标准偏差。

3.4　木材纤维/橡胶混炼过程的数值模拟

实验研究尽管准确直接，但需要耗费大量的人力、物力和财力。限于实验条件和测试技术，实际实验得到的数据非常有限，为了节本增效[36, 37]，更好地、真实地描述和反映木材橡胶复合材料混炼过程，满足实际生产的需要，本节将在前期大量实验的基础上，对木材与橡胶混炼过程进行抽象化，建立既能满足实际需要，又能进行计算求解分析的木材橡胶混炼过程的物理模型、数学模型和有限元模型，深入研究木材纤维/橡胶复合材料的混炼机理，借助 POLYFLOW 模拟软件进行木材纤维/橡胶的混炼流场数值模拟，再现木材纤维/橡胶的混炼演进过程，实现木材纤维/橡胶混炼过程的可视化数值模拟和优化。木材纤维/橡胶混炼流场模拟计算的结果分析拟采用 POLYFLOW 图形后处理软件 CFX-Post 和统计后处理软件 POLYSTAT，得出木材纤维/橡胶混炼的速度场、剪切速率场和木材纤维在橡胶基体中的混合指数场。最后，通过实验值与模拟值的对比分析验证数值模拟结果的正确性。

3.4.1　木材纤维在木材橡胶混炼流场中分布的实验研究

1. 实验主要原料及仪器

（1）橡胶，购于哈尔滨兴达橡胶厂，片材 2m×1.5m×0.005m（长×宽×厚），成分与 3.2.1 节一样，见表 3-1。

（2）木材纤维，由哈尔滨木材市场提供，长宽比为 1：9，含水率为 3%～5%。

（3）毛细管流变仪，长径比为 1：16，Rosand RH7，英国 Bohlin Instruments 公司（英国马尔文仪器有限公司）。

2. 木材纤维/橡胶共混物流变特性分析

将橡胶和木材纤维在 60℃下分别按照 5：5、6：4、7：3、8：2 和 9：1 的质量配比在密炼室中混炼 10min，形成浓度均匀的共混物，采用毛细管流变仪对不同配比的共混物在 100℃，剪切速率为 2～2000s^{-1} 范围内的流变特性进行表征，其结果如图 3-33 所示。

图 3-33 中的流变曲线是基于不同配比的木材纤维/橡胶共混物在毛细管流变仪中得到的实验数据，借助 POLYFLOW 模拟软件中的 POLYMAT 模块，采用 Bird-Carreau 黏度模型拟合而成。由图 3-33 可见，各配比木材纤维/橡胶共混物熔体的黏度随着剪切速率的增加而减小，呈剪切变稀的流变特性，与实验得到的流变值吻合较好。

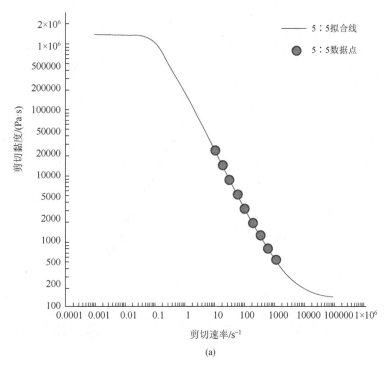

(a)

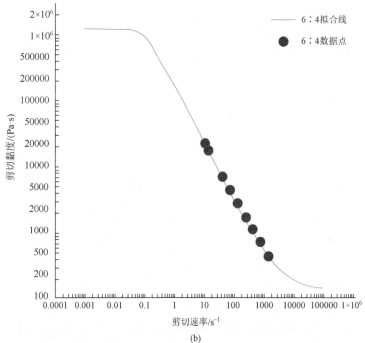

(b)

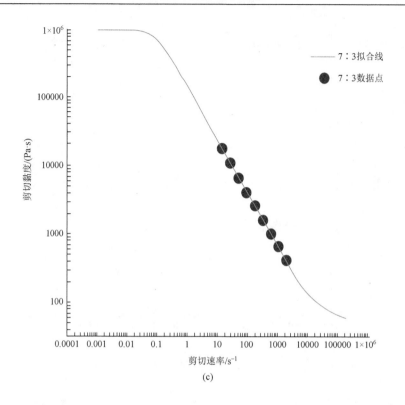

(c)

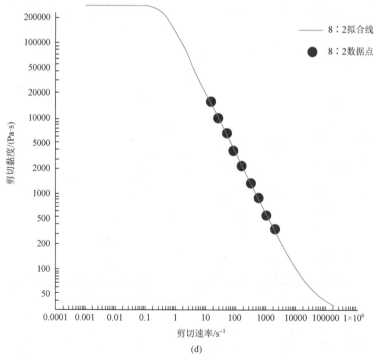

(d)

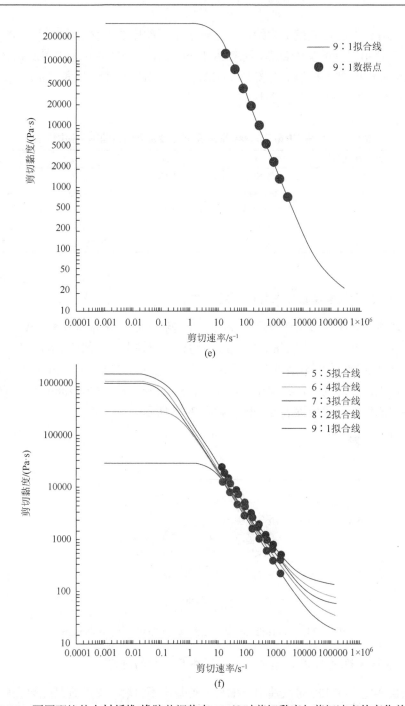

图 3-33　不同配比的木材纤维/橡胶共混物在 100℃时剪切黏度与剪切速率的变化关系

(a) 5∶5 拟合图；(b) 6∶4 拟合图；(c) 7∶3 拟合图；(d) 8∶2 拟合图；(e) 9∶1 拟合图；(f) 5∶5、6∶4、7∶3、8∶2 和 9∶1 拟合对比图

表 3-11 中的数值模拟初始参数是基于不同配比的木材纤维/橡胶共混物在毛细管流变仪中得到的实验数据，借助 POLYFLOW 模拟软件中的 POLYMAT 模块，由 Bird-Carreau 黏度模型拟合得到。初始参数分别为零剪切黏度（η_0）、松弛时间（λ）、幂率指数（n）和无穷剪切黏度（η_∞）。

表 3-11　利用 Bird-Carreau 黏度模型拟合得到的数值模拟初始参数

橡胶与木材纤维质量比	η_0/（Pa·s）	λ/s	n	η_∞/（Pa·s）
9：1	27921	0.19	0.10	14.51
8：2	382845	4.38	0.16	30.06
7：3	652790	8.20	0.17	51.06
6：4	1094937	12.28	0.16	72.87
5：5	1402615	10.25	0.12	132.24

3. 木材纤维/橡胶混炼试样的制备及取样

实验中设定密炼室工作温度为 60℃，将橡胶（RC）和木材纤维（WF）分别以质量比 9：1、8：2、7：3、6：4 和 5：5 均布于密炼室的上部和下部，数值模拟初始状态如图 3-34 所示。设置主转子转速分别为 15r/min、25r/min、35r/min 和 45r/min。为了验证混炼的均匀性，分别在 1min、3min、5min、6min 和 7min 五个混炼时间点于相对固定的三个位置进行取样，如图 3-35 所示。

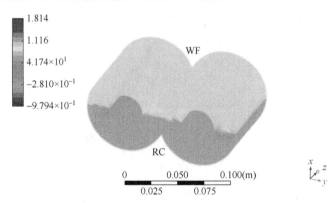

图 3-34　木材纤维和橡胶在密炼室中的初始分布状态图

4. 木材纤维/橡胶混合体系中木材纤维质量数的测定

依据实验，在 120 号汽油中，木材纤维基本不溶解，橡胶则是先溶胀后溶解。因此，本小节实验使用 120 号橡胶溶剂汽油来溶解木材纤维/橡胶混合体系中的橡胶组分，经过检测得到试样中的木材纤维质量分数。木材纤维质量分数分别为 10%～

50%，主转子转速分别为 15～45r/min 时木材纤维/橡胶共混试样在取样位置 1 处的木材纤维质量分数如表 3-12～表 3-15 所示，其中括号里面的值为标准偏差。

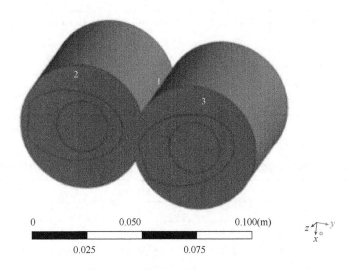

图 3-35　密炼室中的取样位置示意图

1、2、3 表示取样位置 1、2、3

表 3-12　主转子转速为 15r/min 时取样位置 1 处试样中木材纤维的质量分数

木材纤维	密炼时间/min				
添加量/%	1	3	5	6	7
10	14.3（0.5）	10.5（0.2）	11.3（0.1）	9.5（0.2）	10.1（0.4）
20	23.1（0.1）	19.2（0.3）	21.1（0.2）	18.9（0.6）	19.8（0.2）
30	33.2（0.2）	31.3（0.5）	28.8（0.3）	30.4（0.4）	30.1（0.3）
40	42.9（0.3）	41.7（0.4）	39.9（0.5）	38.7（0.7）	39.6（0.1）
50	51.4（0.6）	52.5（0.3）	50.7（0.2）	49.8（0.1）	50.2（0.4）

表 3-13　主转子转速为 25r/min 时取样位置 1 处试样中木材纤维的质量分数

木材纤维	密炼时间/min				
添加量/%	1	3	5	6	7
10	13.5（0.5）	9.8（0.3）	10.7（0.3）	10.1（0.3）	10.3（0.1）
20	22.4（0.2）	18.9（0.4）	20.9（0.1）	19.6（0.4）	20.2（0.4）
30	32.8（0.3）	30.5（0.1）	29.7（0.4）	30.5（0.6）	29.8（0.5）
40	41.7（0.7）	40.6（0.5）	38.8（0.8）	39.4（0.5）	40.1（0.2）
50	53.7（0.4）	51.4（0.2）	50.5（0.4）	48.7（0.1）	49.6（0.7）

表 3-14　主转子转速为 35r/min 时取样位置 1 处试样中木材纤维的质量分数

木材纤维添加量/%	密炼时间/min				
	1	3	5	6	7
10	12.9（0.7）	8.9（0.6）	9.8（0.4）	10.4（0.1）	10.1（0.3）
20	21.8（0.5）	19.6（0.5）	20.4（0.8）	19.9（0.5）	20.3（0.6）
30	31.5（0.4）	30.7（0.3）	29.4（0.6）	31.5（0.2）	30.2（0.4）
40	40.7（0.2）	41.2（0.1）	39.6（0.4）	40.4（0.4）	39.7（0.3）
50	52.1（0.1）	50.6（0.7）	51.2（0.3）	49.8（0.3）	50.1（0.6）

表 3-15　主转子转速为 45r/min 时取样位置 1 处试样中木材纤维的质量分数

木材纤维添加量/%	密炼时间/min				
	1	3	5	6	7
10	11.7（0.2）	9.9（0.4）	8.6（0.5）	9.7（0.3）	10.2（0.3）
20	20.8（0.4）	19.4（0.6）	20.5（0.2）	20.3（0.2）	19.7（0.2）
30	30.7（0.3）	29.4（0.5）	30.8（0.4）	29.6（0.7）	30.4（0.5）
40	39.6（0.6）	40.3（0.8）	40.8（0.5）	39.6（0.5）	40.5（0.4）
50	51.3（0.4）	49.9（0.4）	50.7（0.8）	51.6（0.4）	49.2（0.1）

3.4.2　木材纤维在木材橡胶混炼流场中分布状态的数值模拟

木材纤维/橡胶在密炼机混炼室中的流动情况十分复杂，在分析模拟之前需要将实际问题抽象化，使其成为既能够进行计算求解，又能够满足工程实际需要的理论模型。

本小节采用 Pro/E 三维造型软件对密炼机的混炼室和主副双转子建立三维几何模型。建模完成后，导入与 POLYFLOW 流场模拟分析软件具有数据接口的典型前置处理器 GAMBIT 中，进行网格划分、边界和区域设置，建立有限元分析模型。

1. 建立物理模型

1）坐标系及单位

在建立模型的过程中选择了笛卡儿坐标系（图 3-36），以便于划分网格，简化设计，并使方程简洁清晰。坐标系的原点设在主副双转子前端面（Z 轴正向）圆心连线的中点上，Z 轴方向为转子轴向，Y 轴正向垂直指向主转子，X 轴正向由右手定则确定。单位采用国际单位制，以确保数据处理的方便性和计算结果的正确性。长度单位为米（m），时间单位为秒（s），质量单位为千克（kg）。

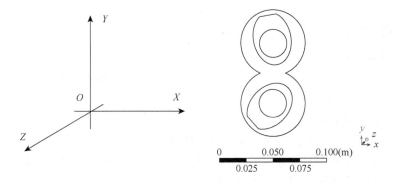

图 3-36 笛卡儿坐标系建立示意图

2）建立几何模型

为了使混炼流场的数值模拟能够与实验相比较，需要首先按照密炼室结构建立三维几何模型。本节所讨论的密炼室主要由密炼腔和转子两部分构成，转子的几何结构相对较为复杂，所以采用 Pro/E 软件对密炼腔和主副双转子分别进行几何建模，如图 3-37 和图 3-38 所示。转子轴向长度为 140mm，转子外径为 114mm，根径为 50mm，主副双转子中心距为 116mm。

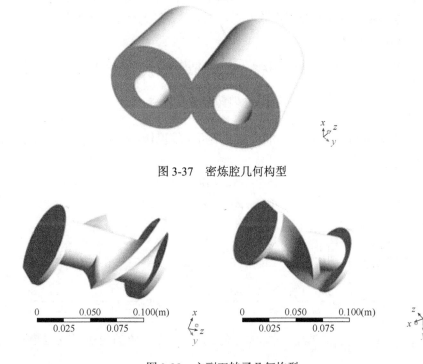

图 3-37 密炼腔几何构型

图 3-38 主副双转子几何构型

2. 建立数学模型

1) 基本假设

在进行木材纤维/橡胶混合流场数值模拟时，考虑到密炼室内混炼实验的具体工况条件及木材纤维/橡胶共混体系的特性，在数值模拟能够满足实验工况的要求下，可以做出如下基本假设：

（1）木材纤维/橡胶共混物料在整个密炼腔内处于全充满状态。

（2）木材纤维/橡胶共混流体为等温流动，即流场中各点温度一致。

（3）木材纤维/橡胶共混流体为层流流动，流速较小，且物料黏度较大，雷诺数较小。

（4）木材纤维/橡胶共混流体的惯性力、重力等体积力远小于黏滞力，可以忽略不计。

（5）木材纤维/橡胶共混流体为不可压缩流体。

（6）木材纤维/橡胶共混流体混炼时，与流道壁面无滑移。

（7）木材纤维/橡胶共混流体为非牛顿流体，其本构黏度方程为 Bird-Carreau 模型。

2) 基本方程

依据以上基本假设，在笛卡儿坐标系下，流场数值模拟的相关方程有连续性方程、运动方程、本构方程和扩散方程，见式（3-20）～式（3-27）。

（1）连续性方程。

$$\frac{\partial}{\partial x}(\rho v_x) + \frac{\partial}{\partial y}(\rho v_y) + \frac{\partial}{\partial z}(\rho v_z) + \frac{\beta'}{\eta(\gamma)} \cdot \frac{\partial \rho}{\partial \tau} = 0 \qquad (3-20)$$

式中，β' 为相对压缩系数；η 为局部剪切黏度，Pa·s；v_x、v_y、v_z 分别为 x、y、z 方向上的流体速度，m/s；γ 为剪切速率，s^{-1}；ρ 为流体密度，kg/m^3。

此处，假设木材纤维/橡胶共混流体为不可压缩流体，ρ 为常数，因此，式（3-20）最终可简化为

$$\frac{\partial v_x}{\partial x} + \frac{\partial v_y}{\partial y} + \frac{\partial v_z}{\partial z} = 0 \qquad (3-21)$$

（2）运动方程。

$$\begin{cases} H(v_x - v_{Px}) + (1-H)\left[-\rho\left(\frac{\partial v_x}{\partial t} + v_x\frac{\partial v_x}{\partial x} + v_y\frac{\partial v_x}{\partial y} + v_z\frac{\partial v_x}{\partial z}\right) + \rho g_x\frac{\partial p}{\partial x} + \left(\frac{\partial v_{xx}}{\partial x} + \frac{\partial v_{yx}}{\partial y} + \frac{\partial v_{zx}}{\partial z}\right) \right] = 0 \\[2mm] H(v_y - v_{Py}) + (1-H)\left[-\rho\left(\frac{\partial v_y}{\partial t} + v_x\frac{\partial v_y}{\partial x} + v_y\frac{\partial v_y}{\partial y} + v_z\frac{\partial v_y}{\partial z}\right) + \rho g_y\frac{\partial p}{\partial y} + \left(\frac{\partial v_{xy}}{\partial x} + \frac{\partial v_{yy}}{\partial y} + \frac{\partial v_{zy}}{\partial z}\right) \right] = 0 \\[2mm] H(v_z - v_{Pz}) + (1-H)\left[-\rho\left(\frac{\partial v_z}{\partial t} + v_x\frac{\partial v_z}{\partial x} + v_y\frac{\partial v_z}{\partial y} + v_z\frac{\partial v_z}{\partial z}\right) + \rho g_z\frac{\partial p}{\partial z} + \left(\frac{\partial v_{xz}}{\partial x} + \frac{\partial v_{yz}}{\partial y} + \frac{\partial v_{zz}}{\partial z}\right) \right] = 0 \end{cases}$$

$$(3-22)$$

式中，H 为阶梯函数；P 为压力，Pa；v_x、v_y、v_z 分别为 x、y、z 方向上的流体速度，m/s；v_{Px}、v_{Py}、v_{Pz} 分别为 x、y、z 方向上的运动部件速度，m/s；g_x、g_y、g_z 分别为 x、y、z 方向上的重力加速度，m/s²。

上述方程是对 N-S 方程的修正，方程应用于节点上，如果节点处于运动区域之外，$H = 0$，该节点应用 N-S 方程；相反，如果节点处于运动区域之内，$H = 1$，该节点方程为 $v - v_P = 0$（矢量方程），该节点的速度为运动部件的速度 v_P。

（3）本构方程。

$$T = 2\eta(\gamma)D \tag{3-23}$$

式中，T 为偏应力张量，Pa；D 为形变速率张量，s^{-1}。

式（3-23）适用于广义牛顿流体，由图 3-33 可见，木材纤维/橡胶共混流体的流变曲线在低剪切速率时，木材纤维/橡胶共混流体的黏度约为定值；而后，其黏度随剪切速率的增加而降低，在高剪切速率时黏度又趋于定值。由于密炼机在进行混炼时，密炼室内各点的剪切速率差别较大，且木材纤维/橡胶共混熔体主要表现出黏性行为，因此，本节采用 Bird-Carreau 黏度模型作为木材纤维/橡胶共混熔体的本构方程，该模型能够保证在此复杂混炼场内，精确地在低或高剪切速率下再现牛顿稳流和高低剪切速率之间剪切变稀行为。该模型方程如式（3-24）所示：

$$\eta\gamma = \eta_\infty + (\eta_\infty - \eta_0)(1 + \lambda^2\gamma^2)^{\frac{n-1}{2}} \tag{3-24}$$

$$\gamma = \sqrt{2\prod_D} \tag{3-25}$$

式中，η_∞ 为无穷剪切黏度，Pa·s；η_0 为零剪切黏度，Pa·s；λ 为松弛时间，s；γ 为剪切速率，s^{-1}；n 为幂律指数；$\prod_D$ 为形变速率张量第二不变量，s^{-1}；T_{ij} 为偏应力张量分量（i，$j = x$ 或 y 或 z），N/m²。

其中，剪切速率 γ 为一个二阶张量，其表达式为

$$\dot{\gamma} = \left(\Delta\bar{v} + \Delta\bar{v}^T\right) = \begin{bmatrix} 2\dfrac{\partial v_x}{\partial x}, & \dfrac{\partial v_x}{\partial y} + \dfrac{\partial v_y}{\partial x}, & \dfrac{\partial v_x}{\partial z} + \dfrac{\partial v_z}{\partial x} \\[2mm] \dfrac{\partial v_y}{\partial x} + \dfrac{\partial v_x}{\partial y}, & 2\dfrac{\partial v_y}{\partial y}, & \dfrac{\partial v_y}{\partial z} + \dfrac{\partial v_z}{\partial y} \\[2mm] \dfrac{\partial v_z}{\partial x} + \dfrac{\partial v_x}{\partial z}, & \dfrac{\partial v_z}{\partial y} + \dfrac{\partial v_y}{\partial z}, & 2\dfrac{\partial v_z}{\partial z} \end{bmatrix} \tag{3-26}$$

（4）扩散方程。

$$\frac{\partial c}{\partial \tau} + v_i \frac{\partial c}{\partial x_i} = -\frac{\partial J_i}{\partial x_i} \tag{3-27}$$

式中，i 为组分编号；c 为组分浓度；v 为流体速度，m/s；J 为质量扩散通量，kg·s/m²；x 为坐标；$J_i = -B_i\nabla c_i$；B_i 为扩散系数，m²/s；∇c_i 为浓度梯度。

扩散方程表示微元体内组分的浓度变化，其中，方程左侧两项分别代表局部导数和位变导数，方程右侧则表示微元体积内组分质量的通量密度。POLYFLOW高聚物模拟软件主要是通过计算组分通量密度来得到局部组分浓度。

3. 建立有限元模型

建立物理模型和数学模型后，需要对方程组进行求解。只有几何模型形状规则、边界条件严格，方程组简化程度较高时才可能求得解析解。因此，通常需要采用数值解法，而有限元法就是数值解法之一。采用有限元法进行数值模拟求解时，需要在木材纤维/橡胶混炼流场区域生成单元体，将物理模型、数学模型离散到每个单元体上，故而在进行有限元计算前，需首先使用 GAMBIT 对几何模型进行网格划分。

1）网格划分

本小节通过 GAMBIT 对密炼室的密炼腔与转子分别进行网格划分。常使用的网格类型有四面体网格和六面体网格，如图 3-39 所示。四面体网格对于模型的几何结构适应性较强。针对结构复杂的模型，采用四面体网格，可以保证网格较为顺利地划分，但缺点是网格数量相对较多，局部的网格质量可能较差，使得计算时间较长，结果不易收敛。采用六面体网格，在网格数量、收敛性及计算精度等方面具有优势，但是复杂模型往往很难全部生成六面体网格，致使网格划分失败。

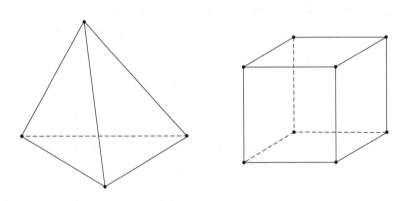

图 3-39   四面体和六面体单元网格

本小节采用四面体和六面体混合网格划分技术，既能对复杂转子进行网格划分，又能在保证网格质量的情况下减少网格数量。密炼腔与转子的网格划分分别如图 3-40 和图 3-41 所示。密炼腔网格总数为 336560，节点数为 359331；转子网格总数为 294598，节点数为 57108。

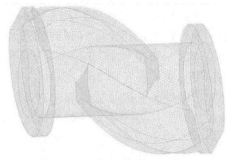

图 3-40　密炼腔网格划分　　　　　　　　图 3-41　转子网格划分

2）重置技术

由于密炼室转子的结构复杂，混炼过程中转子始终处于旋转状态，使流道的形状也在时刻发生变化。如果针对时刻变化的流道进行有限元网格划分，工作量将巨大，计算效率降低。为了克服这一困难，在 POLYFLOW 中对于具有内部运动部件的混合过程的模拟，通常采用重叠技术生成有限元网格。这一方法的优点在于无须随边界的运动重新划分网格，从而减少划分网格的工作量并提高计算效率。

重置技术如图 3-42 所示。重置技术是对密炼腔和转子分别划分网格，POLYFLOW 会通过一定的判断条件，来区分某一有限元单元是属于运动部件还是属于流动区域，然后通过一定的准则将它们组合在一起，并采用确定的边界条件将两者联系起来，从而模拟运动部件在流道内的运动情况。使用重置技术，大大减少了网格处理的工作量、机时和计算误差。

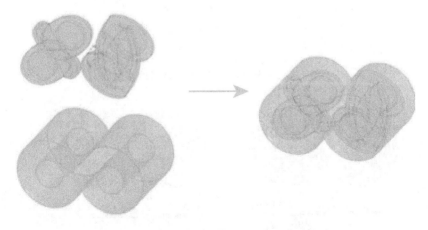

图 3-42　采用重置技术划分的有限元网格

3）建立瞬时模型

工作状态下，随着主副转子的旋转，木材纤维/橡胶混炼流场的边界是随时间不断变化的，在不同时刻混炼室流道的几何形状是不同的，所以，在求解瞬变流场时，需要对不同时刻的流场模型进行分析，以得到转子流道在不同时刻的速度分布。在计算混合物料的三维流动路径时，瞬时模型的个数越多，所需的积分时间步长越小，计算的精度越高。但是，选取瞬时模型的个数过多会导致计算时间过长，使工作效率降低；如果选取瞬时模型的个数较少，积分时间步长就会较大，计算的精度也难以满足要求，甚至会因为积分时间步长较大而发散，无法取得想要的结果。因此，在保证结果收敛的情况下，要求选取瞬时模型的个数尽可能多。

相位角定义为双转子前端面上左侧转子中心线与直线 $x = 0.03\text{m}$ 的夹角。主转子转速为 25r/min 时的相位角如图 3-43 所示。不同旋转相位角时的瞬态模型如图 3-44 所示。

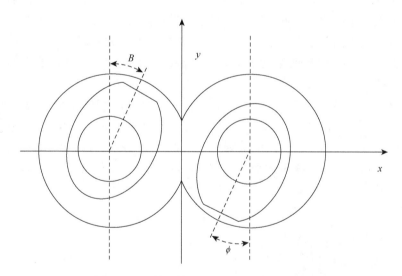

图 3-43　主转子转速为 25r/min 时的相位角

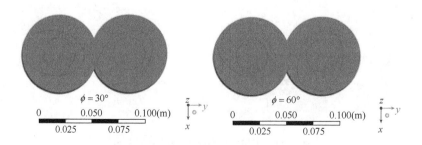

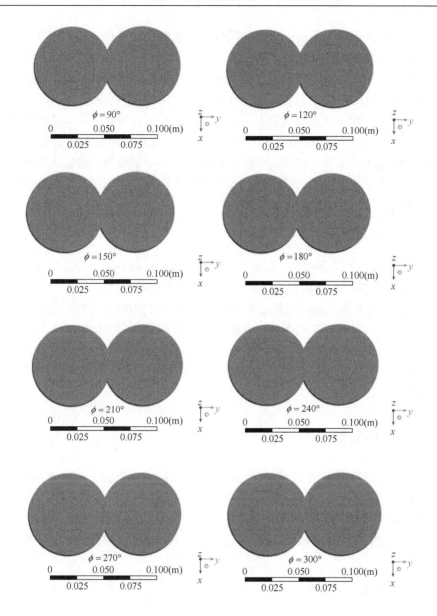

图 3-44　不同旋转相位角时的瞬态模型

4）木材纤维/橡胶共混体系物性参数与边界条件

（1）物性参数：假设物料为不可压缩流体，其密度为常数。由于聚合物的雷诺数均较低，近似认为层流流动。由实际加工工艺条件可近似认为物料保持恒温。前面已确定物料的黏度模型为 Bird-Carreau 模型，拟合模拟初始参数见表 3-11。

（2）边界条件：为了使模拟的结果体现真实的流动过程，整个流场的计算模型均为共混过程中流动状态的实际模型，流场的边界条件取为实际状况下的边界条件。此处，压力边界条件和速度边界条件为主要的边界条件。设定压力边界条件时，除启停机时产生的不稳定工况外，假设共混物在整个密炼室流道内为全充满状态。因此，密炼室流道截面上各点的压力值相等，可设定压力值为流道在全充满状态下的值。设定速度边界条件时，假设流动时的壁面无滑移效应。具体为：①设密炼室内壁无滑移，密炼室壁面流体速度为零；②设转子表面无滑移，其表面流体速度等于转子边界的线速度；③混炼时主副双转子表面的速度随着转速的变化而变化，异步向内旋转，速比为1.3。

4. 选择模拟方案

在温度为 60℃ 的条件下，对转子转速分别为 15r/min、25r/min、35r/min 和 45r/min 时的木材纤维/橡胶混合流场进行两种瞬态数值模拟：

（1）计算时间为 420s，每隔 20s 作为一个计算时刻点，一共分为 21 个时间点进行瞬态模拟，以观察流场中木材纤维的浓度场随时间的变化情况。

（2）定义主转子旋转一周，并在旋转方向上每隔 30° 相位角均匀选取 10 个瞬时流场模型（图 3-44）进行有限元分析，以观察转子转动角度对木材纤维/橡胶混合流场的影响。

3.4.3　结果与分析

木材纤维/橡胶混炼流场模拟计算完成后，结果的分析采用了 POLYFLOW 图形后处理软件 CFX-Post 和统计后处理软件 POLYSTAT。得到模型的速度场、剪切速率场和混合指数场分布的同时，对流场参数进行统计分析。本小节主要分析木材纤维/橡胶混合流场的流体运动规律和不同条件对分布与分散混合的影响规律。

1. 流场速度分布

转子转动角度为 120°/72° 时，轴向截面上分别在 10mm、20mm、30mm 和 40mm 处的速度矢量分布如图 3-45 所示。随着转子的转动，两个混炼腔中产生的周向运动是木材纤维/橡胶混合熔体的主要运动，其最大速度出现在转子棱峰顶部；由于混炼腔内壁面无滑移，在棱峰顶部和壁面的速度衰减产生了明显的拉伸与剪切作用。在双转子之间的交汇区，根据速度向量方向可以看出，两个混炼腔两侧的混合物料存在着明显的交换流动。

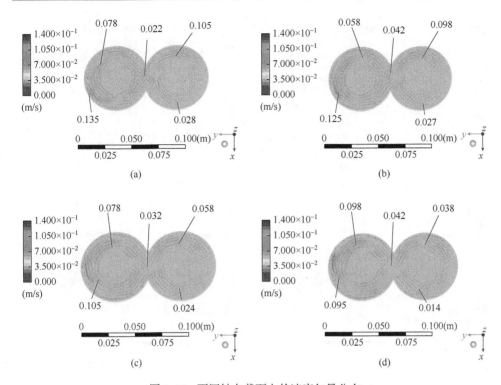

图 3-45 不同轴向截面上的速度矢量分布

（a）10mm；（b）20mm；（c）30mm；（d）40mm

转子转动角度为 120°/72°时，轴向截面分别在 10mm、20mm、30mm 和 40mm 处的 Z 向速度分布如图 3-46 所示。转子的连续转动产生了轴向压力梯度，从而引起了木材纤维/橡胶混合熔体的轴向运动。由图可见，轴向运动的活跃区出现在转子棱峰顶部。由于转子的各段螺旋棱角度不同，在不同截面上转子之间的 Z 向速度存在着正负值。这充分说明在该区域内木材纤维/橡胶混合熔体存在着回流流动，即返混现象。在一定程度上，我们希望混炼时出现强烈的返混作用，因为这种返混作用使得连续混炼机具有优异的轴向混合特性和分散混合效果，有利于促进木材纤维/橡胶混合物料轴向组分混合的均匀性。

由图 3-45 和图 3-46 可知，混炼室中木材纤维/橡胶混合熔体有三种流动状态：

（1）混炼室中木材纤维/橡胶混合熔体的周向运动。

（2）双转子之间交汇区的交换流动。

（3）混炼室中木材纤维/橡胶混合熔体的轴向运动。

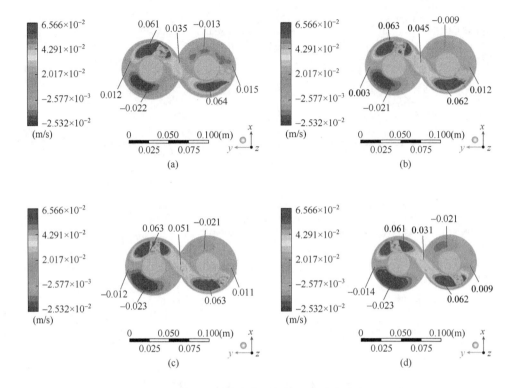

图 3-46　不同轴向截面上的 Z 向速度分布

(a) 10mm；(b) 20mm；(c) 30mm；(d) 40mm

2. 混炼流场中的周向和径向流动规律

在 POLYSTAT 中设定主转子转速为 45r/min，木材纤维/橡胶的质量比为 5：5。在 2s 内的混炼流场中，木材纤维和橡胶两种流体粒子的周向和径向运动规律如图 3-47 所示。当 $t = 0.2s$ 时，木材纤维与橡胶分别分布于密炼室的上半部分和下半部分，并用蓝色粒子和黄色粒子分别表示抽象的木材纤维和橡胶粒子。随着转子的转动，可以发现黄色粒子逐渐向腔室上半部分流动，并在环绕转子半周之后被带入腔室上半部分，与此同时，蓝色粒子也逐渐被带入腔室下半部分。当 $t = 1.4s$ 时，可以发现蓝色粒子占据了腔室下半部分的近壁区和上半部分的远壁区，而黄色粒子占据了腔室下半部分的远壁区和上半部分的近壁区。当 $t = 1.8s$ 时，可以发现，黄色粒子占据了下半部分腔室的远壁和近壁区，中间部分则被蓝色粒子占据，上半部分腔室的情况则恰好相反。因此，随着转子转动，粒子不仅进行了周向运动，而且进行了一定的径向运动。

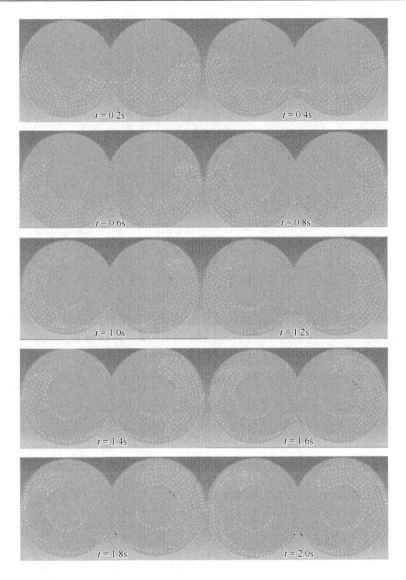

图 3-47　混炼流场中木材纤维/橡胶两种流体粒子的周向和径向运动规律

3. 混炼流场中的轴向流动规律

为了研究木材纤维/橡胶混合流体在密炼腔内的轴向运动规律，沿轴向分别选取 3 条典型直线，分别为位于双转子之间的转子棱峰内切线 1 (0，0，0)→(0，0，−0.14)、左侧密炼腔近壁面棱峰切线 2 (0，0.115，0)→(0，0.115，−0.14)和右侧密炼室近壁面棱峰切线 3 (0，0.115，0)→(0，−0.115，−0.14)，如图 3-48所示。

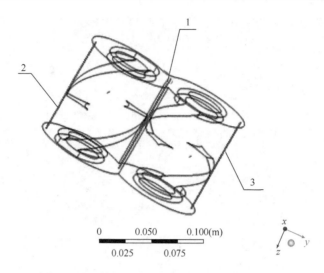

图 3-48　混炼流场中沿轴向选取的 3 条典型直线

图 3-48 中 3 条典型直线上的 Z 向速度分布如图 3-49～图 3-51 所示。密炼腔内近壁面处的流体在约 1s（左侧转子转动一周）内出现了轴向速度在一个周期内的正负值变化，这表明同一位置的木材纤维/橡胶混合物料在 1s 内进行了往复折转流动，从而使木材纤维/橡胶混合流体能够在转子带动下有效地获得轴向混合分布能力。

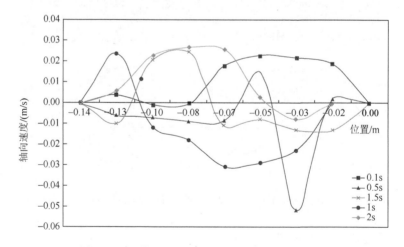

图 3-49　混炼流场中直线 1 的轴向速度分布曲线

由图 3-49～图 3-51 可见，随着时间的增加，轴向速度分布曲线呈现近似正弦波的变化规律，轴向速度的分布呈现周期性的变化。这说明在转子的带动和挤压作用下，木材纤维/橡胶混合流体具有明显的轴向往复折转流动，对于木材纤维/橡胶混合流体在密炼室内的轴向分散十分有利。

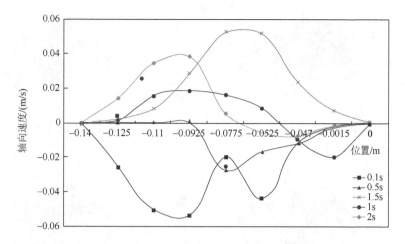

图 3-50　混炼流场中直线 2 的轴向速度分布曲线

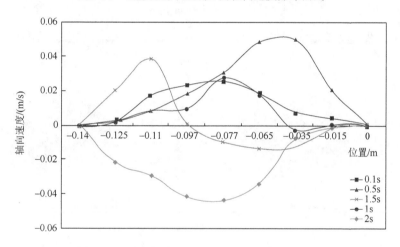

图 3-51　混炼流场中直线 3 的轴向速度分布曲线

4. 木材纤维在木材橡胶混合流场中的浓度分布

1) 木材纤维在混合过程中的浓度变化规律

在混炼温度为 60℃, 转子转速为 25r/min 和木材纤维/橡胶的混合质量比为 5:5 的条件下, 混炼流场中木材纤维的浓度分布随时间变化的可视化结果如图 3-52 所示。

左侧的颜色梯度标尺表示混炼流场中混合不同时间所对应的木材纤维浓度的大小, 不同颜色对应不同的浓度。由图 3-52 可直观发现, 随着时间的增加, 木材纤维与橡胶不断相互混掺, 位于上部的木材纤维随着转子的转动不断被输送到低浓度区域, 木材纤维的浓度梯度不断减小, 直至混合均匀。

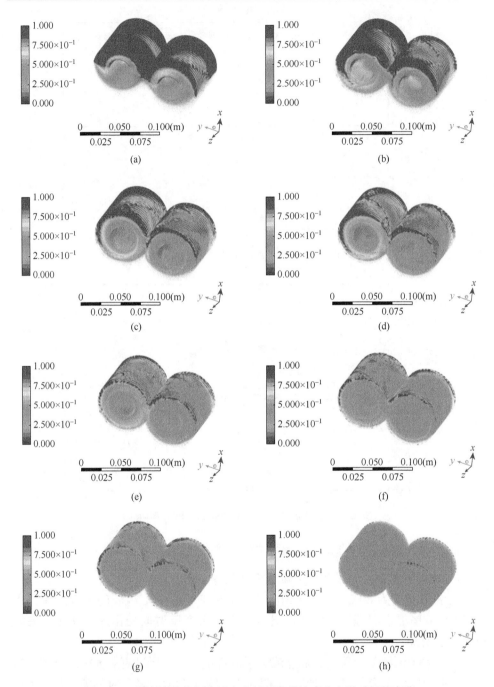

图 3-52　木材/橡胶共混流场中木材纤维的浓度分布随时间的变化

（a）0.5s；（b）5s；（c）10s；（d）15s；（e）100s；（f）200s；（g）300s；（h）420s

图 3-52 显示随着转子的转动，木材纤维在向下输送过程中，在近转子表面区域和近密炼腔壁面区域逐渐形成木材纤维的低浓度层（在 100s 时基本形成此浓度连续层），而在转子和密炼腔壁面的中间区域，约 100s 时则形成了稳定的木材纤维的高浓度连续层。同时，随着转子的强制对流作用，密炼腔上下部分的高浓度与低浓度流体交互混合，在 300s 时基本消除了上下浓度差，形成了均匀的径向浓度梯度场。其中，密炼腔壁面连续层的浓度梯度较小，而近转子表面连续层的木材纤维浓度梯度较大。随着各连续层之间不断的物质交换，浓度梯度逐渐减小，直至到 420s 时，整个混合区域木材纤维的浓度值基本一致，木材纤维在混合流场中分布已基本均匀。

2）不同取样位置对浓度混合过程的影响

取样位置分别在 1、2 和 3 处（图 3-53）时，木材纤维的浓度随时间的变化曲线如图 3-53 所示。从图中可以看出，浓度的变化主要发生在前 2min 内，特别是在前 30s 内的浓度变化梯度较大，这充分表明混炼过程的效率和能量损耗主要集中在前 2min 内。

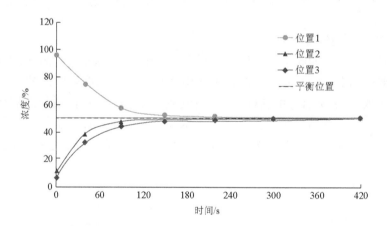

图 3-53　取样位置分别在 1、2 和 3 处时木材纤维在流场中的浓度随时间的变化规律

3）木材纤维的质量分数对其浓度分布的影响

为了研究木材纤维/橡胶的组分配比对混炼过程的影响，应用后处理模块 CFX-Post，引入一个描述混合过程均匀度的参数（平均浓度偏差），即

$$\sigma = \sum_{i=1}^{n} |c' - c| / n \qquad (3\text{-}28)$$

式中，c' 为流体平均浓度；c 为瞬时局部浓度。

木材纤维与橡胶不同配比时，流场整体平均浓度偏差随时间的变化曲线如图 3-54 所示。由图可知，分布相木材纤维比例越高，越有利于混合均匀度的提高。

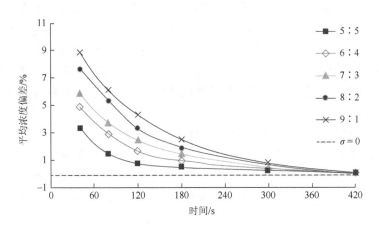

图 3-54　木材纤维与橡胶不同配比时流场平均浓度偏差随时间的变化曲线

4）转速对混炼过程的影响

在混炼温度为 60℃，转子转速分别为 15r/min、25r/min、35r/min 和 45r/min，取样位置分别在 1、2 和 3 处时，流场中木材纤维的浓度随时间的变化曲线如图 3-55～图 3-57 所示。由图可见，无论是哪个取样位置，随着转速的增加，木材纤维的浓度均能较快地接近平均值。这主要是由于转速增加，剪切作用随之增加，进而增强了混炼流场的混合分布能力，木材纤维/橡胶之间的混合效率明显提高。

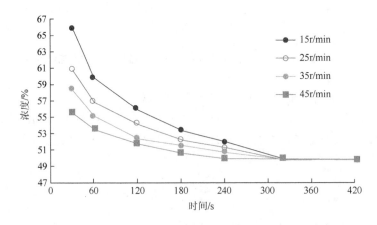

图 3-55　流场中位置 1 处木材纤维的浓度随时间的变化曲线

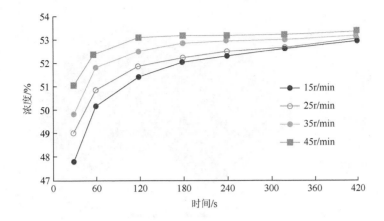

图 3-56　流场中位置 2 处木材纤维的浓度随时间的变化曲线

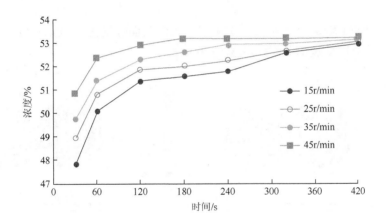

图 3-57　流场中位置 3 处木材纤维的浓度随时间的变化曲线

5. 木材纤维/橡胶的分散混合

在木材纤维/橡胶共混过程中，混合流体受到流场运动产生的黏性应力和界面张力 σ/R（其中 σ 为界面张力，R 为局部分散相半径）的共同作用。当黏性应力超过界面张力时，物料被拉伸，最后断裂生成更小的物料。当黏性张力太小时，尽管物料被拉伸也不会发生断裂。

1）密炼室内的剪切速率场

计算得到的密炼室内的剪切速率场如图 3-58 所示，转子棱峰与密炼室内壁的间隙很小，所以产生的剪切速率很大。在转子近轴处，速度梯度小，故剪切速率也小。

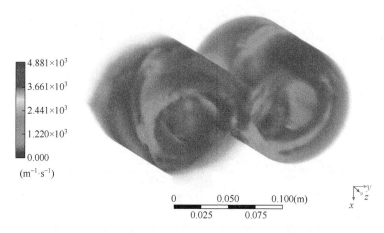

图 3-58　密炼室内的剪切速率分布图

主副双转子转动角度为 150°/114°时，轴向截面分别在 10mm、20mm、30mm 和 40mm 处的剪切速率分布如图 3-59 所示。

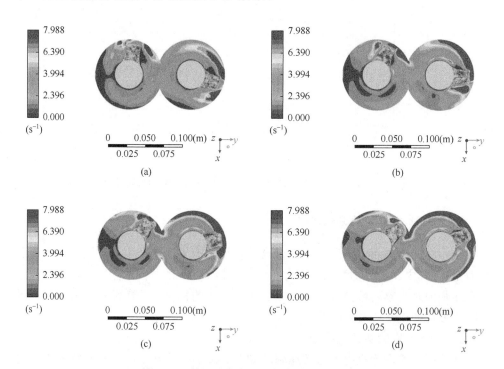

图 3-59　剪切速率在不同轴向截面上的分布

（a）10mm；（b）20mm；（c）30mm；（d）40mm

由图可见，剪切速率的等值线沿转子周向呈近似同心圆的层状分布，截面中左右棱峰顶部的剪切速率最大，越靠近转子剪切速率越小，贴近转子的很薄一层物料的剪切速率最小。这是由于转子的旋转拖曳作用使得这一层熔体随着转子转动。其余区域的剪切速率分布较为均匀，维持在一个中等水平。

在转子棱峰顶部的剪切速率最大，其位置会随着转子的转动而出现在轴向的不同位置，因此，最大的剪切应力也就会作用在轴向相应位置的流体上，这种轴向混炼能力有利于木材纤维/橡胶在密炼室中的分散与分布混合。

2）密炼室内的混合指数

（1）混合指数定义。

木材纤维/橡胶共混物的分散混合是通过流场施加的剪切作用和拉伸作用实现的。多数研究者通过对流场剪切速率的计算和对颗粒破碎过程的研究认为，拉伸流动对分散混合更为有效，尤其是对于具有低界面张力和高黏度比熔体的分散混合[38]。Cheng 等[39]和 Yao 等[40]为了使拉伸流动和旋转流动定量化以定义流场特征，引入了混合指数 λ_{MZ}：

$$\lambda_{MZ} = \frac{|D|}{|D| + |\Omega|}$$ （3-29）

式中，$|D|$ 为形变速率张量，表示速度梯度张量 $\nabla v = D + \Omega$ 中的对称部分；$|\Omega|$ 为旋度张量，表示速度梯度张量 $\nabla v = D + \Omega$ 中的反对称部分。λ 为 0~1，$\lambda = 0$ 为纯旋转运动；$\lambda = 0.5$ 为简单剪切运动；$\lambda = 1$ 为纯拉伸流动。

（2）混合指数分布。

在轴向 Z 为 20mm 截面上，主副双转子转动不同角度时的混合指数分布见图 3-60。

由图 3-60 可见，通过数值模拟计算，混合指数大于 0.75 值的区域始终出现在两转子之间，随着转子的转动偏向左侧或右侧。转子中间的空隙体积随着主副双转子的相对旋转产生一个从小到大再从大到小的过程。由于聚合物熔体为不可压缩流体，当受到挤压时的物料被迫运动到空隙较大的地方，这个挤压流动的过程

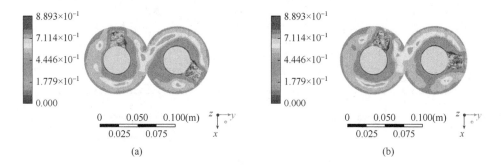

(a)　　　　　　　　　　　　　　　　(b)

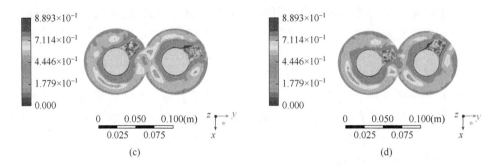

图 3-60　在轴向 Z 为 20mm 截面上不同转子角度的混合指数分布

(a) 120°/60°；(b) 150°/114°；(c) 180°/137°；(d) 210°/140°

也是一个拉伸流动的过程，聚合物熔体伴随着该过程经历了一个拉伸变形。研究表明，这种拉伸变形对分散混合是非常有利的。随着转子的转动，转子中间的空隙体积不断变化，使得木材纤维/橡胶共混流体在转子中间被反复拉伸和挤压，特别有利于分散混合过程。

6. 数值模拟与实验结果对比分析

木材纤维/橡胶质量比分别为 5∶5、4∶6、3∶7、2∶8 和 1∶9，取样位置分别在 1、2 和 3 处，混炼流场中木材纤维的质量分数随时间变化的实验值和模拟值的对比分析如图 3-61～图 3-65 所示。通过对比可见，模拟结果与实验值的误差在 ±5% 之内，说明模拟结果与实验值之间吻合较好。与采用单组分黏度模型和复合黏度模型相比较，本小节采用直接测定混合物的 Bird-Carreau 黏度的方法，考虑了木材纤维/橡胶混合物料组分因素及界面因素对混炼体系黏度的影响。因此，模拟结果能够较为准确地反映实验过程。

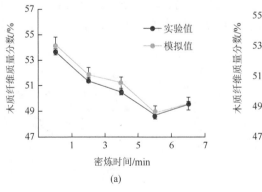

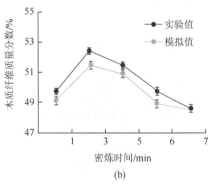

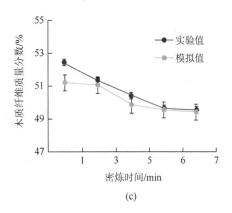

(c)

图 3-61　5∶5 配比下在位置 1（a）、位置 2（b）和位置 3（c）处木材纤维质量分数实验值与模拟值的对比分析

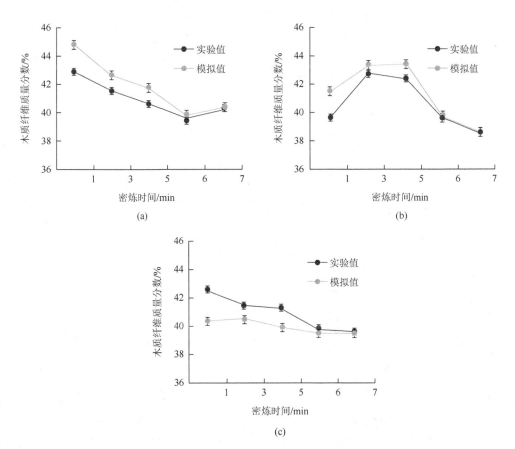

(a)

(b)

(c)

图 3-62　4∶6 配比下在位置 1（a）、位置 2（b）和位置 3（c）处木材纤维质量分数的实验值与模拟值的对比分析

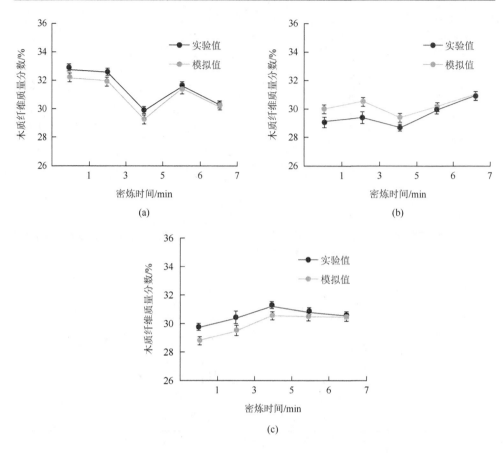

图 3-63　3 : 7 配比下在位置 1（a）、位置 2（b）和位置 3（c）处木材纤维质量分数的模拟值与实验值的比较

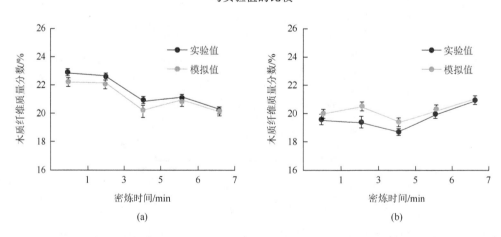

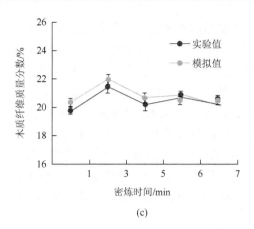

(c)

图 3-64　2∶8 配比下在位置 1（a）、位置 2（b）和位置 3（c）处木材纤维质量分数的模拟值
与实验值的比较

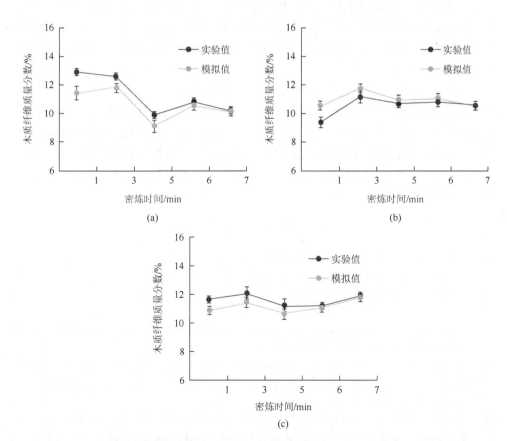

图 3-65　1∶9 配比下在位置 1（a）、位置 2（b）和位置 3（c）处木材纤维质量分数的模拟值
与实验值的比较

　　本小节采用了大量实验数据来验证计算机数值模拟的准确性。结果表明，采用计算机数值方法对木材纤维/橡胶共混物分布相组分浓度随时间的分布规律进行模拟具有较高的可靠性，对实际加工具有一定的指导意义。

　　（1）针对木材纤维/橡胶复合材料制备工艺的混炼关键环节进行了数值模拟对比分析。研究了木材纤维/橡胶混炼加工工艺的主要影响因素，基于木材纤维/橡胶共混体系的流变特性分析，得出了木材纤维/橡胶共混流体符合假塑性流体剪切变稀的流变规律，由此确定 Bird-Carreau 模型为木材纤维/橡胶共混流体的本构方程。

　　（2）基于前期大量实验和对木材纤维/橡胶混炼过程的理论分析，建立了既可满足实际需要，又可进行计算求解的木材纤维/橡胶混炼过程的物理模型、数学模型和有限元模型。

　　（3）采用 POLYFLOW 模拟软件完成了木材纤维/橡胶混炼流场的数值模拟，再现了木材纤维/橡胶的混炼演进过程，实现了木材纤维/橡胶混炼过程的可视化数值模拟和优化。采用 POLYFLOW 图形后处理软件 CFX-Post 和统计后处理软件 POLYSTAT 对木材纤维/橡胶混炼流场模拟计算的结果进行分析，获得了木材纤维/橡胶混炼流场的速度分布、剪切速率分布和木材纤维在复合体系流场中的浓度分布。

　　（4）对不同配比的木材纤维/橡胶共混流体在流场中相对固定的 1、2 和 3 取样位置处，木材纤维质量分数的模拟值和实验值进行了对比分析。结果表明，模拟值与实验值误差低于 ±5%，吻合较好。这说明采用计算机数值方法对木材纤维/橡胶共混物分布相组分浓度随时间的分布规律进行模拟具有较高的可靠性，将有助于针对不同的木质纤维/橡胶复合材料组分采用不同的混炼工艺，对实际加工具有一定的指导意义。

参 考 文 献

[1]　游长江. 橡胶制品制作流程与原料注意事项[M]. 北京：化学工业出版社，2012.

[2]　王艳秋. 橡胶塑料与混炼[M]. 北京：化学工业出版社，2006：77-79.

[3]　张馨，游长江. 橡胶压延与挤出[M]. 北京：化学工业出版社，2013.

[4]　Vladkova T，Vassileva S，Natov M. Wood flour: a new filler for the rubber processing industry. Ⅰ. Cure characteristics and mechanical properties of wood flour-filled NBR and NBR/PVC compounds[J]. Journal of Applied Polymer Science，2003，90（10）：2734-2739.

[5]　Mousa A，Heinrich G，Wagenknecht U .Cure characteristics and mechanical properties of carboxylated nitrile butadiene rubber （XNBR） vulcanizate reinforced by organic filler[J].Polymer-Plastics Technology and Engineering, 2011, 50（13）: 1388-1392.

[6]　Vladkova T，Dineff P H，Gospodinova D N. Wood flour: a new filler for the rubber processing industry. Ⅲ. Cure characteristics and mechanical properties of nitrile butadiene rubber compounds filled by wood flour in the presence of phenol formaldehyde resin[J]. Journal of Applied Polymer Science，2004，91（2）：95-101.

[7]　Vladkova T，Dineff P H，Gospodinova D N. Wood flour：a new filler for therubber processing industry. Ⅳ Cure characteristics and mechanical properties of natural rubber compounds filled by non-modified or corona treated wood flour[J]. Applied Polymer，2006，101（8）：651-658.

[8]　王慧敏，游长江. 橡胶制品与杂品[M]. 北京：化学工业出版社，2012：213-215.

[9]　Ismail H，Jaffri R M，Rozman H D. Oil palm wood four filled natural rubber composites：fatigue and hysteresis behaviour[J]. Polymer International，2000，49：618-622.

[10]　Ismail H，Jaffri R M. Physico-mechanical properties of oil palm wood flour filled natural rubber composites[J]. Polymer Testing，1999，18：381-388.

[11]　张立群，钦焕宇，耿海萍. 短纤维橡胶复合材料的发展前景及 DN 系列预处理短纤维的介绍[J]. 橡胶工业，1996，43：238-242.

[12]　张立群，周彦豪，耿海萍. 短纤维橡胶复合材料结构-性能关系理论研究现状[J]. 弹性体，1996，6（4）：53-59.

[13]　陈锦波.橡胶混炼[J].世界橡胶工业，2004（7）：25-30.

[14]　余权英，李国亮. 氰乙基化木材的制备及其热塑性研究[J]. 纤维素化学与技术，1994，2（1）：47-54.

[15]　余权英，蔡宏斌. 苄基化木材的制备及其热塑性研究[J]. 林产化学与工业，1998，18（8）：23-29.

[16]　Funakoshi H，Shiraishi N，Norimoto M，et al. Studies on the thermoplasticization of wood[J]. Holzforschung，1979，33（5）：159-166.

[17]　Hon D N S，Ou N H. Thermoplasticization of wood I. Benzylation of wood[J]. Journal of Polymer Science：Part A：Polymer Chemistry，1989，27：2465-2482.

[18]　Hon D N S，San Luis J M. Thermoplasticization of wood II.Cyanoethylation[J]. Journal of Polymer Science：Part A：Polymer Chemistry，1989，27：4143-4160.

[19]　Lu X，Zhang M Q，Rong M Z，et al. All-plant fibre composites：self-reinforced composites based on sisal[J]. Advanced Composites Letters，2001，10：73-79.

[20]　Lu X，Zhang M Q，Rong M Z，et al. All-plant fiber composites I.Unidirectional sisal fiber reinforced benzylated wood[J]. Polymer Composites，2002，23：624-633.

[21]　Shiraishi N，Matsunaga T，Yokota T. Thermal softening and melting of esterified wood prepared in an N$_2$O$_4$-DMF cellulose solvent medium[J]. Journal of Applied Polymer Science，1979，24：2361-2368.

[22]　Shiraishi N，Yoshioka M. Plasticization of wood by acetylation with trifluoroacetic acid pretreatment[J]. Sen'i Gallaishi，1986，42：346-355.

[23]　Nattakan S，Noriko A，Takashi N，et al. All-cellulose composites by surface selective dissolution of aligned ligno-cellulosic fibres[J]. Composites Science and Technology，2008，68：2201-2207.

[24]　罗法三. 热处理对响叶杨和落叶松性能的影响[D]. 哈尔滨：东北林业大学，2015.

[25]　王茹. 木粉填充聚丙烯复合材料的制备和性能研究[D]. 上海：华东理工大学，2011.

[26]　苏晓芬，等. 木塑复合材料界面改性方法研究进展[J]. 广州化工，2013，7（3）：23-26.

[27]　李东方. 聚乙烯木塑复合材料性能影响因子与界面特性研究[D]. 北京：北京林业大学，2013.

[28]　梅超群. 木粉弱极性化处理及木塑复合材料性能研究[D]. 北京：北京林业大学，2011.

[29]　李春桃. 硅烷偶联剂改性木粉复合材料的研究[D]. 哈尔滨：东北林业大学，2010，39（2）：143-147.

[30]　丁涛，顾百炼，蔡家斌，等. 热处理对木材吸湿特性及尺寸稳定性的影响[J]. 南京林业大学学报（自然科学版）2005，2.

[31]　Lamminmäki J，Li S，Hanhi K. Feasible incorporation of devulcanized rubber waste in virgin natural rubber[J]. Journal of Materials Science，2006，41（24）：8301-8307.

[32]　De D，Panda P K，Roy M，et al. Reinforcing effect of reclaim rubber on natural rubber/polybutadiene rubber

blends[J]. Journal of Materials Science，2013，46：142-150.

[33] Vladkova T，Dineff P H，Gospodinova D N. Wood flour: A new filler for the rubber processing industry. II. Cure characteristics and mechanical properties of nitrile butadiene rubber compounds filled by wood flour in the presence of phenol formaldehyde resin[J]. Journal of Applied Polymer Science. 2004，91：883-888.

[34] Garcia D，Lopez J，Balart R，et al. Composites based on sintering rice husk-waste tire rubber mixtures[J]. Journal of Materials Science，2007，28：2234-2238.

[35] Ayrilmis N，Buyuksari U，Avci E. Utilization of waste tire rubber in manufacture of oriented strandboard[J]. Waste Management，2009，29：2553-2557.

[36] 李晓俊，袁寿其，潘中永，等. 基于结构化网格的离心泵全流场数值模拟[J]. 农业机械学报，2013，44（7）：50-54.

[37] 李帅潘，潘中永，吴涛涛，等. 集卵搅拌器的数值模拟与试验研究[J]. 北京生物医学工程，2011，30（6）：551-556.

[38] Abdelmouleh M，Boufi S，Belgacem M N，et al. Short natural-fibre reinforced polyethylene and natural rubber composites：effect of silane coupling agents and fibres loading[J]. Composites Science and Technology，2007，67（7/8）：1627-1639.

[39] Cheng H，Manas-Zloczower I. Study of mixing efficiency in kneading discs of co-rotating twin-screw extruders[J]. Polymer Engineering and Science，1997，37（6）：1082-1090.

[40] Yao Chin-hsiang, I Manas-Zloczower. Influence of design on dispersive mixing performance in an axial continuous mixer-LC2MAX 40[J]. Polymer Engineering and Science, 1998, 38(6): 936-946.

第4章 木材/天然橡胶复合材料

4.1 木材改性技术

木材改性技术是指通过化学、物理或生物方法改变木材成分或结构，从而改善木材性能的技术。Hill[1]为木材改性提供了一个广为接受的定义："木材改性涉及化学、生物或物理试剂对材料的作用，从而在改性木材的使用寿命期间实现所需的性能增强。改性木材本身在使用条件下应该是无毒的，此外，在使用过程中或在改性木材的处置或回收利用结束时，不应释放任何有毒物质。如果改性是为了提高对生物攻击的抵抗力，那么作用方式应该是非生物杀伤性的。"需要注意的是，并不是在改性木材的过程中不得使用危险化学品，而是在木材改性完成后不会留下任何有害残留物。木材改性主要分为三类：①化学改性；②物理改性，包括热处理、压密化处理、表面炭化处理等；③生物改性。

4.1.1 木材改性的主要机理

木材改性可分为细胞壁反应型和细胞壁非反应型，前者导致材料的化学性质发生变化，后者导致材料的物理性质发生变化。大多数细胞壁反应型改性方法都涉及试剂与细胞壁表面羟基的化学反应，而细胞壁表面羟基在木材与水分的相互作用中发挥重要作用[2,3]。在潮湿环境中，木材细胞壁表面羟基能够捕捉空气中的水分子，通过形成氢键将水分储存在木材中，水分的大量存在导致木材发生尺寸变化，为真菌生长提供环境，进一步导致木材腐朽。在细胞壁非反应型改性中，尽管试剂没有与细胞壁表面羟基发生反应，但通过填充、封闭孔隙结构阻止水分进入木材内部，阻隔了木材-水分的相互作用，在一定程度上也能够提高木材的综合性能。

4.1.2 化学改性

1. 乙酰化木材

木材乙酰化是指利用木材细胞壁表面羟基与乙酸酐发生酯化反应[4]。该反应的主要优点是乙酰化过程中没有形成有毒的副产物，形成的副产物乙酸也很容易通过加热去除。与天然木材一样，乙酰化木材仅由 C、H、O 元素组成，不含有毒成分。在实际生产中，乙酰化处理是在高温下将木材浸入乙酸酐中，然后进行清洁以去除过量的乙酸酐和乙酸。乙酰化反应是一种单加成化学反应，乙酰基以1∶1的比例取代了细胞壁表面羟基，不会发生进一步的聚合反应。木材的乙酰化处理减少了细胞壁表面羟基的数量，乙酰基的极性低于羟基，木材细胞壁的水分吸附能力随之降低，因此木材平衡含水率和纤维饱和点显著降低，木材的尺寸稳定性得到提高。但是，由于水分子小于乙酰基团，即使木材完全乙酰化，水分子也可以进入羟基位点，因此尺寸稳定性不能达到100%[5]。研究表明，当乙酰基达到一定数量时，木材的抗胀缩率可达到70%以上[6]。

Jebrane 和 Sebe[7, 8]研究了一种新型的木材乙酰化方法，并与基于乙酸酐的经典方法进行比较：通过将碳酸钾作为催化剂，乙酸乙烯酯和松木边材的羟基之间进行酯化反应得到了高产率的乙酰化木材，并通过红外和核磁共振光谱证实酯交换反应。实验结果表明，酯交换反应效率随着温度、时间和催化剂的用量增加而增加，在90℃下反应3h木材的增重率获得显著提高。细胞壁水分子含量的降低不仅提高了木材的尺寸稳定性，而且提高了木材的防腐性能。Rowell 等[9]提出乙酰化木材抗真菌腐蚀的关键因素是"水分子排斥机理"。高度乙酰化木材具有低的平衡含水率，水分子含量不足导致真菌酶无法在糖苷键位置进行水解，除此之外，褐腐真菌也无法将半纤维素分解，从而无法获得启动能源进一步破坏木材的纤维素等组分。

2. 糠醇化木材

木材糠醇化是基于原位糠醇聚合的一种无毒的木材保护方式[10]。糠醇是由甘蔗和玉米芯等农业废弃物生产的液体。糠醇化是通过使用糠醇和一种或多种酸性引发剂的混合物浸渍木材，然后对木材进行加热以引起聚合来进行的。浸渍过程通常使用真空加压浸渍方法，即首先使木材经受真空，然后添加浸渍液并施加压力，随后进行的真空干燥步骤可用于去除多余的浸渍液。糠醇化的目的是通过应用无毒的糠醇聚合物来提高木材的尺寸稳定性和生物降解的抵抗力。根据改性程度的不同，木材的尺寸稳定性、硬度、抗弯强度、抗弯弹性模量、耐腐性、抗虫性均可以得到提升[11]。糠醇在木材中的聚合是一个复杂的化学反应，在固化过程中，引发剂的添加有助于糠醇在细胞腔和细胞壁中发生自我聚合，使细胞壁发生永久性膨胀，并且糠醇固化后的交联密度很高，分子流动性受到很大限制，因此糠醇化处理后的木材硬度和脆性增加[12]。

3. 热固性树脂改性

热固性树脂改性主要是指使用脲醛树脂（UF）、酚醛树脂（PF）、三聚氰胺甲醛树脂（MF）、环状 *N*-羟甲基化合物［如 1, 3-二羟甲基-4, 5-二羟甲基乙烯脲（DMDHEU）］通过聚合反应改变木材的化学成分，包括两个步骤：①通过真空加压浸渍方法对木材进行浸渍；②树脂在木材结构中的反应和固定。UF、PF、MF、DMDHEU 的单体和低聚物溶于水后浸渍木材，浸渍过程中木材吸水膨胀，反应性单体能够沿着浓度梯度扩散到细胞壁中。浸渍后通过热固化过程促使单体之间形成亚甲基桥和醚键，进而形成大分子。

热固性树脂改性显著提高木材的生物耐久性、尺寸稳定性、耐候性和硬度。王向歌等[13]通过真空加压浸渍方法用不同固含量的酚醛树脂处理杉木，结果表明：杉木的尺寸稳定性、静曲强度、弹性模量、表面硬度显著提高，并随固含量的增加呈正相关趋势。张道海[14]采用脲醛树脂浸渍速生杨木，研究结果表明：杨木的机械强度显著提高，并且吸水率从处理前 126.9%降至 53.3%，体积膨胀率从 11.4%降至 4.6%。Militz[15]测试了用 DMDHEU 处理的山毛榉木材，并通过各种催化剂证明其有效性。实验发现，100℃的温度对于树脂体系的有效固化是有必要的，并且 DMDHEU 处理后的木材抗收缩率（ASE）约为 75%。蒋涛等[16]采用不同固含量的 DMDHEU 对杨木木材进行浸渍处理。结果表明，杨木增重率与 DMDHEU 固含量呈正相关，并且处理后木材的弯曲强度、弹性模量、硬度随增重率增加而提高。但是，当以 UF、PF、MF、DMDHEU 树脂对木材进行改性时，游离甲醛排放是无法避免的，需要进一步进行改性处理。

4.1.3　物理改性

自古以来，人类就利用热、水、机械力来处理木材以获得更强的木质材料。1948 年，在大象骨骼内发现 100 年前的热硬化的 Lehringen 长矛是最早的热改性木材。19 世纪，在木材产业中使用热和水已经成功工业化。到目前为止，物理改性通常包括使用热量、水分、外力来处理木材，衍生出热处理、压密化处理等木材改性方法。

1. 热处理

木材热处理是指在高温（150～260℃）乏氧条件下，以木材为原材料进行加热的一种改性方法[17, 18]。热处理木材在我国木材加工领域被称为"炭化木"。热处理使木材的附加值得到提高，市面上经过热处理的木材市价是普通木材的 2～3 倍甚至更高。热处理木材主要有以下特点：

（1）颜色稳定、视觉舒适。热处理后的木材颜色加深，给人以名贵木材的感觉，且颜色表里均匀一致，从而提高其经济价值。

（2）尺寸稳定性好[19, 20]。尺寸稳定性提高是热处理木材的重要特征，热作用会使木材羟基数量大量减少，降低木材与水分交换能力，进而避免了因水分变化引起的尺寸变化。

（3）耐腐蚀和耐久性提高[21]。当热处理温度达到200℃以上时，对于微生物，木材内部可作为营养成分的物质被破坏，而且也可直接杀死木材内部寄生的微生物、寄生虫、真菌等。另外，平衡含水率下降提高了木材的耐久性。

（4）质量损失和密度降低[22, 23]。工艺条件，如热处理温度、时间和传热媒介，会导致木材含水率降低、密度下降，产生质量损失变化。质量损失主要是由无定形多糖即半纤维素的降解引起的。半纤维素的热稳定性最差，降解过程通常始于半纤维素侧基的乙酰基的裂解，乙酰基裂解产物乙酸会进一步催化降解。半纤维素的降解涉及糖苷键断裂和单糖脱水。纤维素的降解过程主要发生在无定形区域。

（5）力学性能下降[24]。木材中起骨架支撑作用的三大组分因热处理发生分解，其中以半纤维素下降最为明显，高温破坏了三大组分的连接作用，内部断点数量增多，具体表现为木材的力学性能下降。

顾炼百等[25]在185℃温度下对实木地板进行热处理。研究结果表明，热处理后的地板与普通木板相比，尺寸稳定性明显提高，吸湿性明显降低，顺纹抗压强度及弹性模量都有不同程度的提高，导热性能也得到提高。邢东[26]以落叶松为试材，研究了温度和时间对木材物理化学性能和微观力学性能的影响，并比较不同介质对试材性能的差异性影响。结果表明，在190℃下处理6h后，木材的心边材颜色一致，可替代珍贵木材使用；对木材化学成分进行分析发现，半纤维素与α-纤维素占比均降低，木质素占比增加；微观力学性能分析发现，高温会使木材细胞壁的弹性模量和硬度趋于稳定；另外，应根据热处理材的实际用途来进行热处理工艺的运用。张南南[27]针对热处理材质量损失及力学性能下降问题，利用二氧化硅前驱体浸渍与热处理联合改性橡胶木。研究结果表明：与单一热处理材相比，二氧化硅浸渍-热处理材和热处理-浸渍材的抗弯强度分别提高43.87%和20.37%，抗压强度分别提高17.96%和33.64%，木材的热稳定性有所提高，二氧化硅浸渍热处理材耐腐性增强，由热处理材耐腐等级增强至强耐腐等级。

2. 压密化处理

木材压密化处理是指在热量、水分、外力的共同作用下，对木材进行致密化以实现木材细胞变形，从而增加速生材的密度，提高木材的硬度、强度和表面耐磨性。木材压缩与其黏弹性、内部结构和微观结构有关，压缩率、热压温度和保压时间水平决定了材料特性，特别是密度和表面特性[28]。木材的黏弹性是影响其压缩密实化的关键因素，低温、低含水率下木材为玻璃态，具有硬而脆的特点，高温高湿下，木材呈现出橡胶态，具有柔性特征。因此，垂直于轴向压缩木材时，要求细胞壁处于橡胶态，以保证细胞壁不破裂且能发生压缩弯曲形变，这就需要木材的软化处理。水分在木材中扮演着增塑剂的角色，对木材软化有明显影响。细胞壁聚合物网状结构的氢键被水分与木质素、半纤维素、半结晶纤维素间形成的氢键取代后，可增大木材结构的柔性，利于压缩形变发生，而压缩木的有效形变取决于细胞壁发生破坏前的弹性极限[29]。热压过程中，无定形纤维素、木质素有内部应力产生，该过程中木材结构被迫改变，但共价键作用没有受到破坏，因而木材形变是暂时的，遇到水和热的作用便会回复。当微纤丝与基质间的化学键受到破坏时，内部应力会松弛，形变回复会减少。

我国学者对压缩木的研究越来越广泛，一般采用热压机对杉木、杨木和松木等低质材进行密实化改性处理，以改良木材硬度、抗弯强度、抗弯弹性模量、冲击韧性及耐磨性等力学性能[30, 31]。在压缩过程中更多应用水热预处理和蒸汽预处理等物理方法是一个重要方向，既节约了成本，生产加工方面也更易于操作。魏新莉等[32]对压缩杨木进行水热预处理，研究结果表明软化时间对杨木压缩后的抗弯强度和弹性模量有较大的影响。在蒸汽温度为 130℃和汽蒸软化时间为 60min 的条件下，热压木有较好的综合性能。随着汽蒸软化时间的延长，试材的力学性能指标出现明显下降。吴艳梅等[33]研究了预热时间、预热温度及其交互作用对层状压缩杨木结构和密度分布的影响，结果表明：随着预热温度的升高或预热时间的延长，试样中的水分向心材移动，压缩层也逐渐从木材表面向木材中心移动，可以制备出表层压缩材、内部压缩材和中心压缩材三种类型的试材。王立朝等研究了表层压缩/热处理结合工艺，结果表明：表层压缩材和表层压缩/热处理材的表层细胞受到很大程度的压缩，芯层细胞腔的压缩程度明显小于试材表层部分，热处理材的抗弯强度较热处理材下降了 36.77%，木材尺寸稳定性显著提高，表层压缩/热处理材的抗弯强度较热处理材提高了143.44%，达到 138.01MPa，其他力学性能也大幅提高，尺寸稳定性较表层压缩材明显提高。

4.2　木材/天然橡胶浸渍复合材料

4.2.1　木材/天然橡胶复合材料浸渍机理

1. 木材孔隙结构

木材作为一种天然可持续材料，具有高强重比、良好的美学特性、低成本等特性，已广泛应用于建筑装饰、交通运输等领域。但力学强度有限、尺寸稳定性低、腐朽等问题制约着木材的进一步应用。通过功能性改良，木材的力学强度、尺寸稳定性、防腐性能得到显著提高。具体来讲，通过物理或化学方法改变木材细胞壁的原生状态，包括细胞壁反应型和细胞壁非反应型。具体而言，细胞壁反应型是指与木材细胞壁的成分发生反应的改性方法，如乙酰化、糠醇树脂改性、热处理等。非细胞壁反应型是指与细胞壁成分不发生反应，主要有以物理方式封闭、填充木材内部孔隙结构的改性方法，如热固性树脂浸渍、石蜡浸渍、表面涂漆等。木材的孔隙结构在木材功能性改良中占据重要位置，因此，研究木材孔隙结构对木材更好的应用具有重要意义。

木材具有天然层级结构，从树木到细胞组织（导管、木纤维、木射线、薄壁细胞）、细胞壁、微纤丝、纤维素基元纤丝，对应着从米到毫米、微米、纳米的尺寸变化，相似地，木材也展现出多级孔隙结构。国际纯粹与应用化学联合会（IUPAC）按孔径将多孔材料分为微孔材料（<2nm）、介孔材料（2～50nm）、大孔材料（大于50nm）。木材作为多孔材料，主要包括从微孔到大孔范围内丰富的孔隙结构[34, 35]。微观尺度上以微纤丝间隙为主，受木材含水率影响较大。介观尺度上以细胞壁孔隙为主，提供了丰富的比表面积，能够吸附大量水分，也是木材功能性改良的重要参考位置。宏观尺度上以组织细胞为主，包括导管、木纤维、树胶道、木射线、管胞、树脂道、纹孔等。

木材中孔隙结构如表4-1所示。

表 4-1　木材中的孔隙结构

木材	位置	直径
阔叶材	导管	20～400μm
阔叶材	木纤维	10～15μm
阔叶材	细胞壁	2～100nm
针叶材	管胞	20～50μm
针叶材	纹孔	0.4～6μm
针叶材	细胞壁	0.4～40nm
—	微纤丝间隙	2～4.5nm

2. 木材流体传输

木材是一种天然的非均质的多孔性材料，由毛细管单元相互串并联构成复杂的三维毛细管网络。其中，由木材细胞腔及细胞壁上的纹孔所组成的永久管状单元称为大毛细管系统；由细胞壁的微晶、微纤丝、纤丝之间的孔隙所组成的瞬时毛细管状单元称为微毛细管系统。这些三维毛细管网络成为木材浸渍过程中流体传输的主要通道[36, 37]。

浸渍液在木材中的传输方式主要有两类。第一类是在外部压力梯度或内部毛细管压力梯度的作用下，液体沿木材毛细管系统传输，称为渗透。王永贵[38]通过研究 NaOH 液体在杨木中的渗透过程发现，杨木 NaOH 浸渍横向渗透与纵向渗透存在明显差异。在横向渗透过程中，渗透方式为逐层渗透，浸渍液通过毛细管力进入导管和木纤维细胞腔内部，待排除腔内空气后充满整个细胞腔，随后通过胞间纹孔进入下一细胞腔。在纵向渗透过程中，浸渍液以导管中的毛细管压力渗透为主，并在轴向传输的同时，发生滞后性的横向传输。第二类是在浓度梯度、含水率梯度或水蒸气压力梯度作用下，浸渍液从高浓度区域向低浓度区域迁移，称为扩散。以杨木 NaOH 浸渍扩散过程为例，主要分为三个阶段，即反应主导阶段、反应与扩散并存阶段、扩散主导阶段，各阶段无明显界限。

3. 木材浸渍增强改性

真空加压浸渍在木材工业上的应用已十分广泛，主要过程包括真空处理阶段、真空浸渍阶段、加压浸渍阶段、恢复常压阶段。在真空处理阶段，木材内部空气排出，达到一定的真空度，随后导入浸渍液，此过程中木材被浸渍液浸没，由于真空干燥箱中真空度与木材内部真空度相近，可基本认为此阶段无浸渍液浸渍。在加压浸渍阶段，向真空干燥箱中通入空气，木材内部与干燥箱中形成压差，在压力梯度下，浸渍液渗透进木材内部，由于存在着浸渍液浓度梯度和含水率梯度，浸渍液从高浓度区域向低浓度区域进行扩散。浸渍液在木材内部的渗透过程可以分为两个尺度水平：微米尺度上，浸渍液通过大毛细管系统渗透，主要受细胞腔、细胞间隙、纹孔数量尺寸的影响；纳米尺度上，浸渍液通过微毛细管渗透，主要受细胞壁结构成分的影响，也与浸渍液本身极性、分子量、黏度等因素有关。因此，通常通过预处理方式提高木材的渗透性，通过化学改性降低木材的极性及通过真空加压工艺提高浸渍液的渗透率。

4.2.2　木材/天然橡胶浸渍复合材料的制备

橡胶树（*Hevea brasiliensis*），亚热带乔木，属大戟科，原产于亚马孙河流域，现多数人工种植于热带、亚热带地区。在我国，橡胶树作为一种重要的热带经济作物，广泛种植于海南、云南等地。橡胶树的茎部树皮受破坏时能够分泌出大量含有橡胶烃的树乳，即天然胶乳。橡胶树的产胶周期为 25～30 年，随着树龄增加，产胶量和胶乳质量不断下降。为了保证胶乳产量和质量，会对橡胶树进行更新砍伐，我国每年更新的橡胶原木达到 200 万 m^3，成为不可忽视的一种人工林资源。

橡胶木具有结构粗壮、密度适中、纹理美观、容易加工等优点，逐渐应用于木质家具、室内装饰等领域。但是，橡胶木中含有丰富的淀粉、糖类、蛋白质等物质，为菌类生长提供了良好的环境，在高湿度下容易发生霉变、腐朽和虫蛀，同时含水率的变化易影响其尺寸稳定性，很大程度上限制了其使用寿命和使用成本。如何提高橡胶木的物理力学强度和尺寸稳定性成为拓宽橡胶木应用领域的重要挑战。

橡胶木是一种天然多孔材料，水分子能够通过多孔结构与细胞壁中的羟基以氢键的形式结合，大量水分子吸附在木材内部，使木材发生湿胀变形，并容易促进菌类滋生。封闭胞间孔道是提高橡胶木尺寸稳定性的一种行之有效的方法。通过真空加压处理，糠醇树脂、热固性树脂、石蜡已经被成功填充到木材内部。

糠醇单体通过真空加压浸渍，能够进入细胞腔和细胞壁，在热的作用下原位聚合，沉积到细胞壁表面阻隔空气中的水分子与羟基结合。同时，糠醇树脂能够提高细胞壁的稳定性，提高木材的力学性能。糠醇主要来源于废弃生物质，是一种绿色的改性方法，但糠醇单体与细胞壁的反应机理有待进一步深入，并且糠醇改性后木材韧性下降。热固性树脂主要包括脲醛树脂、酚醛树脂、三聚氰胺-甲醛树脂。在改性过程中，单体进入木材内部并发生原位聚合，能够封闭木材孔道，提高尺寸稳定性和力学性能。但是，热固性树脂在固化过程中会释放大量的游离甲醛，对身体造成长期危害。石蜡本身的疏水特性有利于木材提高防水性能，但是石蜡需要在高温熔融后对木材进行改性，加剧了改性难度。

天然胶乳主要成分为顺-1, 4-聚异戊二烯，还含有少量蛋白质、灰质。自古以来，天然胶乳被作为胶黏剂的基料，成膜后具有高弹性、耐蠕变、抗震性等优异性能。在本节中，以天然胶乳为原材料，通过真空加压浸渍的方法对木材进行改性，探讨不同天然胶乳浓度对橡胶木性能的影响。同时，对橡胶木进行抽提处理和热处理，进一步提高孔隙结构，辅助天然胶乳进入木材内部。采用力学测试、扫描电子显微镜、傅里叶变换红外光谱、吸水率测试等表征手段对复合材料的性能进行分析。

1. 实验部分

1）材料与试剂

橡胶木，属大戟科，亚热带树种。实验用橡胶木购于海南省，试材为长 1200mm、宽 240mm、厚 45mm 橡胶木的气干锯材，气干含水率为 9%～10%。选择无变色、无裂纹和无节子等明显缺陷的橡胶木作为实验用材。尺寸规格按不同测试要求进行加工。

浓缩天然胶乳，中国深圳市吉田化工有限公司提供，橡胶固含量为 60.19%，氨含量为 0.7%，挥发酸含量为 0.014%。

本节所用的化学试剂如表 4-2 所示。

表 4-2　实验用化学试剂

名称	产地	纯度	分子式
硫磺	天津市天力化学试剂有限公司	分析纯	S
纳米氧化锌	上海笛柏生物科技有限公司	分析纯	ZnO
促进剂二乙基二硫代氨基甲酸锌（ZDC）	上海笛柏生物科技有限公司	分析纯	$C_{10}H_{20}N_2S_4Zn$
氢氧化钾	天津市光复科技发展有限公司	分析纯	KOH
冰醋酸	天津市光复科技发展有限公司	分析纯	$C_2H_4O_2$
氢氧化钠	天津市光复科技发展有限公司	分析纯	NaOH
均染剂-20	国药集团化学试剂有限公司	分析纯	$C_{58}H_{118}O_{24}$
氨水	天津市天力化学试剂有限公司	分析纯	NH_4OH
干酪素	国药集团化学试剂有限公司	分析纯	$C_{81}H_{125}N_{22}O_{39}P$
亚甲基二萘磺酸钠（扩散剂 NF）	绍兴浙创化工有限公司	分析纯	$CH_2(C_{10}H_6SO_3Na)_2$
蒸馏水	实验室自制	—	H_2O

2）主要仪器与设备

本节所用的实验仪器与设备如表 4-3 所示。

表 4-3　实验仪器与设备

名称	型号/规格	生产厂家
热处理箱	—	哈尔滨傲世干燥设备制造有限公司
蒸汽发生器	—	哈尔滨傲世干燥设备制造有限公司
真空加压罐	12043 型	沈阳维科装备有限公司
磁力启动器	LBK-Q-4 型	奉化市三星自控设备厂
电动搅拌器	FW30 型	上海弗鲁克科技发展有限公司
数显恒温磁力搅拌器	ZNCL-DLS 140 型	巩义市予华仪器有限责任公司
电热鼓风干燥箱	101-2AB 型	天津市泰斯特仪器有限公司
变频行星式球磨机	BXQM-04L 型	南京特轮新仪器有限公司
分析天平	20204N 型	上海衡际科学仪器有限公司
电子天平	YP20002 型	上海衡际科学仪器有限公司
万能力学试验机	AG-10TA 型	日本 Shimadzu 公司
接触角测量仪	OCA 20 型	德国 Dataphysics 公司
傅里叶变换红外光谱仪	Nicolet 6700 型	美国 Thermo Fisher Scientific 公司
X 射线衍射仪	D/max 2200 型	日本 Rigaku 公司
扫描电子显微镜	Quanta 200 型	美国 FEI 公司

3）实验方案

探讨木材预处理方式与天然胶乳最佳浸渍浓度对木材/天然橡胶复合材料性能的影响，实验分为以下几组：第一组为未处理木材，浸渍用天然胶乳固含量设定为 30%、40%、50%、60%；第二组为热处理木材，浸渍用天然胶乳固含量设定为 30%、40%、50%、60%；第三组为抽提处理木材，浸渍用天然胶乳固含量设定为 30%、40%、50%、60%。将硫磺分散体、氧化锌分散体、ZDC 分散体、氢氧化钾溶液、均染剂一同加入到浓缩天然胶乳中，搅拌 30～40min。各方案均采用真空加压的处理方法对橡胶木进行浸渍，将橡胶木置于真空加压罐中，抽真空至−0.08MPa，保持 20min，恢复至常压，平衡 5min，加压到 0.06MPa，保持 90min，后泄压至常压。表 4-4 为实验具体方案，表 4-5 为天然胶乳基本配方。

表 4-4 实验方案

实验号	木材处理方法	天然胶乳固含量/%
1-1	未处理	0
1-2	未处理	30
1-3	未处理	40
1-4	未处理	50
1-5	未处理	60
2-1	抽提处理	0
2-2	抽提处理	30
2-3	抽提处理	40
2-4	抽提处理	50
2-5	抽提处理	60
3-1	热处理	0
3-2	热处理	30
3-3	热处理	40
3-4	热处理	50
3-5	热处理	60

表 4-5 天然胶乳基本配方

名称	质量比
浓缩天然胶乳（NR 以干胶计）	100
50%硫磺分散体	1
40%氧化锌分散体	0.5
50% ZDC 分散体	0.5
20%氢氧化钾溶液	0.1
均染剂	0.1

研究技术路线如图 4-1 所示。

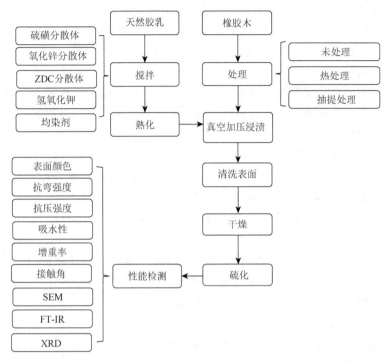

图 4-1　研究技术路线图

4）橡胶促进剂的制备

（1）促进剂配方。

（a）10%酪素溶液：干酪素、蒸馏水、20%氨水的质量比为 10：87：3。

（b）10%氢氧化钾溶液：氢氧化钾、蒸馏水的质量比为 10：90。

（c）50%硫磺分散体：硫磺、10%酪素溶液、10%氢氧化钾溶液、扩散剂 NF、蒸馏水的质量比为 50：20：1：1：28。

（d）40%氧化锌分散体：纳米氧化锌、10%酪素溶液、10%氢氧化钾溶液、扩散剂 NF、蒸馏水的质量比为 40：20：1：1：38。

（e）50%促进剂 ZDC 分散体：促进剂 ZDC、10%酪素溶液、扩散剂 NF、蒸馏水的质量比为 50：20：1：29。

（2）促进剂的制备。

（a）10%酪素溶液：按配比称取 10g 干酪素和 87g 水于烧杯中，在 40～50℃恒温水浴锅中充分溶胀，时间大约为 2h。溶胀完毕后，加入 3g 质量分数为 20% 的氨水，水浴加热到 60～65℃，直至酪素全部溶解。

（b）50%硫磺分散体：按配比称量原料，在球磨罐中依次加入硫磺、酪素溶液、扩散剂 NF、水和氢氧化钾溶液，加入适量研磨珠，密封球磨罐，置于球磨仪中球磨 72h。

（c）40%氧化锌分散体：按配比称量原料，在球磨罐中依次加入纳米氧化锌、酪素溶液、扩散剂 NF、水和氢氧化钾溶液，加入适量研磨珠，密封球磨罐，置于球磨仪中球磨 72h。

（d）50% ZDC 分散体：按配比称量原料，在球磨罐中依次加入 ZDC、酪素溶液、扩散剂 NF 和水，加入适量研磨珠，密封球磨罐，置于球磨仪中球磨 48h。

5）木材预处理

（1）热处理实验方法。

将加工好的橡胶木置于热处理箱中，设置热处理目标温度 200℃，升温速度为 30℃/h，到达目标温度后保温 2h。热处理过程分为以下三个阶段：

第一阶段：橡胶木加热和干燥。热处理箱温度升至约 100℃，干燥介质是热空气。

第二阶段：橡胶木热处理阶段。温度上升至 130℃，打开蒸发器开关，水蒸气蒸发器通过加热水蒸气为热处理提供保护气体，保证每小时通一次，每次 2min，以防止木材燃烧，到达所设定温度，保温 2h。

第三阶段：冷却降温阶段。待热处理箱中温度自然降至 130℃，停止通入间歇性的水蒸气，此时关闭风机，待温度控制器显示橡胶木降温到室温时再出窑。

（2）抽提处理实验方法。

将加工好的橡胶木浸入 1wt%（质量分数）的氢氧化钠溶液中，在 40℃下加热 4h，再用蒸馏水洗涤多次至 pH 为中性。将饱水试件放入恒温恒湿箱中达到气干状态后，放入 103℃烘箱中干燥至绝干。

6）表征方法

采用 AG-10TA 万能力学试验机，参照国家标准《木材顺纹抗压强度试验方法》（GB/T 1935—2009）对试样进行顺纹抗压强度实验。顺纹抗压强度测试试件尺寸为 30mm×20mm×20mm，长度方向为顺纹方向，加载方式为平面加压，加载速度为 2mm/min，测量尺寸精确到 0.1mm。顺纹抗压强度每个水平取 7 个重复试样，计算其平均值及标准偏差。参照国家标准《木材抗弯强度试验方法》（GB/T 1936.1—2009）对试样进行抗弯强度实验。抗弯强度测试试件尺寸为 300mm×20mm×20mm，跨距 240mm，加载方式为三点加压，加载速度为 5mm/min，测量尺寸精确到 0.1mm。抗弯强度每个水平取 6 个重复试样，计算其平均值及标准偏差。参照国家标准《木材吸水性测定方法》（GB/T 1934.1—2009）对木材进行吸水性测定。试样尺寸锯解成 20mm×20mm×20mm，选取无缺陷符合标准的试件，每个水平取 10 个重复试样，计算其平均值及标准偏差。采用 OCA 20 型接触角测量仪对试件进行表面润湿性的测定。测定所需试剂为蒸馏水，体积为 5μL，对每个试样测定三次取平均值作为表面接触角。采用 Quanta 200 型扫描电子显微镜对试件进行微观形貌分析。分析之前，制备样品，放置到电镜台上，喷金处理后进行观察。采用 Nicolet 6700 型傅里叶变换红外光谱仪在室温条件下对试样进行分析，用于表征试样处理前后化学构成及表面官能团的变化。选择分辨率为 4cm^{-1}，波数范围为 $4000\sim600\text{cm}^{-1}$，扫描次数为 32 次。采用 D/max 2200 型 X 射线衍射仪对试样进行晶体度分析，具体参数：靶材为 Cu，加速电压为 40kV，电流为 30mA，扫描范围 $2\theta = 5°\sim40°$，扫描速度为 4°/min。

2. 结果与讨论

1）宏观形貌

图 4-2 为不同改性方法处理过的橡胶木外观。通过直接观察橡胶木断面，能够在一定程度上了解胶乳浸渍处理对橡胶木材色和浸渍效果的影响。从图中可以发现，抽提处理过的橡胶木颜色较未处理材相比颜色浅，因为在 NaOH 溶液抽提过程中，木材中的抽提物、木质素被析出，导致有色基团减少。热处理的橡胶木颜色最深，因为在高温作用下，抽提物和木质素发生一系列化学变化，另外，半纤维素和纤维素发生降解反应，产生了发色基团和助色基团，影响材色加深。经浸渍处理后，胶乳的增加未改变木材的颜色，在木材断面能够明显发现橡胶拉丝，证明真空加压浸渍工艺对胶乳浸渍处理橡胶木是十分有效的。木材中橡胶的存在能够提升整体的抗压强度和抗弯强度，并且因为橡胶能够在木材孔隙中充胀，降低了木材的渗透性，对木材的阻湿性也具有积极意义。

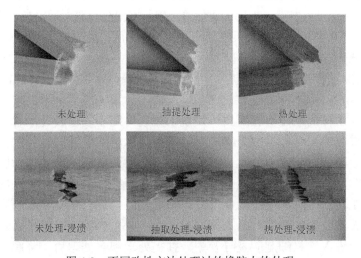

图 4-2　不同改性方法处理过的橡胶木的外观

2）力学性能

木材的抗弯强度是指木材抵抗弯曲不断裂的能力，用来测算木材的强度。图 4-3、图 4-4、图 4-5 分别为未处理材、抽提处理材、热处理材浸渍胶乳后的抗弯强度柱状图。从图 4-3 中可以看出，不同固含量天然胶乳浸渍后的橡胶木抗弯强度整体上呈上升趋势，且随着胶乳固含量的增加，橡胶木的抗弯强度逐渐提高。在天然胶乳固含量为 30% 时，木材的抗弯强度提高最小，为 6.6%；随着胶乳固含量的增加，木材的抗弯强度逐渐提高，胶乳固含量 40%、50% 时差别不大，提高约 9.7%；在胶乳固含量为 60% 时，抗弯强度达到最大，提高了约 14.3%，证明浸渍胶乳，对未处理材的抗弯强度是有积极意义的。图 4-4 为抽提处理的橡胶木试件及不同固含量的天然胶乳浸渍抽提处理橡胶木的抗弯强度示意图。从图中可以看出，对抽提处理后的橡胶木浸渍天然胶乳，橡胶木的抗弯强度整体上呈现上升的趋势，随着胶乳固含量的增加，抗弯强度增加量具体表现为先上升后下降的趋势。在天然胶乳固含量为 30% 和 40% 时，橡胶木的抗弯强度分别提高 9.7% 和 16.53%；在胶乳固含量为 50% 时，抗弯强度达到最大，提高了约 32.6%；随着固含量的增加，即达到 60% 时，抗弯强度降低，比胶乳固含量为 50% 时降低了 23.2 个百分点，比未处理材提高约 9.4%。图 4-5 为热处理的橡胶木试件及不同固含量的天然胶乳浸渍热处理橡胶木的抗弯强度柱状图。从图中可以看出，对热处理后的橡胶木浸渍天然胶乳，橡胶木的抗弯强度变化与抽提处理的橡胶木抗弯强度变化相似，整体上呈现上升的趋势，随着胶乳固含量的增加，抗弯强度的增加量表现为先上升后下降的趋势。在天然胶乳固含量为 30% 和 40% 时，橡胶木的抗弯强度分别提高 17.3% 和 22.6%；在胶乳固含量为 50% 时，抗弯强度提升最大，约为 40.4%；胶乳的固含量到 60% 时，抗弯强度比未处理材提高约 17.1%，比胶乳固含量为 50% 时降低了 23.3 个百分点。通过对比图 4-3、图 4-4、图 4-5 可以发现，不同固含量的天然胶乳浸渍橡胶木后，橡胶木的抗弯强度普遍得到不同程度的提升。天然胶乳通过真空加压的处理方法，进入到橡胶木的孔隙中，在干燥后，胶乳固化充胀在细胞孔隙中。在鼓风干燥箱 80℃ 环境温度下硫化 3h，橡胶的力学性能得到提高，从而提高了橡胶木整体的力学性能。

从表 4-6 得到不同处理方法、不同胶乳固含量浸渍后木材的增重率。将胶乳固含量与木材的增重率相对比，发现未处理材随着浸渍胶乳固含量的增加，增重率呈提高趋势，而抽提处理、热处理后的木材随胶乳固含量的增加，增重率先升高后降低。与木材的抗弯强度相对应，实验发现，未处理橡胶木随着胶乳固含量的增加，抗弯强度呈一直上升趋势，而抽提处理和热处理的橡胶木在胶乳固含量增加时，表现出先上升后下降的趋势，这与增重率所得到的结果基本一致。天然胶乳的主要成分为聚异戊二烯，分子量大，难以进入木材细胞壁中，大部分进入木材细胞腔及导管中。抽提处理和热处理后，降解了橡胶木中的蛋白质，半纤维素和木质素有一定程度的降解，木材孔隙度提高，渗透性增强。随着胶乳固含量的增加，橡胶木中的干胶量也增加，宏观上呈现出抗弯强度提高的特征。

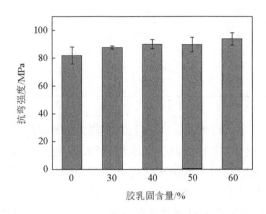

图 4-3　未处理木材浸渍天然橡胶复合材料的抗弯强度

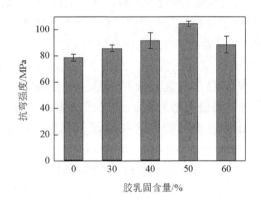

图 4-4　抽提处理木材浸渍天然橡胶复合材料的抗弯强度

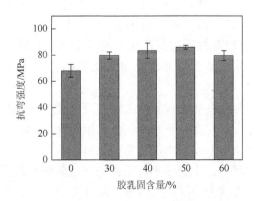

图 4-5　热处理木材浸渍天然橡胶复合材料的抗弯强度

表 4-6 不同处理方法的木材增重率

处理方法	不同固含量的胶乳浸渍后木材增重率/%			
	30%	40%	50%	60%
未处理-浸渍	4.2	4.83	4.74	5.57
抽提-浸渍	5.22	6.35	8.43	5.16
热处理-浸渍	5.7	7.19	9.90	7.01

对于抽提处理、热处理木材，当胶乳固含量为60%时，胶乳的黏度提高，在浸渍过程中在表面固化，阻碍胶粒进入木材孔隙中，宏观上表现为抗弯强度提高量下降。但是经过处理的橡胶木渗透性提高，增重率的提高使处理过的橡胶木浸渍后抗弯强度整体上高于未处理的橡胶木。

木材顺纹抗压强度是指木材顺纹方向受压力作用而产生的最大应力。图 4-6、图 4-7、图 4-8 分别为未处理材、抽提处理材、热处理材浸渍胶乳后的顺纹抗压强度柱状图。图 4-6 为未处理的橡胶木及不同固含量的天然胶乳浸渍橡胶木的顺纹抗压强度柱状图。从图中可以看出，当浸渍胶乳的固含量分别为0%、30%、40%、50%、60%时，橡胶木的顺纹抗压强度分别为31.24MPa、32.58MPa、36.60MPa、39.09MPa 和 36.54MPa。浸渍胶乳后橡胶木顺纹抗压强度整体上升，当胶乳固含量为50%时，强度达到最高值，相比未处理材提高了25.13%；图 4-7 为抽提处理的橡胶木及不同固含量的天然胶乳浸渍橡胶木的顺纹抗压强度柱状图。当浸渍胶乳的固含量分别为0%、30%、40%、50%、60%时，橡胶木的顺纹抗压强度分别为34.67MPa、38.01MPa、38.01MPa、38.93MPa、37.15MPa，标准偏差分别为0.92、1.31、1.8、1.05、2.31，抗压强度增加量呈现出先上升后下降的趋势。当胶乳固含量为 50%时，顺纹抗压强度提高量达到最高值，相比未处理材提高了 12.29%；图 4-8 为热处理的橡胶木试件及不同固含量的天然胶乳浸渍橡胶木的顺纹抗压强度柱状图。从图中可以看出，随着胶乳固含量的提高，相比未处理材顺纹抗压强度分别提高 11.04%、30.79%、34.68% 和 25.75%，顺纹抗压强度整体上表现出增长的趋势，增加量具体表现为先增长后下降的趋势。

木材的顺纹抗压强度变化过程整体上与抗弯强度变化过程相似，在浸渍胶乳后，力学强度明显提升，且增长量呈先上升后下降的趋势。热处理木材相比于未处理材，在高温作用下，橡胶木能发生一系列的变化[39-41]，如半纤维素降解、木质素软化、抽提物蒸出，木材中半纤维素与纤维素的交联程度降低，细胞间密实程度降低，在图中表现为力学强度降低。浸渍处理能够使胶乳进入木材的细胞腔和导管，干燥后堆积在孔隙中，硫化后，橡胶的性能提升，能够补偿热处理过

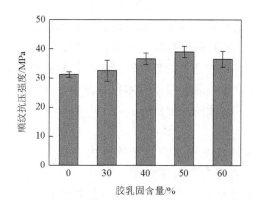

图 4-6　未处理木材浸渍天然橡胶复合材料的顺纹抗压强度

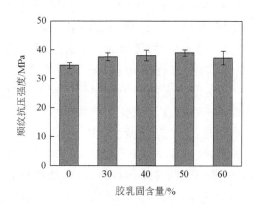

图 4-7　抽提处理木材浸渍天然橡胶复合材料的顺纹抗压强度

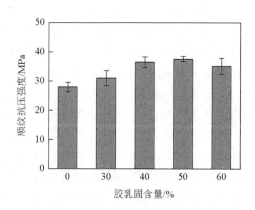

图 4-8　热处理木材浸渍天然橡胶复合材料的顺纹抗压强度

程中发生的抗压性能降低的现象，表现为木材的顺纹抗压强度提升。与热处理过程类似，氢氧化钠溶液抽提能够提高木材的渗透性[42]。大部分的脂肪酸类抽提物被析出，木质素在一定程度上减少，方便胶乳进入木材导管、细胞腔中。但是随着胶乳固含量的增加，胶乳黏度提高，造成在木材、胶乳界面处发生胶乳固化。通过表 4-6 可以看出，高固含量的胶乳浸渍后，木材的增重率并未呈现提高的情况，因此证明高固含量影响胶乳浸渍到木材孔隙中，在宏观上表现为木材的顺纹抗压强度较前一固含量浸渍的木材降低。

3）吸水性分析

木材的吸水性指的是木材吸收水分的能力。在木材的使用中，吸水率的高低直接影响着木材的物理力学性能。图 4-9、图 4-10、图 4-11 分别为不同固含量的天然胶乳浸渍未处理材、抽提处理材、热处理材的前 24h 吸水率趋势图。通过图 4-9、图 4-10、图 4-11 分析，在未浸渍胶乳的情况下，未处理材表现出了最高的吸水率，在初始 2h 达到了 38.4%，而抽提处理材和热处理材分别为 30.5% 和 21.3%。随着时间的增长，趋势未有明显变化，在 24h 时，三者吸水率分别为 91.9%、77.7%、60.4%。总体来看，热处理材在吸水率方面表现出了绝对的优势。由此可见，对木材进行热处理是一种有效降低木材吸水率的方法。在高温作用下，木材中无定形区更倾向于有序化；同时，木材的半纤维素分解，乙酰基团去除，吸水性的—OH 数量减少，导致吸水率降低。由图 4-9 可知，未经处理的橡胶木吸水率在泡水 2h 达到了 38.4%，而浸渍处理后的橡胶木吸水率大幅降低，初始 2h 的吸水率大约在 19%，与未处理材相比初始 2h 吸水率下降了 19.4 个百分点。随着泡水时间的增长，未处理材的吸水率持续增长且远远高于浸渍处理后的橡胶木。浸渍处理的橡胶木，随着天然胶乳固含量的增加，木材的吸水率也呈现不同的结果。胶乳固含量为 40% 处理过的木材，初始吸水率最低，在泡水 6h 后，50% 固含量的胶乳处理过的橡胶木表现出了良好的低吸水率，在泡水 24h 后，相比未浸渍处理材下降了 38.2%，图 4-10 表示的是经过抽提处理后的木材在不同胶乳固含量浸渍后吸水率随时间的变化曲线。未浸渍的橡胶木与浸渍橡胶木相比，吸水率明显较高，在初始 2h 内，未浸渍橡胶木吸水率为 30.5%，而浸渍的橡胶木吸水率大约在 17%。随着浸渍固含量的提高，吸水率呈现先上升后下降的趋势。在 50% 胶乳固含量时橡胶木吸水率达到最低，为 54.6%，相比未浸渍木材降低了 23.0%。图 4-11 为热处理木材浸渍胶乳后的吸水率。未浸渍与浸渍处理的热处理橡胶木的吸水率在初始 2h 差别不大，分别为 21.3% 和 15%。随着浸渍固含量的提高，橡胶木的吸水率的增长率先减小后增大，在 40% 胶乳固含量浸渍的橡胶木吸水率最低，为 47.8%，与未浸渍橡胶木相比，减少了约 12.6 个百分点。通过图 4-9、图 4-10、图 4-11 分析，在浸渍胶乳后发现橡胶木的吸水率明显降低，干燥固化的天然橡胶充胀在木材导管和细胞腔中，减少了吸水性羟基与水分的接触，从而降低了木材的吸水率。

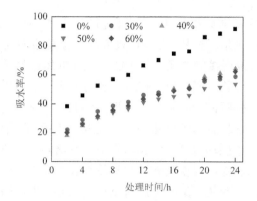

图 4-9　不同胶乳固含量对未处理木材的吸水率的影响

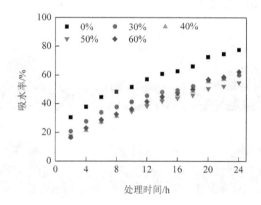

图 4-10　不同胶乳固含量对抽提处理木材的吸水率的影响

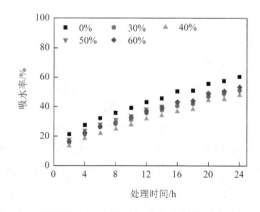

图 4-11　不同胶乳固含量对热处理木材的吸水率的影响

4）接触角分析

接触角指的是固液两相接触时形成的切线与界面的夹角 θ，若夹角 θ 小于 90°，则证明材料亲水，若夹角 θ 大于 90°，则证明材料疏水。图 4-12 为不同方法处理后的橡胶木表面的接触角。图中未处理的橡胶木的接触角为 63.2°，表明原木材亲水；当浸渍胶乳后，发现接触角增大至 102°，证明对木材浸渍胶乳后，材料基本疏水。推测这是因为胶乳浸渍木材时在木材表面形成一层固化的胶膜，疏水性胶膜的存在降低了木材表面的润湿性。抽提处理后的橡胶木接触角较小，仅为 28.7°[43]。由 FT-IR 曲线的表征结果可知，氢氧化钠溶液抽提处理后的木材，3330cm^{-1} 处的羟基伸缩振动峰增强，表明羟基数量增多，导致吸水性增强，表现为木材表面更易被水润湿，浸渍胶乳后有明显改善。橡胶木在热处理过程中，木材半纤维素发生降解，羟基数量减少，由 XRD 表征结果可知，热处理过程中纤维素的相对结晶度也发生改变，共同导致木材的润湿性降低，表现为接触角增大，在浸渍胶乳后接触角轻微减小。

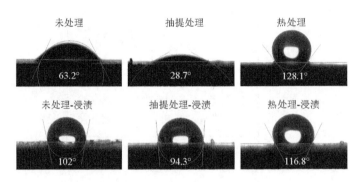

图 4-12　不同改性方法处理过的橡胶木的水接触角

5）微观形貌分析

通过扫描电子显微镜成像能够清楚地观察木材表面的微观形貌，从而判断材料间的结合情况。图 4-13、图 4-14、图 4-15 为不同处理方法橡胶木的微观形貌图。从图中可以看出抽提处理、热处理对橡胶木的影响，以及浸渍后胶乳与木材的结合关系。由图看出未处理的橡胶木纹孔膜未开孔且表面完好，而在氢氧化钠溶液抽提处理后，橡胶木的纹孔膜明显被打开，这是由于碱性溶液能够部分溶解木质素并水解纤维素及半纤维素；在热处理后，发现纹孔膜也被打开，但是出现了不同程度的碎裂，这是由于在高温作用下，木材半纤维素、木质素发生降解，也会导致木材的力学性能降低，这与先前实验结果一致。

在浸渍后，所有样品中均发现了橡胶的存在。从图中可以看出，橡胶表面均有凸起，这是由于胶乳在真空加压浸渍过程中，充胀在木材的导管中，固化后黏结在导管周围。在制样过程中，橡胶受到拉伸脱离导管，显现出凹凸不平的形状。

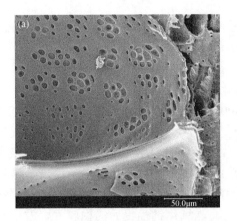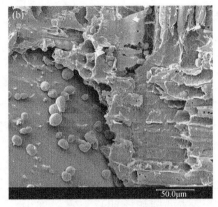

图 4-13　未处理材（a）和未处理-浸渍复合材料（b）的微观形貌

图 4-14　抽提处理材（a）和抽提处理-浸渍复合材料（b）的微观形貌

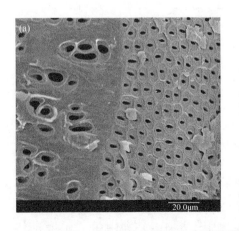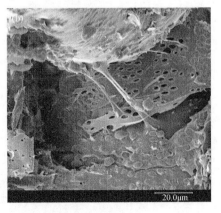

图 4-15　热处理材（a）和热处理-浸渍复合材料（b）的微观形貌

能够证明天然胶乳能够通过真空加压的浸渍方法浸渍到木材中，并且很好地充胀在导管中，对提高橡胶木的力学性能、降低吸水率有积极意义。

6）傅里叶变换红外光谱分析

通过傅里叶变换红外光谱分析木材化学构成及表面官能团的变化。图 4-16 是不同方法处理后的橡胶木在波数为 4000~600cm^{-1} 范围内的傅里叶变换红外光谱图。从图中可以看出，波数 3330cm^{-1} 处为羟基的伸缩振动峰，发现抽提处理后吸收强度轻微降低，热处理过后吸收强度降低。羟基基团影响木材的吸水性，推测不同方法处理橡胶木的吸水性：热处理＜抽提处理＜未处理。波数 2900cm^{-1} 处为甲基、亚甲基的伸缩振动峰，橡胶木经过浸渍处理后，吸收强度较未浸渍处理相比明显提高。图中 c 代表氢氧化钠抽提后的橡胶木，发现在 1730cm^{-1} 处吸收带明显减弱，是由于表面脂肪酸类抽提物排出，证明使用氢氧化钠溶液对橡胶木进行抽提，能有效去除脂肪酸类抽提物。与未浸渍胶乳的橡胶木相比，出现了天然胶乳特征峰[44-46]。浸渍后，在 1730cm^{-1} 处发现了峰，推测是天然橡胶的 C=O 的对称伸缩振动峰。与未浸渍胶乳的橡胶木相比，在 1449cm^{-1} 处出现了天然胶乳的亚甲基反对称变形振动峰，在 1356cm^{-1} 处出现了甲基的对称变形振动峰，在 874cm^{-1} 处出现了较弱的吸收峰，其代表着天然胶乳的 3,4-聚异戊二烯的亚乙烯基，在 841cm^{-1} 处出现了反映天然胶乳的顺式双取代碳碳双键上 C—H 面外变形振动的吸收峰。

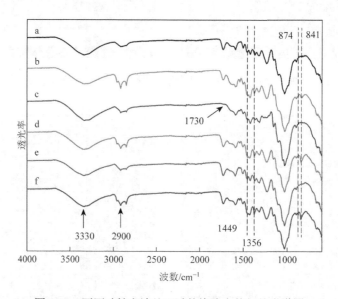

图 4-16　不同改性方法处理过的橡胶木的红外光谱图

a. 未处理材；b. 未处理-浸渍材；c. 抽提处理材；d. 抽提处理-浸渍材；e. 热处理材；f. 热处理-浸渍材

7）X 射线衍射分析

通过 X 射线衍射分析木材的构成、结晶度等。图 4-17 所示是橡胶木通过不同方法处理后的 XRD 图谱。由图 4-17 和表 4-7 可知，不同方法处理后试样的 002 晶面角度（2θ）分别为 21.90°、22.56°、22.66°、22.52°、21.96°、22.56°，在进行抽提处理、热处理、浸渍处理后并未发生较大改变，证明抽提处理、热处理、浸渍处理没有改变纤维素的特征衍射峰位置，且对纤维素的结晶区没有明显影响，推测天然胶乳浸渍到橡胶木中是以物理结合的形式存在。通过使用 Segal 法计算木材纤维相对结晶度发现，浸渍后的木材与浸渍之前相比，相对结晶度有一定程度的降低，在图中表现为纤维素的特征衍射峰减弱。这可能是因为浸渍过程中水分子进入结晶区使结晶度降低。由于水分子很难进入纤维素结晶区对其水解，因此浸渍后的相对结晶度下降程度较低[47, 48]。

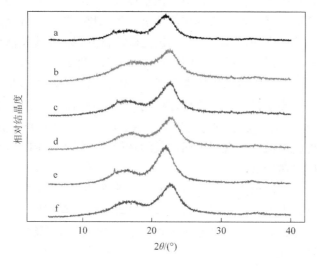

图 4-17　不同改性方法处理过的橡胶木的 XRD 谱图

a. 未处理材；b. 未处理-浸渍材；c. 抽提处理材；d. 抽提处理-浸渍材；e. 热处理材；f. 热处理-浸渍材

表 4-7　不同处理方法的橡胶木纤维素结晶特性

处理方法	002 晶面角度(2θ)/(°)	相对结晶度/%
未处理	21.90	60.59
未处理-浸渍	22.56	45.41
抽提处理	22.66	58.79
抽提处理-浸渍	22.52	54.73
热处理	21.96	68.83
热处理-浸渍	22.56	59.96

　　人工林作为低质木材，具有密度低、吸水性强、易霉变腐朽、力学性能差等缺点，通过木材改性技术能够有效提高木材的综合性能。本节采用两种预处理方法（抽提处理、热处理）处理橡胶木后，采用不同固含量的天然胶乳对橡胶木进行浸渍处理，研究了胶乳浸渍对橡胶木力学性能、吸水性、微观形貌、化学成分、结晶度的影响。通过研究，得出以下结论：

　　（1）对橡胶木进行物理力学强度检测、微观分析，证明 NaOH 溶液处理橡胶木能够抽提出脂肪酸类抽提物的同时打开细胞间的纹孔膜，提高木材的液体渗透性，增加橡胶木表面的润湿性，影响其疏水性；高温热处理能够明显降低橡胶木的吸水率、表面润湿性，但是会因半纤维素、木质素的降解，降低橡胶木的力学强度。

　　（2）对浸渍后的橡胶木进行物理力学强度检测和微观分析，证明在浸渍胶乳后，未处理材、抽提处理材、热处理材在整体性能上明显提高。通过 SEM 观察发现，天然胶乳通过真空加压的方法能够进入到木材导管中，固化后充胀在木材空隙中，有效发挥胶乳的优异性能。通过力学测试发现，胶乳浸渍橡胶木不仅补偿了高温作用导致的低力学强度，同时也能够提升未处理材、抽提处理材的力学强度。在吸水性上，胶乳浸渍大幅度降低了 24h 内未处理材、抽提处理材、热处理材的吸水率，提高了素材、抽提处理材的表面接触角。通过 SEM 观察微观结构，发现抽提处理、热处理能够打开纹孔，橡胶能够充胀在木材导管中。浸渍后，在橡胶木的红外光谱图中出现了天然橡胶的特征峰。通过 XRD 分析发现浸渍后橡胶木的结晶度轻微降低。

　　以上研究表明，用天然胶乳对橡胶木进行改性是一种提高木材力学强度、降低吸水性的可行的改性方法。对木材进行热处理比未处理和抽提处理在降低吸水性方面更具有优势。而且热处理操作过程简单，不产生有毒的化学废液，是一种绿色环保的处理方法。

4.2.3　木材/天然橡胶浸渍复合材料工艺改进

　　木材作为可再生的生物材料，具有高强重比、低导热性、良好的加工性能、低成本等特点，已被广泛用于军事、建筑、家具、飞机和船舶等各种用途。然而，木材固有的吸湿性导致其表现出尺寸变化、力学性能降低、材料降解，严重威胁到其在复杂条件下的使用。一些木材改性方法已经被成熟地应用到木材的功能性改良中，如乙酰化、热固性树脂填充、热处理。在这些技术中，热处理因操作简便、生态友好的特点脱颖而出。然而，在高温处理过程中，木材存在质量损失、半纤维素降解、力学性能降低等问题，限制其应用范围。因此，找到补偿热处理木材机械强度的改性方法是亟待解决的。基于本书作者课题组研究，已经通过沉积纳米颗粒、高分子聚合物来补偿热处理木材的综合性能。

天然橡胶作为直接从橡胶木的树皮中获得的可再生天然材料，由于优良的机械性能、极强的阻水性能和便捷的加工工艺，已被普遍应用于工业、加工和运输领域。在复合材料的加工过程中，各种填料被添加到天然橡胶基体中，以满足卓越的耐磨性、强大的导热性和电绝缘的要求。炭黑作为橡胶工业中使用最多的填料，可以改善复合材料的机械性能和导热性能。值得注意的是，传统橡胶工业面临的挑战是添加有毒或有污染的填料，如炭黑，这对环境造成不可逆转的长期可持续性影响。

在此，本书作者团队调整了天然橡胶作为填料而不是基体的作用，并利用天然橡胶本身的优良性能，而不添加外部污染填料。通过填充天然橡胶，木材/天然橡胶浸渍复合材料的力学性能显著提升，吸水率明显降低。但是天然橡胶与热处理木材间是物理填充，界面作用力差。本小节利用 KH570 偶联剂调节界面相容性，在天然橡胶中添加二氧化硅纳米颗粒进行补强，对木材/天然橡胶浸渍复合材料工艺进行改进。为了进一步测量热处理木材/天然橡胶复合材料的机械性能、热稳定性、吸水率和尺寸稳定性，分别进行了三点弯曲强度实验、压缩强度实验、热重分析（TGA）、吸水率实验和湿胀实验。此外，通过扫描电子显微镜（SEM）和傅里叶变换红外光谱仪（FT-IR）考察了微观特征。

1. 实验部分

1）材料与试剂

橡胶木，属大戟科，亚热带树种。实验用橡胶木购于海南省，试材为长 1200mm、宽 240mm、厚 45mm 橡胶木的气干锯材，气干含水率为 9%～10%。选择无变色、无裂纹和无节子等明显缺陷的橡胶木作为实验用材。尺寸规格按不同测试要求进行加工。

浓缩天然胶乳，中国深圳市吉田化工有限公司提供，橡胶固含量为 60.19%，氨含量为 0.7%，挥发酸含量为 0.014%。

本小节所用的化学试剂如表 4-8 所示。

表 4-8　实验用化学试剂

名称	产地	纯度	分子式
硫磺	天津市天力化学试剂有限公司	分析纯	S
纳米氧化锌	上海笛柏生物科技有限公司	分析纯	ZnO
促进剂 ZDC	上海笛柏生物科技有限公司	分析纯	$C_{10}H_{20}N_2S_4Zn$
氢氧化钾	天津市光复科技发展有限公司	分析纯	KOH
冰醋酸	天津市光复科技发展有限公司	分析纯	$C_2H_4O_2$
氢氧化钠	天津市光复科技发展有限公司	分析纯	NaOH

续表

名称	产地	纯度	分子式
均染剂-20	国药集团化学试剂有限公司	分析纯	$C_{58}H_{118}O_{24}$
氨水	天津市天力化学试剂有限公司	分析纯	NH_4OH
干酪素	国药集团化学试剂有限公司	分析纯	$C_{81}H_{125}N_{22}O_{39}P$
扩散剂 NF	绍兴浙创化工有限公司	分析纯	$CH_2(C_{10}H_6SO_3Na)_2$
KH570	上海阿拉丁生化科技股份有限公司	分析纯	$C_{10}H_{22}O_4Si$
纳米二氧化硅	上海阿拉丁生化科技股份有限公司	—	SiO_2
蒸馏水	实验室自制	—	H_2O

2）主要仪器与设备

本小节所用的实验仪器与设备如表 4-9 所示。

表 4-9　实验仪器与设备

名称	型号/规格	生产厂家
热处理箱	—	哈尔滨傲世干燥设备制造有限公司
蒸汽发生器	—	哈尔滨傲世干燥设备制造有限公司
真空加压罐	12043 型	沈阳维科装备有限公司
磁力启动器	LBK-Q-4 型	奉化市三星自控设备厂
电动搅拌器	FW30 型	上海弗鲁克科技发展有限公司
数显恒温磁力搅拌器	ZNCL-DLS 140 型	巩义市予华仪器有限责任公司
电热鼓风干燥箱	101-2AB 型	天津市泰斯特仪器有限公司
变频行星式球磨机	BXQM-04L 型	南京特轮新仪器有限公司
分析天平	20204N 型	上海衡际科学仪器有限公司
电子天平	YP20002 型	上海衡际科学仪器有限公司
万能力学试验机	AG-10TA 型	日本 Shimadzu 公司
傅里叶变换红外光谱仪	Nicolet 6700 型	美国 Thermo Fisher Scientific 公司
扫描电子显微镜	Quanta 200 型	美国 FEI 公司
热重分析仪	Q50 型	美国 TA 仪器公司

3）实验方案

探讨不同处理方式对木材/天然橡胶复合材料性能的影响。实验分为以下几组：第一组为未处理木材；第二组为热处理木材；第三组为热处理木材，使用天然胶乳浸渍；第四组为热处理/KH570 改性木材，用天然胶乳浸渍。将硫磺分散体、氧化锌分散体、ZDC 分散体、氢氧化钾溶液、均染剂一同加入到浓缩天然胶乳中，搅拌 30～40min。各方案均采用真空加压的处理方法对橡胶木进行浸渍。将橡胶木置于真空加压罐中，抽真空至–0.08MPa，保持 20min，恢复至常压，平衡 5min，加压到 0.06MPa，保持 90min，后泄压至常压。为了进行对比，未处理木材与热处理木材放入水中，按相同的真空加压浸渍程序进行处理。表 4-10 为实验具体方案，表 4-11 为天然胶乳基本配方。

表 4-10　实验方案

实验号	木材预处理	天然橡胶填充
U	未处理	未填充
TM	热处理	未填充
TMR	热处理	填充
KTMR	热处理/KH570	填充

表 4-11　天然胶乳基本配方

名称	质量比
浓缩天然胶乳（NR 以干胶计）	100
50%硫磺分散体	1
40%氧化锌分散体	0.5
50% ZDC 分散体	0.5
20%氢氧化钾溶液	0.1
均染剂	0.1
纳米二氧化硅	1

实验流程如图 4-18 所示。

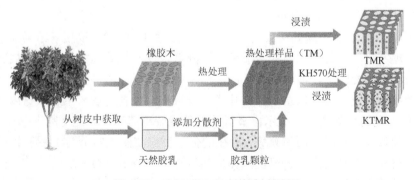

图 4-18　TMR 和 KTMR 的制备流程

4）橡胶促进剂的制备

促进剂的配方参照 4.2.2 节 1.中"4）橡胶促进剂的制备"。

5）木材预处理

（1）木材热处理方法。

木材热处理方法参照 4.2.2 节 1.中"5）木材预处理"。

（2）KH570 改性。

将 KH570 按照 1∶9 的比例加入乙醇-水溶液中，在 40℃下水解 4h。随后，将热处理木材浸泡在准备好的溶液中 4h。处理后的热处理木材用蒸馏水仔细清洗，在 60℃下真空干燥 24h。

6）表征方法

采用美国 TA 仪器公司的 Q50 型热重分析仪测试试样的热稳定性。在氮气气氛下，将质量约为 8mg 的样品放入坩埚中，温度范围为 30～800℃，加热速率为 10℃/min。其他表征方法参照 4.2.2 节 1.中 6）表征方法。

2. 结果与讨论

1）微观形貌分析

通过扫描电子显微镜（SEM）分析了不同试样的微观形貌。图 4-19（a）和 (b)显示了试样 U 在不同分辨率下的 SEM 图。导管内壁上观察到了直径为 5～8μm 的纹孔膜。热处理后，纹孔膜被破坏，直径 3～5μm 的纹孔暴露出来［图 4-19（c）和（d）］。这归因于在高温处理过程中，试样的基本组分发生部分降解，结构被轻微破坏，导致木材的渗透率提高[49]。理论上，橡胶颗粒尺寸主要分布在 0.4～1.2μm，能够渗透进热处理木材内部[50]。浸渍天然橡胶后，在细胞腔内发现大量的橡胶颗粒，在导管内观察到完整的橡胶柱。但是天然橡胶与木材间显著的极性差异使二者具有明显的界面［图 4-19（e）和（f）］。经过 KH570 处理，天然橡胶与热处理木材间的界面相容性得到改善[51, 52]，在橡胶与木材之间观察到小的橡胶丝，这些橡胶丝能够作为能量耗散单元提高复合材料整体的力学性能。

2）浸渍率与增重率分析

图 4-20 显示了不同处理后复合材料的浸渍率和增重率。浸渍率结果显示相较于未处理木材，热处理木材的浸渍率轻微降低，证明热处理木材的吸水性轻微降低。与浸渍水相比，浸渍天然胶乳的浸渍率显著降低，这可能是因为在浸渍过程中，橡胶颗粒发生聚集堵塞了木材孔道，导致天然胶乳无法渗透进木材内部。经 KH570 处理的热处理木材显示出最低的天然橡胶浸渍率，可能是因为 KH570 加速了橡胶颗粒在木材表面的聚集，潜在的化学反应如图 4-21 所示。反应性硅醇单体与木材表面羟基之间形成氢键，在加热过程中形成 Si—O—C 键[51, 53]。同时，天然橡胶的不饱和 C＝C 与硅烷偶联剂 KH570 终端进行自由基接枝反应[52, 54]，

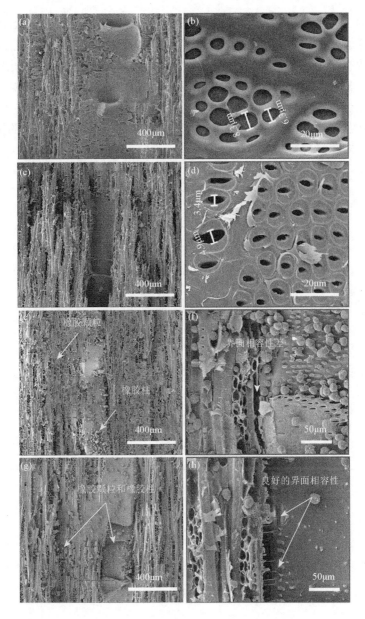

图 4-19　U [(a)、(b)]、TM [(c)、(d)]、TMR [(e)、(f)] 和 KTMR [(g)、(h)] 试样的
微观形貌

这进一步证明添加硅烷偶联剂可以减少木材表面极性，提高木材与天然橡胶之间的黏合强度。增重率的结果与浸渍率结果相似。但是，试样的增重率显著低于理论值。例如，样品 TMR 的浸渍率为 71.2%，按照天然胶乳浓度为 50% 计算，理

论增重率为 35.5%，然而实际测量 TMR 的增重率为 7.1%。这与 TMR、KTMR 的浸渍率降低的原因相关，由于橡胶颗粒周围存在吸引力和排斥力，天然橡胶胶乳处于稳定状态[55]。在浸渍过程中，大量的橡胶颗粒无法渗透进木材的孔隙结构中，只有一小部分的橡胶颗粒被挤压进木材内部，同时，胶乳的稳定状态被破坏[56]。由于木材孔道被最初的橡胶颗粒堵塞，只有天然胶乳的水相被允许渗透进木材内部。KTMR 显示出最低的增重率，这归因于 KH570 与天然胶乳之间的快速反应，进一步加快橡胶颗粒堵塞木材孔道[51]。

图 4-20　不同方法处理试样的浸渍率和增重率

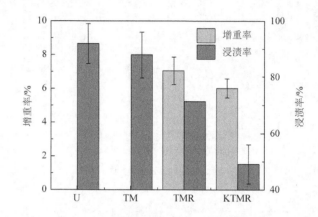

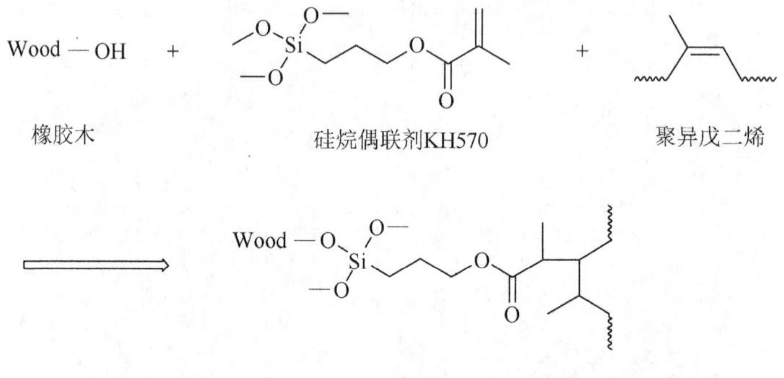

图 4-21　木材、KH570、橡胶间潜在的化学反应机理

3）机械性能分析

图 4-22 展示了不同处理后样品的机械性能。与未处理木材相比，热处理木材的抗弯强度、抗弯弹性模量和压缩强度分别降低了 37.4%、15.2%和 24.6%，结果与之前的研究相似，力学强度下降主要因为在高温处理过程中半纤维素降解。在浸渍天然橡胶后，TMR 的抗弯强度、抗弯弹性模量和压缩强度分别提升 44.0%、12.9%和 36.2%，证明了浸渍天然橡胶能够有效补偿由热处理带来的试

样力学损失。硫化后，木材导管中的橡胶链从线形结构相互交联成三维网状结构，进一步增强了木材/天然橡胶复合材料的机械性能[57]。与 TMR 相比，KTMR 的抗弯强度、抗弯弹性模量和压缩强度轻微降低 2.2%、1.4%和 3.9%。尽管硅烷偶联剂改善了木材与天然橡胶之间的界面相容性，但橡胶颗粒的聚集使 KTMR 的增重率降低，导致力学强度降低，从图 4-19 中也能够观察到 KTMR 的橡胶颗粒少于 TMR。

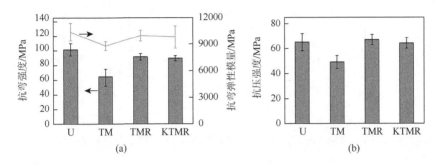

图 4-22　不同方法处理试样的（a）抗弯强度、抗弯弹性模量和（b）抗压强度

4）傅里叶变换红外光谱分析

图 4-23 显示了 U、TM、TMR 和 KTMR 的傅里叶变换红外光谱图。曲线 a 显示了 U 试样的特征吸收峰。3332cm^{-1} 处的峰来自木材表面—OH 基团的伸缩振动。2925cm^{-1} 处的峰是由—CH$_3$ 伸缩振动引起的，1593cm^{-1} 处的峰与—CH$_2$ 伸缩振动有关。在 1035cm^{-1} 处的突出峰值对应于 C—O—C 吡喃糖环的伸缩振动。在曲线 b 中，3332cm^{-1} 处的波段对应于 O—H 伸缩振动，比曲线 a 中的波段要低。这可以归因于半纤维素降解引起的羟基减少[58]。与 U 和 TM 试样相比，曲线 c 中 3332cm^{-1} 附近的吸收峰明显变弱和变宽，表明 SiO$_2$ 纳米颗粒的官能团与木材上的—OH 基团形成新的氢键[59]。硅烷偶联剂 KH570 也通过形成共价键减少木材表面的羟基。在 840cm^{-1} 处出现的强烈峰值，被认为是 Si—O—Si 的伸缩振动吸收峰，表明与橡胶混合的 SiO$_2$ 纳米颗粒与木材成功结合[60]。此外，在曲线 c 和曲线 d 中没有观察到关于 Si—O—C 的明显峰值（1100～1200cm^{-1}），可能的原因是该吸收峰与 1035cm^{-1} 处的 C—O—C 伸缩振动吸收峰重叠[61]。

5）热稳定性分析

图 4-24 显示了 U、TM、TMR 和 KTMR 的热稳定性。失重（TG）曲线显示了试样的质量损失区域。由于试样中水分的蒸发，第一个失重区在 25～200℃之间。在 200～375℃的范围内观察到快速失重，这是由半纤维素、纤维素和木质素的降解造成的。最后一个是在 400℃以上，由于芳香化和炭化，失重率略有下降[62]。

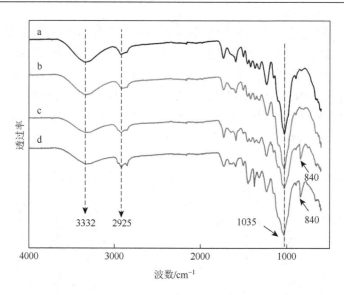

图 4-23　U（a）、TM（b）、TMR（c）和 KTMR（d）试样的傅里叶变换红外光谱图

U、TM、TMR 和 KTMR 的残炭量分别为 22.3%、20.1%、15.5%和 15.2%。KTMR的固体炭含量高于 TMR，主要是由于 KTMR 试样中天然橡胶和木材之间形成了共价键，与 FT-IR 分析的结果相吻合。图 4-24（b）是热重微分（DTG）曲线，其中观察到两个突出的峰值。U、TM、TMR 和 KTMR 的第一个热解峰分别对应的温度是 302℃、309℃、299℃和 299℃。TMR 和 KTMR 的失重速率明显快于 U和 TM 试样，这一趋势在第二个热解峰也被观察到。TG 和 DTG 的结果证明天然橡胶对保持木材试样的热稳定性有积极作用。

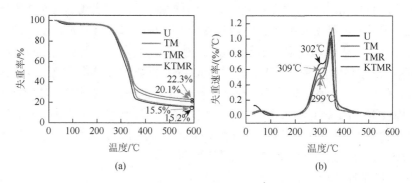

图 4-24　U、TM、TMR 和 KTMR 试样的（a）TG 曲线和（b）DTG 曲线

6）吸水率分析

图 4-25 显示了 U、TM、TMR 和 KTMR 试样的吸水率数据。所有试样浸泡在蒸馏水中，通过计算质量变化来评估吸水率。在前五天，试样的质量迅速增加，

随后增长速度减缓，并在大约 35 天后达到恒定质量。U、TM、TMR 和 KTMR 的最大质量分数变化分别为 102.5%、95.0%、78.0%和 78.9%。这表明，热改性可以通过降解半纤维素和其他含有亲水羟基的化学成分来降低吸水率。在热改性的基础上，天然橡胶的浸渍可以明显降低试样的吸水率，这归因于两个方面：一方面，橡胶颗粒聚集在细胞壁的孔隙中，橡胶柱被填充在木材的导管中，阻挡水分进入木材，减少吸水；另一方面，木材表面大量的羟基与硅烷偶联剂 KH570 结合，减少了游离羟基对水分子的捕获。

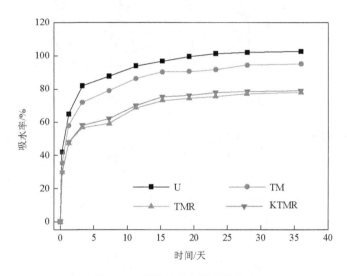

图 4-25　不同处理试样的吸水率

7）尺寸稳定性分析

图 4-26 显示了试样径向和弦向尺寸膨胀情况。与 U 试样相比，TM、TMR 和 KTMR 试样的径向膨胀率分别下降了 20.51%、51.28%和 39.47%，弦向膨胀率分别下降了 18.84%、57.97%和 53.62%。这表明，热改性可以通过减少羟基官能团来改善尺寸的稳定性。天然橡胶可以通过物理阻隔和化学结合来锁住水分进入木材的通道，以防止细胞壁膨胀。虽然 KTMR 的增重率比 TMR 低，导致 KTMR 试样的径向和弦向膨胀率略高于 TMR 试样，但与 U 相比，KTMR 也有很好的尺寸稳定性。

在本小节中，首先用 KH570 对热处理木材进行改性，然后通过真空加压浸渍将天然胶乳和二氧化硅纳米粒子的混合物填充到木材内部。与未处理试样相比，热处理木材的热稳定性、吸水性和尺寸稳定性得到了改善，而热处理木材的机械性能明显降低。天然橡胶浸渍使抗弯强度和压缩强度分别提高了 44.0%和 36.2%。热改性和天然橡胶填充物的结合对减少吸水率和提高尺寸稳定性有协同作用。

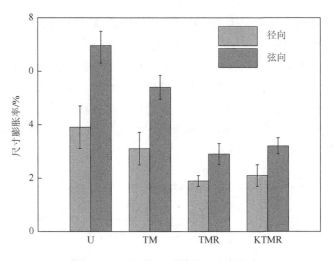

图 4-26　不同处理试样的尺寸膨胀率

SEM、FT-IR 和 TGA 表征结果显示,引入硅烷偶联剂 KH570 可以改善天然橡胶和橡胶木的界面相容性。经 KH570 改性后,KTMR 试样在较低的增重率下表现出与 TMR 相似的高机械强度和优良的物理性能。此外,这项工作指出了天然橡胶和橡胶木制备高性能生物质复合材料的可能性,并显示出可持续性和环境保护的巨大潜力。

4.3　炭化木材/天然橡胶复合材料

4.3.1　木材衍生框架的制备

　　气候变化导致的极端天气日益频繁和严重,特别是极端温度事件[63, 64]。为了适应这种新常态,在建筑结构中使用热绝缘材料能够减轻室外极端温度对建筑的影响并改善室内热舒适度。以 2021 年全球建筑保温市场为例,以石化基聚合物(发泡聚苯乙烯、聚氨酯)和无机纤维(玻璃纤维、石棉)为主的热绝缘材料份额高达 95%,产值为 230 亿美元[65]。但是,严重依赖这些材料会不可避免地加剧碳密集型、不可再生资源的消耗,并导致公共健康问题,如皮肤炎症和吸入相关的危害[66]。因此,从可再生资源中开发可靠的、高性能的保温材料,以可持续的方式满足日益增长的建筑热调节需求是一个巨大的机遇。

　　纵观各种可持续资源,纤维素是地球上最丰富的多糖聚合物,可以直接从可再生的生物质资源(木材、竹子、秸秆)中提取,具有高机械强度、高比表面积、丰富的官能团和良好的生物降解性[67, 68]。通过冷冻干燥的方法,纤维素水悬浮液被加工成纤维素气凝胶，并具备轻质、高孔隙率和低热导率的特点[69]。一般以生物质为原材料制备气凝胶涉及多个过程，包括化学纯化、高温蒸煮、机械破碎及进一步的剪切和冲击[70]。在上述过程中，需要使用特定的机械设备、复杂的提取程序和额外的化学药品，弱化了生物质材料绿色、环保、可持续的优势，对实际应用造成巨大障碍。

凭借丰富的自然储量、稳定的机械性能、美观的纹理，木材作为结构建筑材料已经有上千年的历史。从成分上看，天然木材主要由纤维素、半纤维素和木质素构成。从结构上看，天然木材包含多种结构组织，交叉的轴向导管、木纤维与径向木射线反映了木材的各向异性。目前，具有层级结构的天然木材已经在结构增强、能源管理、光学管理、流体运输、离子传导等领域引起了广泛的关注[71]。

值得注意的是，具有层级多孔结构的天然木材自古以来就表现出优异的隔热性能。充分认识并理解木材的多孔结构，相较于从天然木材中提取纤维素来制备纤维素基气凝胶，利用天然木材结构本身来构建热绝缘材料是更有意义的。本节以天然木材为原材料，通过脱除半纤维素和木质素制备了轻质、高比表面积、可压缩、低热导率的木材衍生框架，并探索了时间梯度对木材衍生框架性能的影响。采用傅里叶变换红外光谱仪（FT-IR）、扫描电子显微镜（SEM）、全自动孔隙率分析仪、压缩性能测试、热导率测试、红外热成像等表征手段对复合材料的性能进行了测试。

1. 实验部分

1）材料与试剂

轻木（*Ochroma pyramidale*），属锦葵科。实验用轻木购于广东省，并裁切成长 20mm、宽 20mm、厚 10mm。本节所用的化学试剂如表 4-12 所示。

表 4-12　实验用化学试剂

名称	产地	纯度	分子式
次氯酸钠	上海阿拉丁生化科技股份有限公司	分析纯	$NaClO_2$
冰醋酸	上海阿拉丁生化科技股份有限公司	分析纯	CH_3COOH
氢氧化钠	上海阿拉丁生化科技股份有限公司	分析纯	$NaOH$
蒸馏水	实验室自制	—	H_2O

2）主要仪器与设备

本节所用的实验仪器与设备如表 4-13 所示。

表 4-13　实验仪器与设备

名称	型号/规格	生产厂家
恒温水浴锅	DK-98-ⅡA	天津市泰斯特仪器有限公司
真空冷冻干燥机	SCIENTZ-12N	宁波新芝生物科技股份有限公司
扫描电子显微镜	Quanta 200	美国 FEI 公司
X 射线衍射仪	D/max 2200	日本 Rigaku 公司
傅里叶变换红外光谱仪	Nicolet 6700	美国 Thermo Fisher Scientific 公司
全自动比表面测试仪	JW-BK132F	北京精微高博科学技术有限公司
电子万能力学试验机	AI-7000S	台湾高铁检测仪器有限公司
热重分析仪	Q50	美国 TA 仪器公司
热导率分析仪	TC300	西安夏溪电子科技有限公司
红外热成像仪	E6	美国 FLIR 公司
植物粉碎机	JFSD-100	郑州长城科工贸有限公司

3）木材衍生框架的制备

木材衍生框架制备示意图如图 4-27 所示。具体步骤为：实验前将轻木试样放入烘箱中，在 103℃干燥 24h 以获得绝干轻木试样。称取一定量的次氯酸钠分散在水中配制成 2wt%次氯酸钠溶液，使用冰醋酸调节 pH 值为 4.6。将轻木试样浸入配制好的次氯酸钠溶液中，通过真空浸渍使次氯酸钠溶液浸透轻木试样，在 100℃下加热 8h 以脱除木质素，此过程每 4h 重复一次。处理后的样品用蒸馏水漂洗至中性。称取一定量的氢氧化钠分散在水中配制成 5wt%氢氧化钠溶液。将脱木素试样浸入配制好的氢氧化钠溶液中，在 80℃下分别加热 4h、8h 和 12h 以去除半纤维素。处理后的样品在 80℃的蒸馏水中漂洗，此过程重复三次以完全去除残留的化学试剂。最后，将处理后的试样在 –18℃冷冻 24h，然后在真空冷冻干燥机中干燥 36h 以获得木材衍生框架。为了对比，蒸馏水漂洗后的脱木素试样在 –18℃冷冻 24h，然后在真空冷冻干燥机中干燥 36h 以获得脱木素木材。

4）性能表征

采用美国 FEI 公司 Quanta 200 型扫描电子显微镜（SEM）分析不同试样的微观形貌。观察前使用切片机切片，然后置于电镜样品台上进行喷金处理。通过日本 Rigaku 公司的 D/max 2200 型 X 射线衍射仪（XRD）对不同试样的晶型结构和结晶度进行分析（铜靶，管电压 40kV，管电流 30mA，扫描角度为 10°～80°，扫描速率为 4°/min）。相对结晶度按照 Segal 法计算。采用美国 Thermo Fisher Scientific 公司的 Nicolet 6700 型傅里叶变换红外光谱仪（FT-IR）对不同试样进行测试，采用 ATR 进行测试，扫描范围为 4000～600cm^{-1}，分辨率为 4cm^{-1}，扫

图 4-27　制备木材衍生框架示意图

描次数为 32 次。采用北京精微高博科学技术有限公司的 JW-BK132F 型全自动比表面测试仪对不同试样进行测试，测试前样品需要在 120℃下脱气 24h，然后进行分析测试。采用美国 TA 仪器公司的 Q50 型热重分析仪测试试样的热稳定性。在氮气气氛下，将质量约为 8mg 的样品放入坩埚中，温度范围为 30～800℃，加热速率为 10℃/min。采用台湾高铁检测仪器有限公司 AI-7000S 型电子万能力学试验机对试样的压缩性能进行测试。压缩方向为径向，压缩速率为 5mm/min，每组测试重复 7 次。采用西安夏溪电子科技有限公司的 TC300 型热导率分析仪测定不同试样的热导率，测试方法为热线法，样品大小为 2cm×2cm×1cm，每组测试重复 3 次。将试样分别置于 80℃和 0℃的铝板表面，为了保证铝板与材料发射率一致，将铝板表面贴上一层 3M 公司 1712#胶带，采用美国 FLIR 公司的 E6 型手持红外热成像仪实时监测试样温度变化。参照《造纸原料综纤维素含量的测定》（GB/T 2677.10—1995）对试样综纤维素含量进行测定。参照《造纸原料多戊糖含量的测定》（GB/T 2677.9—1994）对试样多戊糖含量进行测定。参照《造纸原料酸不溶木素含量的测定》（GB/T 2677.8—1994）对试样酸不溶木质素含量进行测定。

2. 结果与讨论

1）微观形貌和结构分析

通过 SEM 对试样的微观形貌和结构进行观测。如图 4-28（a）所示，原始轻木拥有淡黄色的外观，同时在横截面上表现出环形的生长轮。在图 4-28（b）和（c）中，观察到原始轻木横截面上有序的五边形细胞腔和椭圆的导管。细胞壁的厚度只有 0.47μm，壁腔比远小于 1，这表明纤维的弹性表现较好。在木材的切向截面上，相邻的木纤维紧密相连，木纤维表面光滑，没有任何皱纹［图 4-28（d）］。在脱木质素后，去木质化木材的颜色变成白色，这是因为大部分木质素在 100℃酸化 NaClO₂ 中被氧化分解了［图 4-28（e）］。在图 4-28（f）和（g）中，去木质化木材的中间层被完全溶解，导致木材细胞分离。由于垂直于木纤维的木射线的存在，木材衍生框架的层次结构在化学处理过程中得到了保护。在图 4-28（h）中，观察到木纤维相互分离。木材衍生框架是通过进一步从去木质化木材中去除半纤维素获得的。有趣的是，木材衍生框架基本保留了天然木材的外观[图 4-28（i）]。然而，在低分辨率的 SEM 图中，木材衍生框架的外观与天然木材和去木质化木材不同。天然木材规则排列的细胞结构演化出多层结构 [图 4-28（j）]。此外，在高分辨率图像中还观察到次生壁和纤维表面出现了一系列小的损伤 [图 4-28（k）]，这归因于半纤维素在 NaOH 溶液中的降解。在图 4-28（l）中，观察到在细胞表面有高度排列的纤维素纤维。同时，图 4-28（l）的插图中出现的纳米级孔隙，这与木质素和半纤维素的去除有关。

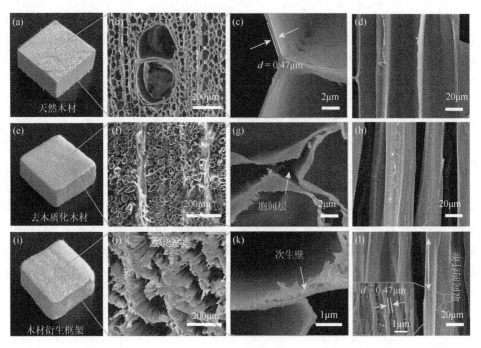

图 4-28 （a）天然木材的照片；（b）～（d）天然木材的 SEM 图；（e）去木质化木材的照片；（f）～（h）去木质化木材的 SEM 图；（i）木材衍生框架的照片；（j）～（l）木材衍生框架的 SEM 图；（l）插图显示细胞壁表面的孔隙

2）化学结构分析

为了进一步描述化学处理前后试样化学结构的变化，进行了 XRD、FT-IR 和三组分含量测试。在图 4-29（a）中，木材样品在 14.9°、16.5°、22.7° 和 34.8° 的衍射峰是纤维素 I 型晶体的特征，证实化学处理后纤维素晶体的类型没有改变[59]。根据 Segal 法计算样品的相对结晶度。值得注意的是，在化学处理后，不同木材试样的相对结晶度有周期性的变化。天然木材、去木质化木材和木材衍生框架的相对结晶度分别为 62.3%、75.9% 和 77.1%。这是因为在化学处理的初始阶段，纤维素的大部分无定形区域被去除。图 4-29（b）中的 FT-IR 图进一步确定了试样的组成。脱木质素后，在 1593cm^{-1}、1502cm^{-1} 和 1462cm^{-1} 处属于木质素的芳香族骨架振动的峰消失了，表明木质素被去除[69]。此外，用 NaOH 处理后，在 1731cm^{-1} 和 1234cm^{-1} 处属于羰基伸缩振动和 C—O 伸缩振动的峰也消失了，表明半纤维素在溶液中被溶解了。为了进一步证明上述现象，图 4-29（c）中测试了三种成分的相对含量。天然木材的纤维素、半纤维素和木质素的相对含量分别为 41.38%、36.38% 和 20.1%，而木材衍生框架中三组分的相对含量分别为 81.28%、9.25% 和 0.12%。这一发现与 FT-IR 表征的结果一致，进一步证实了天然木材中木质素和半纤维素被去除。

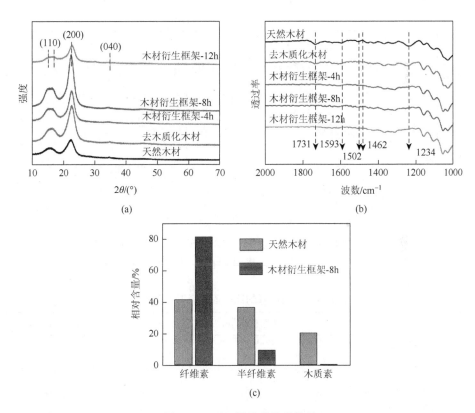

图 4-29　不同样品的化学特性

（a）不同试样的 XRD 谱图；（b）不同试样的 FT-IR 图；（c）天然木材和木材衍生框架的纤维素、半纤维素和木质素的相对含量

3）孔隙结构分析

木材衍生框架的比表面积和中孔尺寸分布通过氮气吸附-解吸等温线和 Barrett-Joyner-Halenda（BJH）方法进行了表征，结果如图 4-30 所示。在图 4-30（a）

中，木材衍生框架表现出Ⅳ型吸附等温线，并拥有 H3 型磁滞环，证明木材衍生框架中存在介孔结构。木材衍生框架的孔径主要分布在 2～40nm［图 4-30（b）］[72]，这进一步证实了之前的研究结果。在去除木质素和半纤维素的过程中，中间层消失了，暴露出细胞壁上的纳米级孔隙，导致木材试样的比表面积和孔隙体积逐渐增大。木材衍生框架的比表面积和孔隙体积分别为 32.18m²/g 和 0.146cm³/g，分别比天然木材高 4 倍和 8 倍。然而，经过 12h 处理的试样显示出较差的比表面积和孔隙体积，这是因为经过长时间的化学处理后，纤维素的降解导致了结构的崩溃。表 4-14 给出了关于木材试样的比表面积、孔径和孔容的详细信息。

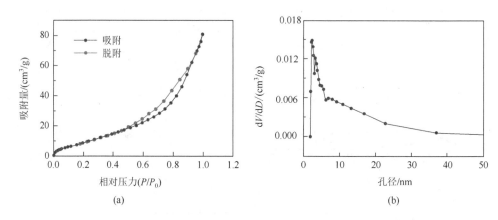

图 4-30　木材衍生框架的氮气吸附-解吸等温线（a）和孔径分布（b）

（a）木材衍生框架的氮气吸附-脱附等温线；（b）木材衍生框架的孔径分布

表 4-14　木材试样的比表面积、孔径和孔容

样品名称	比表面积/(m²/g)	孔径/nm	孔容/(cm³/g)
天然木材	7.24	12.94	0.019
去木质化木材	17.29	3.81	0.036
木材衍生框架-4h	18.06	6.69	0.086
木材衍生框架-8h	32.18	7.63	0.146
木材衍生框架-12h	21.99	7.55	0.100

4）热稳定性分析

木材衍生框架的热稳定性对隔热应用至关重要。木材试样的热重分析曲线见图 4-31。由于生物质材料的固有特性，所有木材试样在 200℃时开始降解。

有趣的是，木材衍生框架-8h 的残炭量高于其他试样，木材衍生框架的最快失重温度为 327℃。木材衍生框架的高热稳定性归因于其纯净的成分（约 81% 的纤维素）和高结晶度（77.1% 的相对结晶度）。然而，天然木材最快失重温度略高于木材衍生框架-8h，因为木质素的降解温度（160～900℃）高于纤维素的（315～400℃）[73]。此外，处理 12h 的试样显示出最差的热稳定性，因为纤维素的结晶区被破坏，比表面积减小。这一结果也揭示了结构对性能的影响。结合比表面积分析、孔隙结构分析和热稳定性检测，进一步确定了最佳处理时间（氢氧化钠处理 8h）。

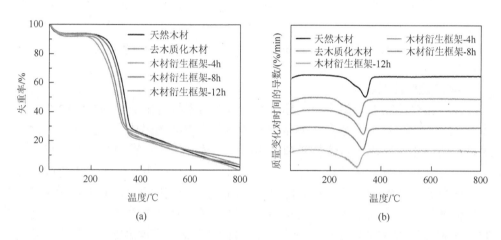

图 4-31　试样的 TG 曲线（a）和 DTG 曲线（b）

5）压缩性能分析

天然木材和木材衍生框架的机械可压缩性是通过应力-应变曲线来说明的。在图 4-32（a）中，应力-应变曲线显示了两个不同的区域，包括应变值小于 0.5% 的线性弹性区域和应变值大于 0.5% 的致密化区域[74]。在第一个区域，由于细胞壁弯曲，压应力随应变线性增加。在致密化区域，由于细胞塌陷和挤压，应力迅速增加。当外力被卸载时，天然木材的体积不能恢复。图 4-32（b）显示了木材衍生框架在不同压缩应变（20%、40% 和 60%）下的应力-应变曲线，也存在两个不同的区域，包括低于 20% 压缩应变的线性弹性区域和应变值高于 20% 的致密化区域。在第二个区域，应力随着应变迅速增加，在 60% 压缩应变值时，应力为 33.04kPa。有趣的是，当应力卸载时，应变可以减小到零，这表明木材衍生框架的体积可以恢复而不变形[75, 76]。通过去除木质素和半纤维素，得到了具有分层结构的木材衍生框架，与天然木材相比，其显示出独特的可压缩性。

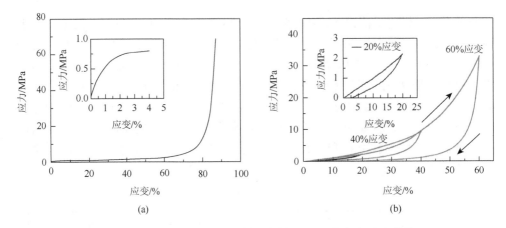

图 4-32　天然木材（a）和木材衍生框架（b）的应力-应变曲线

6）热绝缘性能表征

除了压缩性能外，还检测了导热性，以评估木材衍生框架的热绝缘性能。图 4-33（a）和（b）分别是天然木材和木材衍生框架的热传导示意图。木材衍生框架的导热性取决于固体材料和气相中的热传导、热对流和热辐射之和。固体材料的导热系数、含量和密度改变了导热性。木材衍生框架的主要构成单元是纯度高的纤维素，它不仅表现出高的热稳定性，而且比金属材料的热导率低。经过化学处理和冷冻干燥，木质素和半纤维素被去除，导致密度从天然木材的 $98mg/cm^3$ 下降到 $31.68mg/cm^3$。此外，木材衍生框架的气体热辐射也发挥了重要作用[77]。木材衍生框架的多层结构分离了气体传输的通道，细胞壁上大量的纳米孔进一步限制了气体分子的移动，导致气体辐射导热率低[78]。低密度、多层结构和暴露的纳米孔使热导率从天然木材的 $0.113W/(m·K)$ 降低到木材衍生框架的 $0.033W/(m·K)$［图 4-33（c）］。

为了进一步说明隔热性能，用红外热成像仪记录木材衍生框架在加热过程和冷却过程中的表面温度变化，如图 4-34 所示。为了获得一个温度稳定的热板，在电热板上放置了一块厚度为 1cm 的铝板。铝板的表面覆盖了一层胶带，以增加表面发射率至 0.95。木材衍生框架被放置在 80℃的热板上。由于木材衍生框架的低导热性，观察到整个表面接触的温度很高。加热 30min 后，顶面的温度没有变化。在侧视图中观察到弱的热扩散。同样地，通过将胶带覆盖的铝板放在冰上得到了冷板。冷却 30min 后，顶面的温度没有变化，木材衍生框架的温度接近环境温度。

在实际应用中，低的导热系数对隔热材料很重要，而材料的密度也很关键。传统的合成有机保温材料，如膨胀聚苯乙烯和聚氨酯，都具有 0.022～0.034W/(m·K)的低导热性和 25～30mg/cm³ 的密度。然而，释放有毒气体和生物降

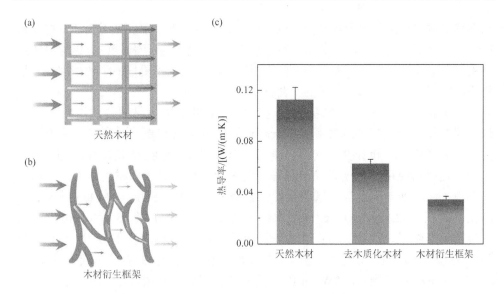

图 4-33　（a）天然木材的热传导示意图；（b）木材衍生框架的热传导示意图；（c）天然木材、去木质化木材和木材衍生框架的热导率

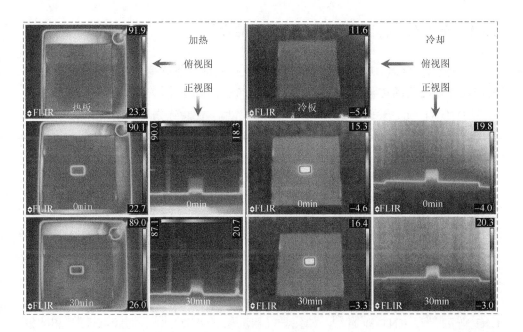

图 4-34　红外热成像图

解性差的缺点阻碍了它们的进一步应用。无机材料，如碳气凝胶和硅气凝胶，也表现出 0.026～0.033W/(m·K)的低导热性，密度比有机材料略高，但它们很脆弱。

从天然木材中直接获得的木材衍生框架处理后的导热性和密度低于天然木材和木材废料。值得一提的是，虽然木材衍生框架的隔热性能低于传统的有机材料和纤维素基气凝胶，但本节研究中开发的木材衍生框架表现出更好的生物相容性、生物降解性、机械性能和更简单的工艺技术[79]。

自上而下的处理方法制备的木材衍生框架保留了木材独特的层级多孔结构，使其相比于无序的木质素，在天然橡胶中分散具有更好的优势。基于此，直接从天然木材中设计并制造了轻质、各向异性和机械可压缩的木材衍生框架，作为隔热材料应用。木质素和半纤维素的去除优化了天然木材的结构，包括中间层消失，纤维素无定形区域和半纤维素降解，导致低密度（31.68mg/cm³）和高比表面积（32.18m²/g）。超薄细胞壁的破坏和木射线的存在使木材衍生框架表现出多层结构，因此具有巨大的可压缩性（在 60%的应变下 38.26kPa）。此外，多层结构和微孔的协同作用使木材衍生框架的热导率从天然木材的0.113W/(m·K)降低到 0.033W/(m·K)。低密度、巨大的机械可压缩性、低导热性和可生物降解性的结合使木材衍生框架成为绿色和经济的保温材料的理想候选材料。

4.3.2 炭化木材框架/天然橡胶导热复合材料

碳纳米管（CNT）由于超过 3000W/(m·K)的优异热导率、高长径比、卓越的机械性能和出色的化学稳定性，在热传导领域获得了广泛关注[75, 80]。多壁碳纳米管（MWCNT）的热导率随着壁数的增加而降低。但是，当嵌入聚合物基体中时，多壁碳纳米管具有更高的潜力，因为沿着内壁的声子传输很难受到外壁和周围聚合物的缺陷的影响[81]。

通常情况下，填料的体积分数对提高复合材料的导热性至关重要。通过传统的混合或搅拌方法，在 CNT 含量较低的情况下，无法在聚合物中形成完整的热渗流网络。为了达到渗流阈值，通常将高负载量的 CNT 与聚合物基体混合，这造成了一系列问题，如高密度、降低力学强度、提高加工难度、高成本。这些问题主要是由 CNT 在聚合物基体中的随机分散造成的。因此，合理设计导热网络以充分利用填料的高导热性并提高热传导效率是至关重要的。一个可行的策略是在聚合物基体中构建三维互连网络。已有多种方法用于构建三维互连 CNT 网络，包括CNT 阵列[80]和 CNT 海绵[82]，如化学气相沉积（CVD）[82]、溶胶-凝胶[83]和冰模板法[84]。值得注意的是，通过 CVD 合成的 CNT 网络具有高质量和良好的取向。由于特定的加工环境、高密度的催化剂颗粒及复杂的工艺，CNT 的实际应用仍然有限。因此，通过便捷和低成本的途径获得具有三维互连网络的高导热材料仍然是一个挑战。

木材作为一种可再生和低成本的材料，由于其多孔和分层结构，在学术界和工业界得到广泛关注[85]。树木中高度定向的微通道将水和养分向上输送，这有可能通过木材纳米技术被进一步转化为传热通道。并且制备用于热传导的木质网络是简单、成本效益高且对环境无害的。通过原位炭化浸渍了聚酰胺-酰亚胺的木质框架所制备出的导热复合材料的面外热导率提高了 250%[86]。然而，其面内和面外热导率仅为 0.56W/(m·K)和 0.22W/(m·K)。

在之前的研究中，本书作者团队制备了木材衍生框架，并通过炭化处理得到了木材衍生碳框架（CS），其具有高度定向的孔道网络。其由于高度的石墨化程度，有潜力成为聚合物基体中高导热的三维互连框架。因此，在本节中，将一维的 MWCNT 纳入到三维木质衍生 CS 中，设计并制造了一个连续的三维互连导热网络，并以 NR 为基体材料。该工作的重点是利用天然木材的分层结构构建高速热渗流网络，这为方便和高效地制备导热复合材料提供了新的设计途径。此外，生物质材料的使用是一种致力于促进可再生材料的使用和倡导可持续环境的努力。这项工作为导热复合材料的创新设计提供了新的策略，并有可能在热管理领域得到应用。

1. 实验部分

1）材料与试剂

轻木（*Ochroma pyramidale*），属锦葵科。实验用轻木购于广东省，并裁切成长 50mm、宽 50mm、厚 1mm。本节所用的化学试剂如表 4-15 所示。

表 4-15　实验用化学试剂

名称	产地	纯度	分子式
次氯酸钠	上海阿拉丁生化科技股份有限公司	分析纯	$NaClO_2$
冰醋酸	上海阿拉丁生化科技股份有限公司	分析纯	CH_3COOH
氢氧化钠	上海阿拉丁生化科技股份有限公司	分析纯	NaOH
多壁碳纳米管	上海阿拉丁生化科技股份有限公司	内径：5～10nm；外径：10～20nm；长度：10～30μm	—
天然橡胶	青岛科技大学	No.20 TSR	—
甲苯	上海阿拉丁生化科技股份有限公司	分析纯	C_7H_8
蒸馏水	实验室自制	—	H_2O

2）主要仪器与设备

本节所用的实验仪器与设备如表 4-16 所示。

表 4-16　实验仪器与设备

名称	型号/规格	生产厂家
恒温水浴锅	DK-98-ⅡA	天津市泰斯特仪器有限公司
超声波细胞粉碎机	SCIENTZ-1200E	宁波新芝生物科技股份有限公司
真空冷冻干燥机	SCIENTZ-12N	宁波新芝生物科技股份有限公司
真空干燥箱	DZF-6020	上海一恒科学仪器有限公司
开启式管式炉	BTF-1200C	安徽贝意克设备技术有限公司
扫描电子显微镜	SU 70	日本 Hitachi 公司
透射电子显微镜	JEM-2100	日本 JEOL 公司
X 射线衍射仪	D/max 2200	日本 Rigaku 公司
X 射线光电子能谱仪	PHI-5400	日本 Philips 公司
傅里叶变换红外光谱仪	Nicolet 6700	美国 Thermo Fisher Scientific 公司
拉曼光谱仪	LabRAM HR800	日本 HORIBA 公司
电子万能力学试验机	AI-7000S	台湾高铁检测仪器有限公司
热扩散系数测试仪	LFA 457/467	德国 NETZSCH 公司
差示扫描量热仪	Q20	美国 TA 仪器公司
红外热成像仪	E6	美国 FLIR 公司
植物粉碎机	JFSD-100	郑州长城科工贸有限公司

3）木材衍生碳框架（CS）的制备

实验前将轻木试样放入烘箱中，在 103℃干燥 24h 以获得绝干轻木试样。称取一定量的次氯酸钠分散在水中配制成 2wt%次氯酸钠溶液，使用冰醋酸调节 pH 值为 4.6。将轻木试样浸入配制好的次氯酸钠溶液中，通过真空浸渍使次氯酸钠溶液浸透轻木试样，在 100℃下加热 8h 以脱除木质素，此过程每 4h 重复一次。处理后的样品在 80℃的蒸馏水中漂洗，此过程重复三次以完全去除残留的化学试剂。最后，将处理后的试样在-18℃冷冻 24h，然后在真空冷冻干燥机中干燥 36h 以获得木材衍生框架。

将木材衍生框架在氩气氛围下炭化，炭化过程如下：以 10℃/min 的加热速率从室温加热到 120℃并保温 1h，以 5℃/min 的加热速率从 120℃加热到 360℃并保温 3h，以 3℃/min 的加热速率从 360℃加热到 1000℃并保温 2h。

4）木材衍生碳框架/碳纳米管/天然橡胶导热复合材料的制备

将 2g 天然橡胶分散到 200mL 甲苯中，在 70℃下搅拌 12h。将 80mg 多壁碳纳米管分散到 200mL 甲苯溶液中，在 800W 功率下超声分散 30min。将上述两种溶液充分混合倒入模具中。随后，将木材衍生碳框架放置于模具中，通过真空浸渍去除碳框架中的空气，然后恢复常压，此过程重复三次。最后，将模具放到通风橱 36h 充分挥发甲苯以获得木材衍生碳框架/碳纳米管/天然橡胶（CS/CNT/NR）导热复合材料。为了对比，将木材衍生碳框架和碳纳米管分别浸渍到天然橡胶-甲苯溶液以制备木材衍生碳框架/天然橡胶复合材料和碳纳米管/天然橡胶复合材料。

5）性能分析

采用日本 Hitachi 公司 SU 70 型扫描电子显微镜（SEM）分析不同试样的微观形貌。观察前使用切片机切片，然后置于电镜样品台上进行喷金处理。采用日本 JEOL 公司 JEM-2100 型透射电子显微镜（TEM）观察木材碳框架的晶格结构。观察前将碳框架浸泡在乙醇中，使用研钵充分研磨。通过日本 Rigaku 公司的 D/max 2200 型 X 射线衍射仪（XRD）对不同试样的晶型结构和结晶度进行分析（铜靶，管电压为 40kV，管电流为 30mA，扫描角度为 10°～55°，扫描速率为 4°/min）。相对结晶度按照 Segal 法计算。利用日本 Philips 公司 PHI-5400 型 X 射线光电子能谱仪（XPS）分析木材碳框架样品的元素组成和化学结合状态，主要测试元素为 C 和 O。采用美国 Thermo　Fisher Scientific 公司的 Nicolet 6700 型傅里叶变换红外光谱仪（FT-IR）对不同试样进行测试，采用 ATR 进行测试，扫描范围为 4000～600cm^{-1}，分辨率为 4cm^{-1}，扫描次数为 32 次。采用日本 HORIBA 公司 LabRAM HR800 型拉曼（Raman）光谱仪对材料性质进行分析，光源波长为 532.18nm。

采用台湾高铁检测仪器有限公司 AI-7000S 型电子万能力学试验机对试样的拉伸性能进行测试。拉伸速率为 5mm/min，每组测试重复 7 次。采用德国 NETZSCH 公司的 LFA 457/467 型热扩散系数仪分别测定试样的面外热扩散系数和面内热扩散系数，样品是直径为 12mm 和 25mm 的圆片。采用美国 TA 仪器公司 Q20 型差示扫描量热仪（DSC）测定样品的比热容。将试样分别置于铝板表面，并将铝板放置于 90℃加热台上。为了保证铝板与材料发射率一致，将铝板表面贴上一层 3M 公司 1712#胶带，采用美国 FLIR 公司的 E6 型手持红外热成像仪实时监测试样温度变化。

2. 结果与讨论

图 4-35（a）显示了制造 CS/CNT/NR 热管理材料的完整过程。CS/CNT/NR 复合材料是通过以下三步法制造的：①去除刚性木质素，这可以通过分层结构改善其柔性，并为 NR 基体提供更多的空间；②通过冷冻干燥和炭化，将脱木质素的样品转化为 CS；③将 NR/CNT 溶液浸入 CS，然后蒸发溶剂，得到 CS/CNT/NR 复合材料。炭化后，CS 保持了天然木材的宏观结构。然而，CS 产生了明显的收缩，其比表面积和质量分别减少了 64.0% 和 80.7% [图 4-35（b）]。CS 和 CNT 的结合使其成为理想的导热框架，并且 NR 也是很好的柔性基体，使所得到的复合材料比其他 NR 基复合材料具有更出色的导热性。

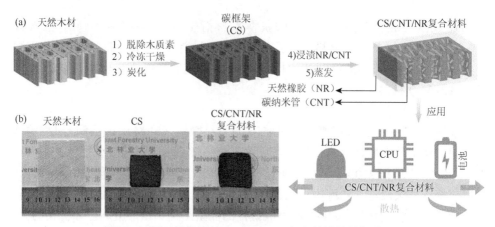

图 4-35　用于热管理的 CS/CNT/NR 复合材料的制备过程

（a）CS/CNT/NR 复合材料的合成过程和潜在应用示意图；（b）天然木材、CS 和 CS/CNT/NR 复合材料的照片

　　SEM［图 4-36（b）～（f）］证实了即使是在 1000℃的炭化过程中，三维互连的网络结构也保持得很好。如图 4-36（b）所示，CS 保持了脱木质素木材的排列式微通道结构，包括大小为 25～45μm 的通道和 0.25μm 厚的超薄通道壁。此外，还观察到更光滑的表面和直径约为 1.7μm 的孔洞［图 4-36（c）］。从横截面上看，CS 的三维互连网络为 CNT 和 NR 的填充提供了空间，同时有助于限制 CNT 的严重聚集并改善其分散性［图 4-36（d）～（f）］。高分辨率的 TEM 图显示了层间间距为 0.35nm 的晶格条纹，这属于 sp^2 键合的石墨化碳［图 4-36（a）］[87]。

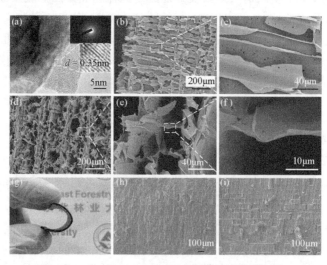

图 4-36　CS 和 CS/CNT/NR 复合材料的结构表征

（a）CS 的 TEM 图；（b）、（c）CS 的径向 SEM 图；（d）～（f）CS 的横截面 SEM 图；（g）弯曲状态下 CS/CNT/NR
复合材料的照片；CS/CNT/NR 复合材料切向截面（h）和径向截面（i）的 SEM 图

　　为了进一步分析 CS 的化学结构,进行了 XRD、拉曼光谱和 XPS 表征(图 4-37)。
XRD 扫描显示在 22° 和 43° 有两个衍射峰,分别对应于 (002) 和 (100) 晶面。较强的峰
(002) 属于类似石墨烯的碳质单元的堆积,证实了 CS 的石墨化[88]。一般 D 带和 G
带的强度比 (I_D/I_G) 可以反映碳材料的无序程度,数值越大,碳材料越无序。I_D/I_G
值约为 0.98,表明该材料是部分石墨化的碳[89, 90]。XPS 图显示,CS 的氧原子含
量从脱木质化木材的 39.26at%(原子分数,后同)下降到 8.25at%。氧原子含量

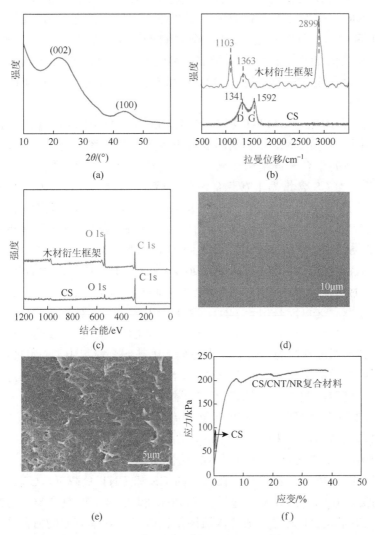

图 4-37　(a) CS 的 XRD 谱图;(b) 木材衍生框架和 CS 的拉曼光谱图;(c) 木材衍生框架和
CS 的光电子能谱图;(d) NR 的表面微观形貌;(e) CS/CNT/NR 的表面微观形貌;(f) CS 和
　　　　　　CS/CNT/NR 复合材料拉伸应力-应变曲线

减少表明了含氧基团被去除，证实了 sp^2 C＝C 键在碳支架中占主导地位。正如以前所报道的，由于强烈的声子散射，具有较多缺陷的碳材料具有较低的导热性。

因此，合理地设计和制造高质量的 CS，以显著提高其热导率及其复合材料的热导率。为了获得 CS/CNT/NR 复合材料，将 CNT 分散在 NR 溶液中，然后浸渍在多孔 CS 中。得益于 NR 的特性，CS/CNT/NR 复合材料表现出极大的柔性，即使经过多次弯曲，也没有发现损坏 [图 4-36（g）]。由于引入了CNT，纯 NR 的光滑表面变得粗糙。切向截面和径向截面的 SEM 图分别见图 4-36（h）和（i）。可以看出，CS 完全被 CNT/NR 填充，进一步证实了 CS、CNT 和 NR 之间的良好接触。由于 NR 完全覆盖，CS/CNT/NR 的拉伸强度和断裂伸长率分别由 CS 的相应 95.32kPa 和 0.98%增加到 221.98kPa 和 39.15% [图 4-37（f）]。

对 NR、CS/NR、CNT/NR 和 CS/CNT/NR 复合材料的热导率进行测量以评估其热传输性能。纯 NR 复合材料表现出较低的热导率，为 0.14W/(m·K)，这是因为其无序的聚合物链结构和高的声子散射，这与文献所报道一致 [图 4-38（a）] [91, 92]。当 CS 含量为 1.7vol%（体积分数，后同）时，CS/NR 复合材料的面内和面外热导率分别为 0.36W/(m·K) 和 0.23W/(m·K)，相应的热导率增强（TCE）值分别为 170%和 70.4%。然而，CNT/NR 复合材料表现出更低的面内和面外热导率，在 CNT 负载量为 1.67vol%时分别为 0.26W/(m·K) 和 0.19W/(m·K)，对应的 TCE 值分别为 90.4%和 40.7%。值得注意的是，CS 的热导率比 CNT 的低。然而，与 CNT/NR 复合材料相比，CS/NR 复合材料显示出更高的热导率，这可能是由于 CNT/NR 复合材料中 CNT 的无序分散及其高导热性能的部分利用。研究结果进一步表明，与 CNT 相比，CS 的三维互连网络结构更有利于 NR 基体的热传导。考虑到 NR 基复合材料中 CS 的热导率恒定，开发了一种有效的策略，通过将一维的 CNT 加入到三维的 CS 中来进一步提高NR 基复合材料的热导率。随着 CNT 的添加量从 0vol%增加到 1.67vol%，CS/CNT/NR 复合材料的面内和面外热导率分别从 0.36W/(m·K) 和 0.23W/(m·K)急剧增加到 1.1W/(m·K)和 0.85W/(m·K)（图 4-39）。尽管仍未达到渗滤阈值，但浓度高于 40mg/L 的 CNT 不能均匀地分散在 NR-甲苯溶液中，导致 CNT 在 CS 中的沉积有限。值得注意的是，在相同的 CS 和 CNT 负载下，CS/CNT/NR 复合材料的面内和面外热导率都超过了 CS/NR 和 CNT/NR 复合材料的热导率之和，表明 CS 和 CNT 通过形成热渗流网络在改善热导率方面的协同作用。对复合材料的电导率也进行了测量，其表现与热导率相似，从 CS/NR 复合材料到CS/CNT/NR 复合材料，电导率急剧上升（图 4-40）。

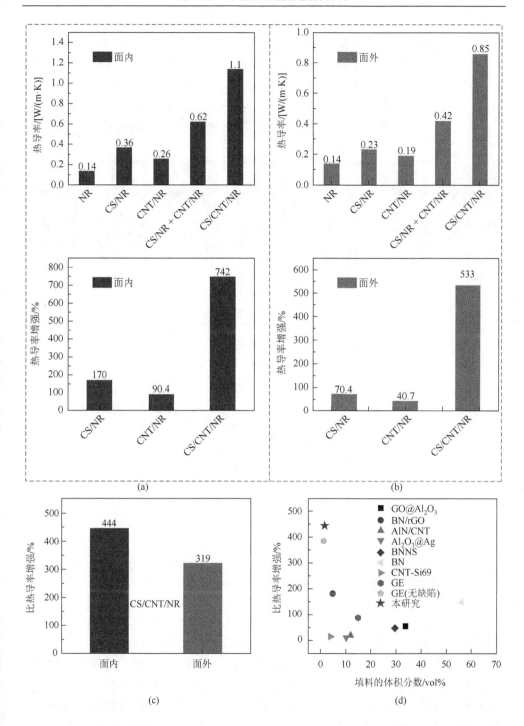

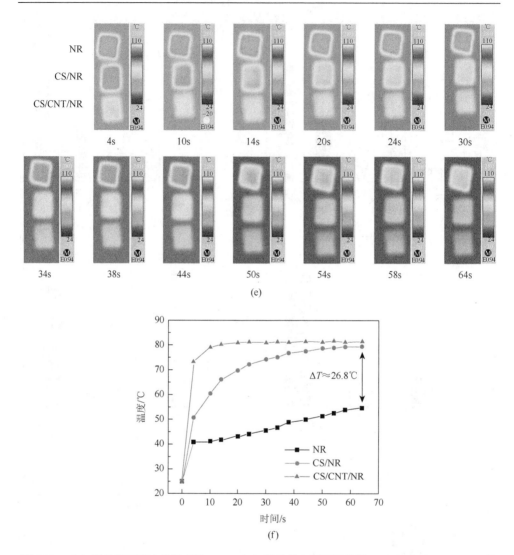

图4-38　（a）样品的平面内热导率和TCE；（b）样品的交叉面导热性TCE；（c）CS/CNT/NR的平面内和跨平面的比TCE；（d）性能比较图；（e）热成像图；（f）样品表面温度变化

　　CS/CNT/NR 复合材料的导热性受到基体固有导热性能和填充物组装结构的影响。具体来讲，NR 的分子相互作用、链的取向和结晶度没有得到很好的设计，导致其导热性差。当将 CNT 加入到 NR 中时，所得复合材料的热导率略有增加。这是因为高效的热渗流网络没有被构建，并且在 CNT 和 NR 基体的界面上仍有大量的声子散射。相比之下，CS 在 NR 中提供了一个连续的三维互连网络结构，在削弱声子散射方面发挥了关键作用。此外，CS 限制了 CNT 的聚集并确保了 CS/CNT/NR 复合材料中 CNT 相对均匀分散。与相邻的 CNT 和 CS 桥接在一起，

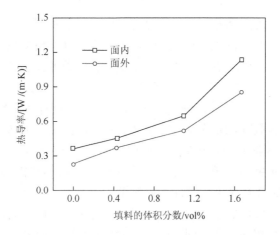

图 4-39　不同 CNT 添加量时 CS/CNT/NR 复合材料的热导率

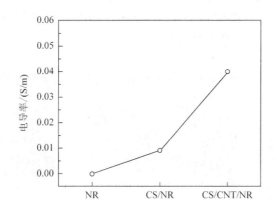

图 4-40　NR、CS/NR、CS/CNT/NR 的电导率

导热通道的数量显著增加，通道的质量也得到了改善，从而使所得复合材料的导热性能得到极大改善［图 4-38（a）和（b）］[93, 94]。与热导率增加相比，比热导率增强是一个更有价值的参数，可以评估复合材料中填料的潜力和效果[95]。CS/CNT/NR 复合材料的面内和面外比热导率增强值分别为 444% 和 319%，证明了三维互连的填料网络比已报道的基于 NR 的复合材料更有效果［图 4-38（c）和（d）］[91, 92, 95-100]。为了观察复合材料的热行为，将 NR、CS/NR 和 CS/CNT/NR 复合材料放置在 90℃ 的加热平台上，用红外热成像仪监测样品的表面温度变化。红外线图像显示，与 NR 和 CS/NR 复合材料相比，CS/CNT/NR 复合材料具有更强的热传导能力［图 4-38（e）］。从数量上看，CS/CNT/NR 复合材料的平衡表面温度为 81.5℃，远远高于纯 NR 材料的温度（54.7℃），分别对应于 12s 和 399s 的加热时间［图 4-38（f）］。

为了进一步证实上述分析，对 CS/CNT/NR 复合材料进行切割以观察其横截面。横截面示意图见图 4-41（a），这可以解释复合材料的热传导机理。当 CS/CNT/NR 遇到热源时，热量在 CNT 形成的热传导通路上迅速扩散到整个平面。可以看出，大部分的 CNT 是有序排列的，并且与平面平行［图 4-41（c）］。CNT 的高度取向归因于 NR 溶液的蒸发过程，这也确保了 CNT 与 CS 表面紧密接触。随后，热量开始沿着由 CS 和 CNT 组成的三维互连的高速通道传递［图 4-41（b）］。得益于 NR 基体中 CS 和 CNT 之间的协同效应，声子散射被大大削弱，热传递更加有效。由于 CS 的易碎性，弯曲可能会破坏导热网络。因此，在弯曲前后观察了 CS/CNT/NR 的微观结构［图 4-41（b）和（d）］。弯曲后，在 CS/CNT/NR 复合材料中观察到一些小的裂缝［图 4-41（d）］，这导致了部分传热途径损坏。这一观察结果与弯曲后复合材料的导热性降低是一致的。当弯曲次数为 5 时，CS/CNT/NR 的面内和面外热导率分别减少了 4.3% 和 14.1%。当弯曲次数增加到 20 次时，CS/CNT/NR 的面内和面外热导率分别降低了 8.0% 和 19.3%［图 4-41（e）］。

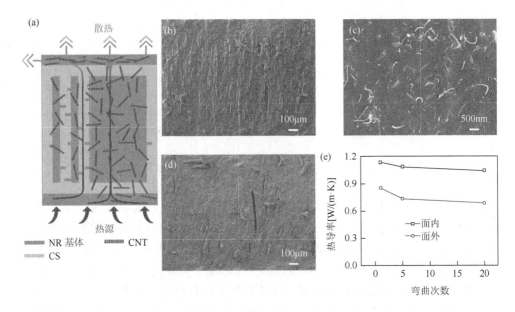

图 4-41　（a）复合材料导热示意图；（b）、（c）CS/CNT/NR 复合材料的切向剖面 SEM 图；（d）CS/CNT/NR 复合材料弯曲后的切向剖面 SEM 图；（e）弯曲前后 CS/CNT/NR 复合材料的热导率变化

为了更直观地描述跨平面和平面内的散热性能，用红外热成像仪研究了 NR 和 CS/CNT/NR 复合材料在加热和冷却过程中的表面温度变化。对于热界面材料

（TIM）的应用，将样品放置在一个铝质散热器和一个高功率 LED 之间 [图 4-42（a）]。铝质散热器的表面覆盖了一层胶带，以增加红外发射率。温度测量点设置在距离中心 10nm 处 [图 4-42（b）]。经过 200s 的操作，CS/CNT/NR 复合材料的测量点处表现出较低的表面温度，为 39℃，而纯 NR 材料为 62℃ [图 4-42（c）]。当作为散热器时，将样品夹在一个高功率 LED 和覆盖有单层胶带的木材之间 [图 4-42（d）和（e）]。可以看出，CS/CNT/NR 复合材料的温度为 57℃，比纯 NR 材料在 200s 后的温度高 21℃ [图 4-42（f）]。这些结果表明，CS/CNT/NR 复合材料在跨平面和平面内（散热器）散热方面具有很好的潜力。

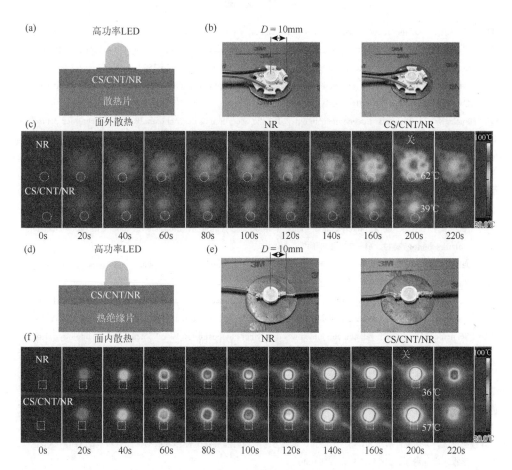

图 4-42　（a）、（b）面外散热示意图；（c）面外散热热成像图；（d）、（e）面内散热示意图；（f）面内散热热成像图

在前期研究基础上，开发了一种高导热性的 CS/CNT/NR 复合材料，该复合材料具有源自木材的三维互连填充物网络。该复合材料表现出高的面内热导率

［1.1W/(m·K)］和面外热导率［0.85W/(m·K)］，CNT 负载量为 1.67vol%。对应的比热导率增强分别为 444%和 319%。此外，在 CNT 和三维互连的 CS 之间观察到了一种协同效应，这在高速热渗流网络的形成中起到了关键作用。此外，利用这种 CS/CNT/NR 复合材料作为 TIM 和热扩散器的材料。这种 CS/CNT/NR 复合材料用于 TIM 和热扩散器的可能性通过对高功率 LED 的散热来证明。这些结果为高效三维填充物结构的仿生设计提供了新的见解，扩大了使用木材的可能性，并拓展了在热管理材料中使用木质结构进行高效散热的应用空间。

参 考 文 献

[1] Hill C A. Wood modification: chemical，thermal and other processes[M]. Hoboken：John Wiley & Sons，2007.

[2] Rautkari L，Hill C A，Curling S，et al. What is the role of the accessibility of wood hydroxyl groups in controlling moisture content? [J]. Journal of Materials Science，2013，48（18）：6352-6356.

[3] Lindh E L. Non-exchanging hydroxyl groups on the surface of cellulose fibrils：the role of interaction with water[J]. Carbohydrate Research，2016，434：136-142.

[4] Fuchs W. Zur kenntnis des genuinen lignins，I.：die acetylierung des fichtenholzes[J]. Berichte der deutschen chemischen Gesellschaft（A and B Series），1928，61（5）：948-951.

[5] Rowell R. Dimensional stability and fungal durability of acetylated wood[J]. Drewno Prace Naukowe Doniesienia Komunikaty，2016，59（197）：139-150.

[6] Stamm A J，Tarkow H. Dimensional stabilization of wood[J]. The Journal of Physical Chemistry，1947，51（2）：493-505.

[7] Jebrane M，Sebe G. A novel simple route to wood acetylation by transesterification with vinyl acetate[J]. Holzforschung，2007，61（2）：143-147.

[8] Jebrane M，Sebe G. A new process for the esterification of wood by reaction with vinyl esters[J]. Carbohydrate Polymers，2008，72（4）：657-663.

[9] Rowell R M，Ibach R E，Mcsweeny J，et al. Understanding decay resistance，dimensional stability and strength changes in heat-treated and acetylated wood[J]. Wood Material Science and Engineering，2009，4（1/2）：14-22.

[10] Schneider M. New cell wall and cell lumen wood polymer composites[J]. Wood Science and Technology，1995，29（2）：121-127.

[11] Epmeier H，Westin M，Rapp A. Differently modified wood：comparison of some selected properties[J]. Scandinavian Journal of Forest Research，2004，19（sup5）：31-37.

[12] Xiao Z F，Xie Y J，Militz H，et al. Effects of modification with glutaraldehyde on the mechanical properties of wood[J]. Holzforschung，2010，64（4）：475-482.

[13] 王向歌，金菊婉，邓玉和，等. 不同固含量低分子酚醛树脂浸渍改性杉木板材性能的研究[J]. 西南林业大学学报：自然科学，2014，34（3）：84-88.

[14] 张道海. 脲醛树脂浸渍速生木制备木塑复合材料[D]. 大连：大连理工大学，2011.

[15] Militz H. Treatment of timber with water soluble dimethylol resins to improve their dimensional stability and durability[J]. Wood Science and Technology，1993，27（5）：347-355.

[16] Jiang T，Gao H，Sun J P，et al. Impact of DMDHEU resin treatment on the mechanical properties of poplar[J]. Polymers and Polymer Composites，2014，22（8）：669-674.

[17]　李坚，吴玉章，马岩. 功能性木材[M]. 北京：科学出版社，2011.

[18]　罗法三. 热处理对响叶杨和落叶松性能的影响[D]. 哈尔滨：东北林业大学，2015.

[19]　Zhang N N, Xu M, Cai L P. Improvement of mechanical, humidity resistance and thermal properties of heat-treated rubber wood by impregnation of SiO_2 precursor[J]. Scientific Reports, 2019, 9 (1): 1-9.

[20]　Cui W, Zhang N N, Xu M, et al. Combined effects of ZnO particle deposition and heat treatment on dimensional stability and mechanical properties of poplar wood[J]. Scientific Reports, 2017, 7 (1): 1-9.

[21]　Kamdem D, Pizzi A, Jermannaud A. Durability of heat-treated wood[J]. European Journal of Wood and Wood Products, 2002, 60 (1): 1-6.

[22]　Alén R, Kotilainen R, Zaman A. Thermochemical behavior of Norway spruce (*Picea abies*) at 180—225℃[J]. Wood Science and Technology, 2002, 36 (2): 163-171.

[23]　Candelier K, Dumarçay S, Pétrissans A, et al. Comparison of chemical composition and decay durability of heat treated wood cured under different inert atmospheres: nitrogen or vacuum[J]. Polymer Degradation and Stability, 2013, 98 (2): 677-681.

[24]　Kubojima Y, Okano T, Ohta M. Bending strength and toughness of heat-treated wood[J]. Journal of Wood Science, 2000, 46 (1): 8-15.

[25]　李涛，顾炼百. 185℃高温热处理对水曲柳木材力学性能的影响[J]. 林业科学, 2009 (2): 92-97.

[26]　邢东. 生物质燃气热处理木材品质与微观力学性能研究[D]. 哈尔滨：东北林业大学, 2016.

[27]　张南南. 二氧化硅改性热处理橡胶木性能研究[D]. 哈尔滨：东北林业大学, 2019.

[28]　Candan Z, Gonultas O, Gorgun H V, et al. Examining parameters of surface quality performance of paulownia wood materials modified by thermal compression technique[J]. Drvna Industrija, 2021, 72 (3): 231-236.

[29]　李丽丽. 高温热处理樟子松压密材的制备与形变固定机理研究[D]. 呼和浩特：内蒙古农业大学, 2018.

[30]　章卫钢，鲍滨福，刘君良，等. 我国人工林木材密实化的研究进展[J]. 木材工业, 2009, 23(2): 34-36.

[31]　井上雅文. 压缩木研究现状与今后展望[J]. 中国人造板, 2002, (9): 3-5.

[32]　魏新莉，向仕龙，何华. 水热预处理对杨木压缩木物理力学性能的影响[J]. 木材工业, 2004, 18(3): 20-22.

[33]　Wu Y M, Qin L, Huang R F, et al. Effects of preheating temperature, preheating time and their interaction on the sandwich structure formation and density profile of sandwich compressed wood[J]. Journal of Wood Science, 2019, 65 (1): 1-10.

[34]　Walker J C F, Butterfield B. The structure of wood: form and function[M]. Christchurch: Primary Wood Processing, 2006: 1-22.

[35]　Stamm A. Void structure and permeability of paper relative to that of wood[J]. Wood Science and Technology, 1979, 13 (1): 41-47.

[36]　鲍甫成，胡荣. 泡桐木材流体渗透性与扩散性的研究[J]. 林业科学, 1990, 26 (3): 8.

[37]　夏炎，彭红，卢晓宁. 木材流体渗透性的研究现状与展望[J]. 林业科技开发, 2007, 21 (5): 4.

[38]　王永贵. 杨木 NaOH 浸渍流体传输性能研究[D]. 哈尔滨：东北林业大学, 2013.

[39]　Qin S S, Li J N, Li J W. Physical and mechanical properties of rubber wood modified with UF resin by impregnation[J]. China Forest Products Industry, 2015, 42 (4): 14-17.

[40]　Nayeri M D, Tahir P M, Jawaid M, et al. Effect of resin content and pressure on the performance properties of rubberwood-kenaf composite board panel[J]. Fibers and Polymers, 2014, 15 (6): 1263-1269.

[41]　全鹏，李芸，曹敏，等. 高温热处理对 UF 树脂改性杉木力学强度的影响[J]. 中南林业科技大学学报, 2017, (12): 153-158.

[42]　郑昕. 抽提和压缩处理对杉木心材吸水吸湿性的影响[D]. 北京：北京林业大学, 2009.

[43]　郑真真，彭万喜，李凯夫，等. 抽提物和抽提工艺对木材横界面性质的影响[J]. 林业科技开发，2005，19（1）：13-16.

[44]　王锐兰，黄国波，应晓青，等. 红外光谱法鉴定并用橡胶成分[J]. 浙江化工，2009，40（7）：29-324.

[45]　吴静，陈玲，杨青，等. 通用橡胶材料红外光谱分析(一)[J]. 中国橡胶，2012，28（4）：46-48.

[46]　吴静，陈玲，杨青，等. 通用橡胶材料红外光谱分析(二)[J]. 中国橡胶，2012，28（5）：46-48.

[47]　李坚. 木材波谱学[M]. 北京：科学出版社，2003.

[48]　杨淑蕙. 植物纤维化学[M]. 3 版. 北京：中国轻工业出版社，2001.

[49]　Biziks V, van den Bulcke J, Grinins J, et al. Assessment of wood micro structural changes after one-stage thermo-hydro treatment（THT）by micro X-ray computed tomography[J]. Holzforschung，2016，70（2）：167-177.

[50]　Ruayruay W, Khongtong S. Impregnation of natural rubber into rubber wood: a green wood composite[J]. BioResources，2014，9（3）：5438-5447.

[51]　Xie Y, Hill C A, Xiao Z, et al. Silane coupling agents used for natural fiber/polymer composites: a review[J]. Composites, Part A: Applied Science and Manufacturing，2010，41（7）：806-819.

[52]　Abdelmouleh M, Boufi S, Belgacem M N, et al. Short natural-fibre reinforced polyethylene and natural rubber composites: effect of silane coupling agents and fibres loading[J]. Composites Science and Technology，2007，67（7/8）：1627-1639.

[53]　Salon M C B, Gerbaud G, Abdelmouleh M, et al. Studies of interactions between silane coupling agents and cellulose fibers with liquid and solid-state NMR[J]. Magnetic Resonance in Chemistry，2007，45（6）：473-483.

[54]　Abdelmouleh M, Boufi S, Belgacem M, et al. Modification of cellulosic fibres with functionalised silanes: development of surface properties[J]. International Journal of Adhesion and Adhesives，2004，24（1）：43-54.

[55]　Blackley D C. Polymer latices: science and technology [M]. New York: Springer Science & Business Media，2012.

[56]　Huang C, Huang G, Li S, et al. Research on architecture and composition of natural network in natural rubber[J]. Polymer，2018，154：90-100.

[57]　Ikeda Y. Understanding network control by vulcanization for sulfur cross-linked natural rubber (NR)[J]. Chemistry, Manufacture and Applications ofNatural Rubber，2014: 119-134.

[58]　Nguila Inari G, Petrissans M, Gerardin P. Chemical reactivity of heat-treated wood[J]. Wood Science and Technology，2007，41（2）：157-168.

[59]　Wan C, Lu Y, Sun Q, et al. Hydrothermal synthesis of zirconium dioxide coating on the surface of wood with improved UV resistance[J]. Applied Surface Science，2014，321：38-42.

[60]　Peng Z, Kong L X, Li S D, et al. Self-assembled natural rubber/silica nanocomposites: its preparation and characterization[J]. Composites Science and Technology，2007，67（15/16）：3130-3139.

[61]　Liu C, Wang S, Shi J, et al. Fabrication of superhydrophobic wood surfaces via a solution-immersion process[J]. Applied Surface Science，2011，258（2）：761-765.

[62]　Dahiya J, Rana S. Thermal degradation and morphological studies on cotton cellulose modified with various arylphosphorodichloridites[J]. Polymer International，2004，53（7）：995-1002.

[63]　Åström D, Forsberg B, Ebi K L, et al. Attributing mortality from extreme temperatures to climate change in Stockholm, Sweden[J]. Nature Climate Change，2013，3（12）：1050-1054.

[64]　Linares C, Díaz J, Negev M, et al. Impacts of climate change on the public health of the Mediterranean Basin population-current situation, projections, preparedness and adaptation[J]. Environmental Research，2020，182：109107.

[65]　Zhu Y, Zhu J, Yu Z, et al. Air drying scalable production of hydrophobic, mechanically stable, and thermally

insulating lignocellulosic foam[J]. Chemical Engineering Journal, 2022, 450: 138300.

[66]　Auffan M, Rose J, Bottero J Y, et al. Towards a definition of inorganic nanoparticles from an environmental, health and safety perspective[J]. Nature Nanotechnology, 2009, 4 (10): 634-641.

[67]　Moon R J, Martini A, Nairn J, et al. Cellulose nanomaterials review: structure, properties and nanocomposites[J]. Chemical Society Reviews, 2011, 40 (7): 3941-3994.

[68]　Klemm D, Heublein B, Fink H P, et al. Cellulose: fascinating biopolymer and sustainable raw material[J]. Angewandte Chemie International Edition, 2005, 44 (22): 3358-3393.

[69]　Song J, Chen C, Yang Z, et al. Highly compressible, anisotropic aerogel with aligned cellulose nanofibers[J]. ACS Nano, 2018, 12 (1): 140-147.

[70]　Lavoine N, Bergström L. Nanocellulose-based foams and aerogels: processing, properties, and applications[J]. Journal of Materials Chemistry A, 2017, 5 (31): 16105-16117.

[71]　Jiang F, Li T, Li Y, et al. Wood-based nanotechnologies toward sustainability[J]. Advanced Materials, 2018, 30 (1): 1703453.

[72]　Yuan B, Li L, Murugadoss V, et al. Nanocellulose-based composite materials for wastewater treatment and waste-oil remediation[J]. ES Food & Agroforestry, 2020, 1 (7): 41-52.

[73]　Yang H, Yan R, Chen H, et al. Characteristics of hemicellulose, cellulose and lignin pyrolysis[J]. Fuel, 2007, 86 (12/13): 1781-1788.

[74]　Si Y, Fu Q, Wang X, et al. Superelastic and superhydrophobic nanofiber-assembled cellular aerogels for effective separation of oil/water emulsions[J]. ACS Nano, 2015, 9 (4): 3791-3799.

[75]　Wu Z Y, Li C, Liang H W, et al. Ultralight, flexible, and fire-resistant carbon nanofiber aerogels from bacterial cellulose[J]. Angewandte Chemie, 2013, 125 (10): 2997-3001.

[76]　Korhonen J T, Kettunen M, Ras R H, et al. Hydrophobic nanocellulose aerogels as floating, sustainable, reusable, and recyclable oil absorbents[J]. ACS Applied Materials & Interfaces, 2011, 3 (6): 1813-1816.

[77]　Lazzari L K, Perondi D, Zampieri V B, et al. Cellulose/biochar aerogels with excellent mechanical and thermal insulation properties[J]. Cellulose, 2019, 26 (17): 9071-9083.

[78]　Wang P, Aliheidari N, Zhang X, et al. Strong ultralight foams based on nanocrystalline cellulose for high-performance insulation[J]. Carbohydrate Polymers, 2019, 218: 103-111.

[79]　Ling S J, Chen W S, Fan Y M, et al. Biopolymer nanofibrils: structure, modeling, preparation, and applications[J]. Progress in Polymer Science, 2018, 85: 1-56.

[80]　Yu C, Shi L, Yao Z, et al. Thermal conductance and thermopower of an individual single-wall carbon nanotube[J]. Nano Letters, 2005, 5 (9): 1842-1846.

[81]　Gulotty R, Castellino M, Jagdale P, et al. Effects of functionalization on thermal properties of single-wall and multi-wall carbon nanotube-polymer nanocomposites[J]. ACS Nano, 2013, 7 (6): 5114-5121.

[82]　Gui X, Lin Z, Zeng Z, et al. Controllable synthesis of spongy carbon nanotube blocks with tunable macro- and microstructures[J]. Nanotechnology, 2013, 24 (8): 085705.

[83]　Heidarshenas M, Kokabi M, Hosseini H. Shape memory conductive electrospun PVA/MWCNT nanocomposite aerogels[J]. Polymer Journal, 2019, 51 (6): 579-590.

[84]　Cho E C, Chang-Jian C W, Hsiao Y S, et al. Three-dimensional carbon nanotube based polymer composites for thermal management[J]. Composites, Part A: Applied Science and Manufacturing, 2016, 90: 678-686.

[85]　Sun H, Bi H, Lin X, et al. Lightweight, anisotropic, compressible, and thermally-insulating wood aerogels with aligned cellulose fibers[J]. Polymers, 2020, 12 (1): 165.

[86]　Chen L，Song N，Shi L，et al. Anisotropic thermally conductive composite with wood-derived carbon scaffolds[J]. Composites，Part A：Applied Science and Manufacturing，2018，112：18-24.

[87]　Zhang M，Wang C，Wang H，et al. Carbonized cotton fabric for high-performance wearable strain sensors[J]. Advanced Functional Materials，2017，27（2）：1604795.

[88]　Paris O，Zollfrank C，Zickler G A. Decomposition and carbonisation of wood biopolymers：a microstructural study of softwood pyrolysis[J]. Carbon，2005，43（1）：53-66.

[89]　Eom Y，Son S M，Kim Y E，et al. Structure evolution mechanism of highly ordered graphite during carbonization of cellulose nanocrystals[J]. Carbon，2019，150：142-152.

[90]　Rehman A，Heo Y J，Nazir G，et al. Solvent-free，one-pot synthesis of nitrogen-tailored alkali-activated microporous carbons with an efficient CO_2 adsorption[J]. Carbon，2021，172：71-82.

[91]　Li J，Zhao X，Zhang Z，et al. Construction of interconnected Al_2O_3 doped rGO network in natural rubber nanocomposites to achieve significant thermal conductivity and mechanical strength enhancement[J]. Composites Science and Technology，2020，186：107930.

[92]　Lu Y，Liu J，Hou G，et al. From nano to giant？Designing carbon nanotubes for rubber reinforcement and their applications for high performance tires[J]. Composites Science and Technology，2016，137：94-101.

[93]　Yang L，Zhang L，Li C. Bridging boron nitride nanosheets with oriented carbon nanotubes by electrospinning for the fabrication of thermal conductivity enhanced flexible nanocomposites[J]. Composites Science and Technology，2020，200：108429.

[94]　Goto T，Ito T，Mayumi K，et al. Movable cross-linked elastomer with aligned carbon nanotube/nanofiber as high thermally conductive tough flexible composite[J]. Composites Science and Technology，2020，190：108009.

[95]　An D，Cheng S，Zhang Z，et al. A polymer-based thermal management material with enhanced thermal conductivity by introducing three-dimensional networks and covalent bond connections[J]. Carbon，2019，155：258-267.

[96]　George G，Sisupal S B，Tomy T，et al. Thermally conductive thin films derived from defect free graphene-natural rubber latex nanocomposite：preparation and properties[J]. Carbon，2017，119：527-534.

[97]　Tang Y，Ma L，He Y，et al. Preparation and performance evaluation of natural rubber composites with aluminum nitride and aligned carbon nanotubes[J]. Polymer Science，Series A，2019，61（3）：366-374.

[98]　Kuang Z，Chen Y，Lu Y，et al. Fabrication of highly oriented hexagonal boron nitride nanosheet/elastomer nanocomposites with high thermal conductivity[J]. Small，2015，11（14）：1655-1659.

[99]　Kulyabin Y，Bogachev-Prokophiev A，Soynov I，et al. Clinical assessment of perfusion techniques during surgical repair of coarctation of aorta with aortic arch hypoplasia in neonates：a pilot prospective randomized study[C]. Seminars in Thoracic and Cardiovascular Surgery，2020，32（4）：860-871.

[100]　Al Maskari N S，Almobarak M，Saeedi A，et al. Influence of pH on acidic oil-brine-carbonate adhesion using atomic force microscopy[J]. Energy & Fuels，2020，34（11）：13750-13758.

第5章 纤维素/天然橡胶多孔复合材料及功能化

天然胶乳（NRL）制品已成为天然橡胶（NR）工业的重要组成部分，它不仅与人民的生活密切相关，而且被广泛应用于国防科技、交通运输、工业及医疗卫生等领域。其中，NR 多孔材料已经发展成为橡胶工业不容忽略的部分，因其泡孔结构为全部开孔或绝大部分开孔，只有一小部分不开孔，具有密度低、隔音、隔热、高弹性、减震性、抗压缩疲劳性、舒适性和耐久性等特点，已被应用到各行各业中。NR 多孔材料是利用物理或化学方法对 NRL 进行起泡、定型而形成的连续气泡状的橡胶制品，是一种低密度的开孔式材料。NR 多孔材料大多数为 NRL 海绵，因 NRL 成膜性好，易胶凝和硫化，所制备的 NR 多孔材料具有密度低、弹性好、透气性好、抑菌、隔热保温等特性，在生活用品、车辆工程、航天航空、轻工能源等领域得到了广泛应用[1-7]。

5.1 天然橡胶多孔材料的概述

5.1.1 研究现状

随着社会经济的持续发展，人类的物质生活日渐丰富，单纯的某一种材料已不能满足人们对产品使用性能的需求。NR 复合多孔材料在日常生活中有着极大的需求，因此，以 NRL 为基体，结合其他功能性材料，制备出功能化 NR 多孔材料吸引了许多学者的兴趣。例如，Lorevice 等[8]将纳米纤维素和 NRL 在不使用有机溶剂的情况下直接混合，制备出绿色环保的海绵材料，其具有极高的孔隙率、出色的疏水性，可快速吸附有机溶剂和油，并且可多次重复使用，有望成为净化水的替代产品。Zhang 等[9]简单搅拌 NRL 和氧化石墨烯液晶混合溶液，起泡后获得了坚韧超轻、高可压缩性和水黏合性的石墨烯/NRL 气凝胶，该复合材料可吸收潮湿环境中的水分并且提高太阳能吸收效率。Ramasamy 等[10]将稻壳粉掺入 NRL 制成稻壳粉/NRL 发泡复合材料，实验发现稻壳粉能够增加复合材料的断裂伸长率和100%定伸应力。Rathnayake 等[11]在 NRL 中掺入银-二氧化钛纳米颗粒制得了银-二氧化钛/NRL 复合海绵，实验发现该海绵材料对多种常见细菌具有抗菌活性。Tangboriboon 等[12]将蛋壳粉作为填充剂加入到 NRL

中制备出半硬海绵，研究发现蛋壳粉的加入可增强复合海绵的机械、热和物理性能，并且在添加 30 份时效果最好。Rathnayake 等[13]以纳米氧化锌作为抗菌材料和凝胶剂制备 NRL 复合海绵，发现纳米氧化锌可有效提高胶乳海绵材料抑制细菌生长的能力。

植物纤维因绿色可持续、来源广等特点，受到 NRL 领域的关注。例如，中北大学的刘通[14]以菠萝叶纤维为填料，制备了菠萝叶纤维/NRL 复合海绵，发现该复合海绵结合了 NRL 海绵的力学性能、回弹、压缩永久变形等性能，同时又具有菠萝叶纤维的吸附和防霉性能。东华大学的王姗姗[15]以甘蔗皮纤维作为增强填料，制备得到了 NRL 复合海绵，发现甘蔗皮纤维的引入可以提高 NRL 海绵的力学性能，扩大了适用范围。海南大学的徐天才等[16]利用 Dunlop 法制备了竹炭/NRL发泡复合材料，发现该复合材料具有调湿、吸附小分子等特性，且拉伸强度可达到 11.6MPa。暨南大学的未友国等[17]以 NRL 为基体，植物纤维和蒙脱土为填料进行填充改性，制备了植物纤维/蒙脱土/NRL 发泡材料，发现蒙脱土的引入可以提高胶乳的黏合性能，使胶乳发泡复合材料的回弹性提高了 12%，尺寸稳定性增加了 10%。

此外，由于 NRL 内部除橡胶烃外，还存在蛋白质、脂质、脂肪酸、无机盐等非胶物质，非胶物质的存在对胶乳制品的气味、抗老化性、热稳定性、抗菌防霉性有很大影响，尤其是胶乳蛋白质的致敏性，极大地限制了其在医用手套、避孕套、乳胶枕等制品中的使用，故 NRL 发泡材料的抗菌防霉性研究也是当前的热点。例如，Rathnayake 等[18]采用原位还原法以硝酸银为原料制备了纳米银离子，并以纳米银离子作为抗菌剂改性 NRL，制备了抗菌型 NRL 发泡复合材料。扬州大学的解永娟[19]以有机抗菌剂季铵盐作为抗菌填料制备了抗菌性 NRL 发泡材料，发现季铵盐化合物改性制备的抗菌 NRL 泡沫具有长效抗菌性，材料放置 90 天后抗菌率仍可以达到 90%以上。同时，解永娟以海藻酸钠和壳聚糖为原料制备了微胶囊，并以微胶囊结构搭载季铵盐化合物，使季铵盐化合物包埋在微胶囊内，抗菌效力可以缓慢释放，达到长久抗菌效果，且对力学性能影响很小。南昌大学的Zhang 等[20]采用硫化体系和过氧化物体系制备了可慢回弹的 NRL 发泡材料，并合成纳米氧化锌作为抗菌填料改性 NRL 发泡材料，作为心脏植入物消除或减缓因金黄色葡萄球菌等革兰氏阳性菌造成的炎症。Zhang 等[21]以甲壳素和几丁质作为抗菌剂制备了抗菌型 NRL 发泡复合材料，甲壳素和几丁质在 NR 多孔材料中更倾向于聚集，不利于泡孔成型，容易发生塌泡，但复合材料的抗菌性提高了 181.3%。

5.1.2　配合体系

胶乳配合剂是胶乳制品生产加工过程中使其具有特定生产工艺、提高制品性能所需添加辅料的总称[22]。NRL 的纯胶制品在性能方面存在许多不足之处，因此制备 NR 多孔材料制品的过程中需要加入各种配合剂，改善 NR 多孔材料制品的最终性能。不同的配合剂具有不同的作用，生产不同需求的制品时，要选择加入配合剂的种类及每种添加剂的使用剂量。目前主要的配合剂包括：硫化剂、活性剂、促进剂、防老剂、补强剂、起泡剂、稳泡剂、填充剂等。其中，起泡体系、胶凝体系、硫化体系及防老体系对 NR 多孔材料成型至关重要[23]。

1. 起泡体系

众所周知，对于纯液体而言，不能靠自身的搅拌形成稳定的泡沫，只有在加入某些特定的助剂，通过搅拌或者吹气的方式才能形成稳定的泡沫。将能使液体产生稳定泡沫的物质称为起泡剂[24]。起泡剂通常是一种表面活性剂。对于 NRL 的起泡和 NR 多孔材料的制备，起泡剂的选择尤为重要。起泡剂溶于 NRL 中，以降低胶乳表面张力和溶液中气泡界面张力，搅拌过程中在胶乳的气泡周围形成一层保护层，维持泡沫的稳定性，从而达到起泡的目的[25-27]。常用起泡剂多为肥皂类，如羧酸皂、油酸皂、蓖麻醇酸酯皂、蓖麻油酸皂等；NR 发泡材料最常用的起泡剂为油酸铵、油酸钾、蓖麻油酸钾等[25, 27]。

2. 胶凝体系

NR 多孔材料的胶凝体系主要分为三种：热敏胶凝体系、迟缓胶凝体系和冷冻胶凝体系[27]。热敏胶凝体系是在 NRL 中加入热敏胶凝剂，使其对温度产生热敏性，加热 NR 多孔材料使 NRL 胶凝固化；但其因具有热敏性，会受到环境温度的影响提前胶凝，或导致泡壁破裂、泡孔坍塌，影响产品的结构与性能[28]。迟缓胶凝体系中的胶凝剂具有迟缓性，以胶凝剂氟硅化钠最具代表性[29, 30]。迟缓胶凝体系中 NR 多孔材料的胶凝和硫化固化属于两个不同的过程。迟缓胶凝剂的使用是 Dunlop 发泡法制备 NR 多孔材料的标志之一。冷冻胶凝体系一般是选择酸性气体，使气体充满模腔，在真空冷冻下使 NR 多孔材料胶凝[31]，但配合 NRL 中必须含有铵根离子和氧化锌，可形成不溶性锌皂维持胶乳粒子的稳定性[32]，酸性气体在胶乳中降低 NR 多孔材料的 pH 值使其胶凝。此方法是 Talalay 发泡法的重要标志[27]。

3. 硫化体系和防老体系

为保证 NR 多孔材料泡壁快速固化，防止 NR 多孔材料因泡壁过薄或强度不够而产生破壁和塌泡，NR 多孔材料在制备过程中需要配合胶乳中的硫化剂用量高于一般橡胶制品[27, 33]。同时，促进剂需要选择具有快速硫化作用的超速级促进剂或者不同促进剂产生协同作用促进 NRL 固化[25]。NR 多孔材料的硫化体系通常为硫磺硫化体系，促进剂一般为噻唑类促进剂和氨基甲酸盐类促进剂协同并用[34]。噻唑类促进剂具有较高的硫化活性，并且能赋予硫化胶良好的耐老化性和耐疲劳性能，是氨基甲酸盐类促进剂的活化剂[35]。二硫代氨基甲酸盐类促进剂是一类超速促进剂，硫化速度快、焦烧时间短，适用于室温硫化制品和胶乳制品的硫化[27, 36]。NR 多孔材料特殊的泡孔结构，使其具有更大的比表面积，更容易发生老化，因此 NR 多孔材料防老剂的用量比一般橡胶制品用量多 1~2 倍，其具有防日光变色、防霉菌作用和碱性 NRL 中不产生聚结作用，并且无污染、无味，适用于浅色制品[37]。防老剂的品种主要有防老剂 2246、防老剂 MBZ、防老剂 DBH 和防老剂 MBZ 等[38]。

5.1.3 成型工艺

NR 多孔材料成型的原理是利用机械起泡或者化学发泡等方法对 NRL 进行起泡处理得到 NR 多孔材料，然后对 NR 多孔材料进行胶凝和硫化定型。当前，NRL 发泡方法主要有两种，分别为 Dunlop 发泡方法和 Talalay 发泡方法[39]。

1. Dunlop 法

Dunlop 法作为最常见的 NRL 发泡法，已有近 10 年的使用历史，经过不断使用和改进，工艺已经十分成熟，其操作流程简单清晰、可重复性高，所需设备和模具简单易操作，整体的生产成本低。目前，Dunlop 法已被广泛用于制备各种规格和类型的 NR 多孔材料制品，如乳胶枕头、沙发垫、乳胶床垫、鞋垫、车辆坐垫等，为制备人类生活和生产中所需的 NR 多孔材料制品做出了重大贡献。

Dunlop 法[40]主要是利用化学发泡和机械发泡相结合的方式对 NRL 进行发泡。利用高速搅拌器对 NRL 起泡的同时，加入化学发泡剂协助发泡，当发泡至需要的倍数时，加入胶凝剂后进行注模定型，并在高温下硫化成型（图 5-1）。其具体操作流程为：NRL 配制、熟化、起泡、胶凝、注模、硫化、脱模、洗涤、烘干[27]。其中 NRL 配制、起泡和胶凝对 NR 多孔材料的成型十分重要。Dunlop 法制备 NR 多孔材料所需要的 NRL 固含量不能低于 55%，黏度控制在 200~300Pa·s 之间，pH 值范围为 10~11，否则会出现泡孔结构不均匀或不能成型的情况。因此，利用 Dunlop 法发泡时，NRL 中填料的种类和类型受到了很大限制，如含水率、亲疏水性、粒径、比表面积等，这极大地限制了 NR 多孔材料的性能和使用范围。此外，Dunlop 法在起泡过程中所需要的起泡剂、硫化剂、防老剂等添加剂及起泡时间、速度等均会影响最终得到的泡孔结构，所以起泡时需要进行严格的参数控制。另外，起泡后得到的 NR 多孔材料主要包括水/橡胶界面和水/空气界面。当加入胶凝剂后，胶粒表面的保护层和水合层会被破坏，从而使两个界面的稳定性被破坏，胶粒在自黏性的作用下开始聚集，慢慢从流动态转变成三维网状立体结构的橡胶相，实现从流体变成凝胶的过程。胶凝过程作为 Dunlop 法十分重要的操作步骤，胶凝剂配制、胶凝剂添加时间、胶凝时间、胶凝速度和注模时间等直接决定了 NR 多孔材料是否成型，以及 NR 多孔材料的泡孔是否坍塌、开孔程度和泡孔形态。总体来讲，Dunlop 法制备 NR 多孔材料极易受成型过程中工艺参数的影响。

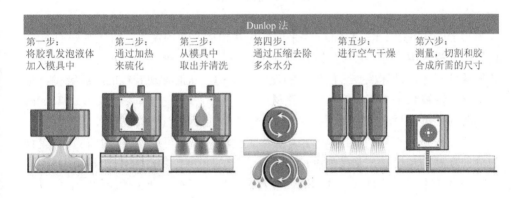

图 5-1　Dunlop 法制备胶乳发泡材料的示意图[27]

2. Talalay 法

Talalay 法制备 NR 多孔材料是在 NRL 中加入发泡剂，使发泡剂在 NRL 内部产生气泡，然后进行冷冻胶凝（图 5-2）[27]。但是由于发泡过程不易控制，且所用催化剂也不易存储，故此工艺逐渐改进为新型的真空冷冻发泡法制备 NR 多孔材料。首先，制备配合胶乳，然后对配合胶乳进行低倍搅拌起泡，再注入密闭的模具中，抽真空使低倍起泡的 NR 多孔材料膨胀并充满模腔，迅速降温，使 NR 多孔材料中溶液在低温下冷冻成型，建立 NR 多孔材料的立体网状结构，并保证胶乳泡孔形状的稳定性，避免因化学发泡和物理发泡引起的泡孔合并、泡壁坍塌等现象的产生；冷冻完成后，通入酸性气体二氧化碳，二氧化碳在胶清溶液中生成碳酸铵，碳酸铵与加入的氧化锌发生络合反应生成锌氨络合物，使 NR 多孔材料发生胶凝；最后加热硫化、脱模、洗涤、干燥，得到 NR 多孔材料[41]。

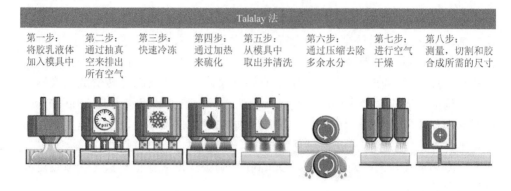

图 5-2　Talalay 法制备胶乳发泡材料示意图[27]

与 Dunlop 法相比，Talalay 法采用了先注模后发泡的模式，将配制好的 NRL 直接注入模具中，利用抽真空的方式对 NRL 进行起泡，然后通入低温二氧化碳或其他酸性气体，破坏橡胶表面稳定的双电层结构，从而实现胶粒的胶凝定型，最后硫化、洗涤和干燥后得到 NR 多孔材料。其中，真空发泡和冷冻胶凝对 Talalay 法制备 NR 多孔材料至关重要，对应的抽真空和通入酸性气体的操作十分复杂，对设备要求十分严格。Talalay 法因特殊的发泡方式，可以使发泡材料具有更均匀的泡孔结构和尺寸，制品密度比 Dunlop 法制备的 NR 多孔材料低且弹性好，但是其模具和生产工艺复杂、成本高、能耗高，限制了在工业上的应用[27]。所以，当前 Dunlop 法仍为 NR 多孔材料的主要生产方法。总体来讲，Talalay 法制备的 NR 多孔材料较 Dunlop 法的性能优异、泡孔均匀，但受到成本、操作和设备需求的限制，仍然很难大规模取代 Dunlop 法，因此目前市场上 90% 以上的 NR 多孔材料都是利用 Dunlop 法制备而成的。

3. 冰模板法

近些年，利用冰模板法制备多孔材料逐渐受到人们的关注。其因工艺安全简单、成本低和绿色环保的特性，在人类生活或生产中具有巨大的发展潜力，已被研究学者应用于各类材料的研发和制备中。冰模板法主要是将前驱体分散在水溶液中形成均匀的混合溶液后进行冷冻，使混合溶液中的水冷冻成冰，水中的溶质会随着冰晶的生长而逐渐被压缩，慢慢从溶剂中析出并彼此靠近，最后聚集在冰晶与冰晶之间，实现水和溶质的分离，溶质会形成彼此相接的连续相。接着通过冷冻干燥或者加热的方法利用气化或者液化的原理将混合冷冻物中的冰晶去除，剩下的溶质部分会形成一个完整连续的多孔结构。在整个冷冻和去除冰晶的过程中，冰晶扮演着模板载体的角色，促使溶质在它的表面或者四周聚集成型，最后去除冰晶（去除模板）得到多孔材料。因为冰模板法制备多孔材料主要是物理成型的过程，对前驱体材料的类型没有严格限制，所以冰模板法对各类多孔材料具有很好的通用性，如天然高分子材料、合成高分子材料和无机生物材料等。此外，通过冰模板法制备多孔材料具有简单易操作、设备要求低、环境友好，且孔隙结构可控（可以根据需求随意调节，以满足其在不同领域的需求）等特点，现已被广泛应用在制备陶瓷、聚合物、多孔或织物材料和纳米材料等领域。

冰模板法制备多孔材料主要包括溶液的制备、冷冻过程、干燥过程、去除冰晶和定型等工艺，其中溶液的制备、冷冻过程和干燥过程最为重要。例如，冰模板法中的溶液配制（包括溶质的粒径、固含量、溶剂的种类和添加剂等）会直接影响混合溶液在冷冻过程中的冰晶生长和溶质的析出，从而影响制备的多孔材料的孔隙结构。溶剂的种类会影响在冷冻时生成的晶体大小和形状，进而影响多孔材料的微观结构。当溶质的固含量越高时，混合溶液中的溶剂含量就越低，冷冻过程中冰晶的生成容易受到颗粒间相互作用力的影响，从而影响制备得到的多孔材料孔隙率和微观形貌。在冷冻过程中，溶质的粒径会影响冰晶成核，改变冰晶生长位置和数量，进而改变多孔材料孔隙的分布和数量。另外,添加剂的使用会改变溶液的黏度、表面张力和溶质间的作用力等，进而影响冰晶的生长，从而改变多孔材料的孔隙结构和支架强度。此外，冷冻过程中冷冻参数（冷冻温度、冷冻设备、冷冻模具、冷冻模式、冷冻速率、冷冻时间等）同样会直接影响冰晶的生长和多孔材料的孔隙结构。由于冷冻速度越快、冷冻温度越低和冷冻时间越短，冰晶的生长数量越多、速度越快，形成的冰晶越小，得到的多孔材料的孔隙度越高、孔径越小。不同的冷冻设备，冷冻的方式不同，混合溶液受冷方向不同，冰晶成核位置也随之不同，进而形成的孔隙也不同。冷冻模具可以决定多孔材料的宏观形态（如块状、球状、片状、柱状等）。另外，冷冻模式能通过改变冰晶的生长方向来控制多孔材料的孔隙结构，如单定向冷冻模式、双定向冷冻模式等。混合溶液会在冷冻源接触面优先结晶成核，然后冰晶会沿着温度梯度方向进行生长，使多孔材料具有有序的孔隙结构。总体来讲，冰模板法较其他多孔材料制备方法具有可控性高、成本低、环境友好、更通用和更简单方便的优点，为 NRL 海绵的发展提供了新的方向。

5.1.4　发泡方法

1. 物理发泡法

物理发泡法[42]是在熔融状态或溶液状态下的聚合物基体中加入物理发泡

剂，然后在加热或者减压条件下使物理发泡剂膨胀，形成泡孔，最后制得发泡材料。在发泡过程中，发泡剂不会对聚合物基体材料化学性能产生影响[32, 43]。因此，物理发泡剂一般是惰性气体、无毒且具有低沸点、低熔点、可压缩液化等特性[42]。常用的物理发泡剂有小分子脂肪族烃类及其异构体（如丙烷、丁烷、戊烷等）、脂肪族醚类（石油醚）、超临界惰性气体（如二氧化碳、氮气等）。NR 多孔材料制备过程中，Talalay 法是典型的物理发泡法。其发泡过程是将不经过熟成和除氨的配合 NRL 先进行低倍机械起泡，然后将起泡后的 NRL 泡沫注入密闭模具中抽真空，使泡孔在真空下膨胀至完全充满整个模腔，再迅速冷冻，NRL 泡沫在冷冻条件下保持稳定的泡沫结构，通入超临界二氧化碳进行胶凝[44]。该方法的发泡过程是通过真空下小气泡的膨胀逐渐形成了泡沫，而二氧化碳作为胶凝剂，先溶解于胶清体系中与 NRL 中的氨发生反应生成碳酸铵，碳酸铵和氧化锌生成锌氨络合物进行胶凝[45]。此方法制备的胶乳发泡材料具有更小且更均匀的泡孔尺寸，但设备复杂、成本高，故市场应用较少。

2. 机械发泡法

机械发泡法又称 Dunlop 发泡方法，是 Dunlop 法制备 NR 多孔材料的主要发泡方式。机械发泡法根据发泡设备又分为间歇发泡法和连续发泡法两种。其发泡原理主要是通过强力的机械搅拌，把大量空气或其他气体作为分散相均匀混合到配合 NRL 的连续相中，制成均匀的具有网状泡孔结构的泡沫体，再通过胶凝剂使其胶凝，然后加热硫化固化，得到胶乳发泡材料[42, 46]。机械发泡法在发泡前通常会加入稳定剂、发泡剂和稳泡剂等助剂，具有加快起泡、提高胶乳稳定性的作用[47]。间歇机械发泡法是最早使用的发泡方法，也是当前实验室所用发泡方法。间歇机械发泡机[33]是由一根金属搅拌棒和一个搅拌釜组成。在注模过程中需要将搅拌釜内的 NR 多孔材料倒入模具中。搅拌速度一般为高、中、低三挡。金属搅拌棒通常为网笼状，运动模式有自转和公转两种，在自转搅拌的同时还伴随着中心轴的公转，同卫星式运动，这种搅拌方式可以保证搅拌釜内 NRL 快速发泡。同时，搅拌棒的网笼式结构增加搅拌过程中的接触面积和线速度，提高发泡速率。实验室所用发泡机多选择家用的多功能厨师机，具有相同的实验效果。

3. 化学发泡法

化学发泡法是在基体材料中发生化学反应产生气体使基料形成网状泡孔结构的发泡过程[48]。化学发泡法制备的发泡材料多为闭孔型发泡材料，泡孔分布与其发泡剂的分散性有关。化学发泡法主要分为两种类型，一种为热分解型发泡法，另一种为组分间发生相互化学反应而产生气体的发泡方法。热分解型发泡法是发泡剂在受热条件下产生气体使基料发泡的方法[49]。常用的化学发泡剂有过氧化氢、碳酸铵、碳酸钠、碳酸氢钠和偶氮二异丁腈等[38]。热分解型发泡法对发泡剂的要求较高，需要发泡剂具有优异的分散性，分解生热小，对基体材料不产生物理和化学性能的影响，分解气体无毒、不燃、无腐蚀性且释放量大，能够快速释放等性能。热分解型发泡法主要应用在固态橡胶发泡中，而且制备工艺复杂、不易控制发泡过程，不适用于液体 NRL 的发泡。不同组分间相互作用的发泡方法主要是利用不同组分间特殊的基团或化学键发生化学反应产生气体，从而使基体材料发泡[50]。此类方法在发泡过程中，伴随着单体的聚合反应，所以在发泡过程中需要控制聚合物聚合反应和各组分间发泡反应的平衡[37]。此类发泡方法常用于制备聚氨酯发泡材料[27]。

5.2　纤维素/天然橡胶多孔复合材料的研究现状

5.2.1　纤维素/天然橡胶多孔复合材料的研究进展

近年来，稻壳粉、红麻纤维、菠萝叶纤维、纤维素等生物质材料已被研究学者作为填料加入到橡胶基体中制成生物质纤维/NR 海绵材料。例如，Ramasamy 等[51]在 NRL 中引入稻壳粉后，利用 Dunlop 法发泡制备得到稻壳粉/胶乳复合海绵，发现稻壳粉的引入可以提高胶乳复合海绵的力学强度和硬度，但会降低复合海绵的弹性。Tomyangkul 等[52]在 NRL 中加入被 NaOH 处理过的甘蔗渣和油棕纤维，通过 Dunlop 法发泡后获得吸声能力优异的 NR 复合海绵。Kudori 和 Ismail[53]利用 Dunlop 法探讨了不同填料用量和纤维尺寸对红麻纤维填充 NR 泡沫力学性能的影响，发现红麻纤维负载量增加会降低复合海绵的拉伸强度、断裂伸长率，但在伸长率为 100%时的拉伸强度、压缩强度、压缩永久变形、硬度和泡沫密度增加。此外，相同的红麻纤维负载量下，较小尺寸的红麻纤维填充 NR 泡沫表现出更高的拉伸性能、压缩强度、压缩永久变形和硬度。Lorevice 等[8]在没有任何有机溶剂的情况下，通过将纳米纤维素和 NR 多孔材料直接结合的策略利用冰模板和冷冻干燥法制备出疏水和环保的复合海绵。研究发现，该复合海绵具有出色的疏水性（约为100°），出色且快速的油/有机溶剂吸收（3s 内超过 50g/g），以及对吸收有机溶剂和油类具有出色的可重复使用性（20 次循环）。Phomrak 等[46]将微米纤维素和纳米纤维素加入 NRL 中，通过 Dunlop 工艺制备得到 NRL 复合海绵，发现复合海绵表现出高孔隙率、低密度和高吸水能力。Pinrat 等[54]从菠萝叶中提取出纤维素粉末，然后利用 Dunlop 法制备出菠萝叶纤维素/NRL 多孔材料，发现拉伸强度和断裂伸长率随着纤维素含量的增加而降低，而杨氏模量随着纤维素含量的增加而增加。刘贵言等[2]以 NRL 作为承载基体，纤维素纤维作为补强填料，采用 Dunlop 工艺将纤维素纤维与 NRL 结合，制备获得纤维素/NRL 多孔材料。从微观、宏观结构可以发现，纤维素纤维的加入会使 NRL 多孔材料的泡孔变大，且其大部分存在于 NRL 多孔材料的泡孔壁里。此外，纤维素纤维的添加使 NRL 多孔材料的压缩强度改善，吸水基团增加，亲水性提高及吸水性能改善。

5.2.2　纤维素的界面改性

纤维素表面的化学特性对纤维素与聚合物基体之间的相容性和纤维素在聚合物中的分散性至关重要。虽然纤维素材料现已被广泛应用于各种橡胶材料中，但是纤维素材料含有较多的亲水性基团，具有较高的亲水性和化学极性，使得纤维与疏水性橡胶基体之间的界面相容性变差。此外，较强的分子内氢键使得纤维素材料容易聚集成团，在橡胶基体中分散性不佳，使得复合材料受到外界力、热作用时更容易产生应力集中。因此，纤维素在橡胶基体中如何能够实现良好的分散、形成较高的界面强度也始终是科研工作者关注的焦点。

为了让纤维素材料能更好地补强橡胶材料，目前已有许多研究通过化学改性与纤维素表面羟基反应来改变纤维素整体的极性，进而改善纤维素与橡胶基体之间的界面结合能力。例如，Thakore[55]通过酸水解后，联合乙酰化处理得到具有纳米尺寸和疏水性的醋酸纤维素纳米颗粒，然后通过干混法成功制备得到纳米纤维素/NR 复合材料。结果发现，改性后的纳米纤维素和 NR 基体之间的相容性非常高，而且当醋酸纤维素纳米填料的加入量从 0 增加到 40 份时，复合材料的拉伸强度和伸长率呈线性增加，甚至高于同配方下炭黑/NR 复合材料。Zhu 和 Dufresne[56]还在纤维素纳米纤维（CNF）的还原端引入活性硫醇基团，并通过浇铸、蒸发分散改性 CNF 和 NRL 的混合物获得纳米复合材料，其中通过光化学引发的硫醇-烯反应在硫醇基团和 NR 的双键之间形成共价交联。与纯 NR 相比，改性 CNF 增强的纳米复合材料表现出更高的拉伸强度（0.33～5.83MPa）、杨氏模量（0.48～45.25MPa）和韧性（2.63～22.24MJ/m³）。Li 等[57]对 CNC 进行了末端接枝，改善其在水悬浮液中的再分散性和稳定性，将其引入 NR 基体中，制备得到 CNC/NR 复合材料。与纯 NR 材料相比，CNC 改性后制备的复合材料拉伸强度、杨氏模量和储能模量分别提高了 160%、468%和 1041%。Singh 等[58]采用不同的有机硅烷改性 CNC，并将其用于增强 NR

材料。结果发现，相对于 CNC 填充复合材料，表面改性的 CNC 填充复合材料具有更好的 CNC 颗粒分散状态，且在低应变下的模量几乎高 1.5～2 倍，拉伸强度高 2.5 倍。Jiang 等[59, 60]采用阳离子表面活性剂十六烷基三甲基溴化铵改性纳米晶纤维素（m-NCC），并用于增强 NR。结果发现，纳米晶纤维素（NCC）的表面改性改善了 NCC 在 NR 基体中的分散状态及彼此之间的界面相互作用（图 5-3）。与原始 NR 复合材料相比，NR/m-NCC 复合材料的拉伸强度、断裂伸长率和撕裂强度分别提高了 132.8%、20% 和 66.1%，表现出优异的力学性能、抗湿滑性和抗老化性。

图 5-3　NR/NCC10（a）、NR/m-NCC10（b）、NR/NCC20（c）和 NR/m-NCC20（d）复合材料的 SEM 图[59]

　　此外，由于离子液体可用作纤维素的溶剂、分散剂和溶解剂[61-63]，因此 Yasin 等[64]利用离子液体对纤维素纳米晶体和纤维素纳米纤丝进行改性，并将其应用到 NR 材料中（图 5-4）。结果表明，离子液体能够通过改善填料-橡胶界面相互作用来调节纤维素纳米填料在 NR 基体中的分散，以及提高 NR 的交联密度和橡胶复合材料的拉伸强度。

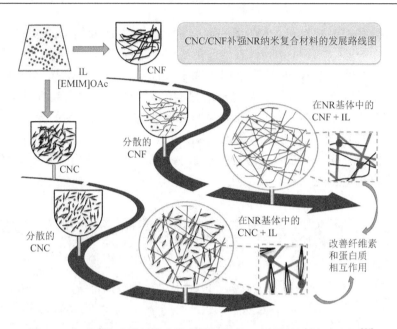

图 5-4　离子液体改性纤维素纳米填料增强 NR 材料的制备流程图[64]

5.2.3　纤维素/天然橡胶多孔复合材料存在的问题及发展趋势

　　我国从 1958 年开始生产 NR 多孔材料，在不断完善生产技术和工艺的过程中，已经完全实现工艺化和商业化的发展。近年来，围绕着 NR 多孔材料的优化和研究已经十分深入，且 NR 多孔材料已经被广泛地应用在各行各业中。然而，随着人们生活水平的提高，种类、功能单一的 NR 多孔材料无法兼具一些特殊的功能或者用途，已经很难满足实际应用中越来越高的要求。因此，多功能性的 NR 多孔材料渐渐受到人们的关注。目前，已有研究学者将功能性填料引入 NRL 中，然后再对 NRL 进行发泡来获得功能性的 NR 多孔材料，从而使 NR 多孔材料能更广泛地应用于生物医药、环境污染处理、电子产品等领域。例如，NR 多孔材料制品在潮湿的环境下容易滋生细菌，给人们的健康带来隐患。由于 NRL 制品在紫外光下会加速老化，不能通过阳光暴晒进行杀菌，因此抑菌型或者抗老化型 NR 多孔材料制品的研发就十分重要。例如，Rathnayake 等[18]通过将纳米银粒子引入到 NRL 中，利用 Dunlop 法发泡制备出抑菌型的 Ag/NRL 多孔材料。结果表明，Ag 的存在能有效提高 NRL 多孔材料对革兰氏阴性大肠杆菌、革兰氏阳性金黄色葡萄球菌和表皮葡萄球菌的抑菌性能。Rajapakse 等[13]将纳米氧化锌掺入 NRL 中制备出抑菌型氧化锌/NRL 多孔材料。结果发现，氧化锌/NRL 多孔材料对革兰氏阴性大肠杆菌和革兰氏阳性金黄色葡萄球菌具有很好的抑菌性。此外，Toh-Ae

等[37]在 NRL 中引入二氧化钛，利用 Dunlop 法制备出机械性能、光催化性能和紫外线稳定性能优异的二氧化钛/NRL 多孔材料，赋予 NRL 多孔材料能过滤挥发性污染物或微小颗粒的特性。

胶粒属于极性材料，且表面带有负电荷，当引入功能填料时，需要考虑填料的表面特性、比表面积等因素，否则会出现结块、分散不均的现象。此外，由于 Dunlop 法或 Talalay 法工艺的限制，所引入的功能填料含水率、粒径、比表面能及添加量不能太大，否则会出现海绵不能成型、起泡后易塌泡、泡孔大小不均或者功能填料聚集、分散不均的现象。因此，随着功能性胶乳海绵的需求提高，研究者相继提出了将胶乳海绵作为基体材料，通过浸渍等手段直接对其负载功能材料的方法。例如，Zou 等[65]将胶乳海绵直接浸入到高密度聚乙烯溶胶中，然后经乙醇清洗后得到高密度聚乙烯包裹的胶乳海绵。测试结果表明，该海绵具有优异的力学性能和超疏水性，并对油污具有很好的吸附能力和分离能力。Sun 等[66]将 NRL 多孔材料浸入到石墨烯/高密度聚乙烯溶液中得到石墨烯/高密度聚乙烯包裹的 NRL 复合海绵。测试发现，该海绵具有超疏水和超亲油特性、较好的油水分离性能、高导电性和电磁干扰屏蔽性能。Sun 等[67]通过在 NR 泡沫上浸涂银纳米线制备得到银纳米线/NR 泡沫压力传感器。该压力传感器具有理想的导电性（0.45～0.50S/m）、出色的柔韧性（80%应变下为 58.57kPa）、良好的疏水性（128°）和出色的可重复性，可以组装在手套上检测弯曲、触摸和握持等手部运动。这种直接浸渍的方法对功能材料的吸附能力、成膜能力、黏度等的要求十分高，很难将大多数的功能填料应用于补强胶乳海绵。因此，探索一种新的胶乳海绵成型方式对发展多功能性 NR 多孔材料至关重要。

5.3　冰模板-硫化法制备纤维素/天然橡胶多孔复合材料的研究

NR 多孔材料主要是通过 Talalay 法和 Dunlop 法[65, 68]制备得到的。Talalay 法[68]是采用物理技术来制备得到 NR 多孔材料的，主要利用负压技术对混合物进行起泡，然后充入二氧化碳气体，最后硫化得到乳胶海绵。Dunlop 法[69]采用化学技术形成 NR 多孔材料，主要是将乳胶混合物与发泡剂进行机械搅拌发泡，然后加入胶凝剂进行胶凝定型，最后注入模具中硫化形成乳胶海绵。随着人们生活水平的提高，功能单一的纯 NR 多孔材料已经很难满足人们的日常需要。因此，在 NR 多孔材料中引入多功能填料对发展 NR 多孔材料至关重要。然而，受成型工艺的限制，Dunlop 法和 Talalay 法很难将密度大、直径长的填料（如碳纤维、木纤维等）引入 NRL 中，严重限制了多功能填料在 NR 多孔材料中的使用以及多功能 NR 多孔材料的发展。

因此，受大自然的启发（水冻结成冰和冰加热融化成水）[70-72]，充分利用橡胶在低温下易结晶、易胶凝的特性，利用冰模板法和水热硫化技术制备多功能 NR 多孔材料。与 Dunlop 法相比，该方法在制造中无须添加胶凝剂和脱模剂；与 Talalay 法相比，该方法无须使用复杂的设备，成本、燃料和能源消耗更低。总体来讲，该方法不仅结合了 Dunlop 法和 Talalay 法的优点，而且还避免了它们的缺点。此外，纤维素微米纤维（CMF）[73]不仅具有可再生性、环境友好性、低成本、低密度、可生物降解性和丰富的羟基等诸多优点，而且还是性能优异的水响应形状记忆[74, 75]和吸油[76, 77]的材料，已经广泛应用于各个领域中。因此，以长径比大、易缠绕的 CMF 为补强填料来增强 NRL 复合海绵的水致形状记忆性能和吸油性能，通过溶液共混法、冰模板法和水热硫化技术制备了具有多孔结构的 CMF/NR 复合海绵。研究了 CMF/NR 复合海绵的微观结构、可加工性、力学性能、水恢复等，并揭示了 CMF/NR 复合海绵的成型机理，为制备多功能的 NR 多孔复合材料提供了新的思路。

5.3.1　实验部分

1. 实验原料

纤维素微米纤维（CMF）是将纸浆纤维（针叶木漂白牛皮纸浆，来自牡丹江恒丰纸业有限责任公司）在 5% NaOH 溶液中 50℃条件下处理 5h 而得到的（脱去部分木质素，使纤维表面形成粗糙的结构）。天然胶乳（NRL）购自中国深圳市吉田化工有限公司，总固体含量为 61.51%，干胶含量为 60.19%。NRL 的机械稳定时间为 650s，氨含量为 0.72%，挥发酸含量为 0.014%。所有其他材料，包括氢氧化钠（NaOH）、氢氧化钾（KOH）、硫磺（S）、二乙基二硫代氨基甲酸锌（ZDC）、2-巯基苯并噻唑、抗老化剂和氧化锌（ZnO）等购于市面上。

2. 实验仪器与设备

实验所用仪器与设备见表 5-1。

表 5-1　仪器与设备

仪器名称	型号	生产厂家
电热鼓风干燥箱	101-2AB	天津市泰斯特仪器有限公司
数显恒温水浴锅	HH-S8	金坛市金南仪器厂
变频行星式球磨机	BXQM-04L	南京特轮新仪器有限公司

仪器名称	型号	生产厂家
电子分析天平	FA2204N	上海衡际科学仪器有限公司
电动搅拌器	FW30	上海福禄克有限公司
冰箱	BCD-228WBSV	青岛海尔股份有限公司

3. NRL 预处理

NRL 预处理过程主要包括三个部分：分散体的配制、NRL 除氨及 NRL 熟化，具体操作如下。

1）酪素溶液的制备

称取 2.5g 干酪素置于烧杯中，再量取 21.7mL 蒸馏水混合，将烧杯放于 40～50℃的恒温水浴锅中进行充分溶胀，约 2h 后加入 0.8mL 的氨水，加热（50℃）并不断搅拌至其完全溶解。

2）分散体的制备

将氧化锌、硫磺、二乙基二硫代氨基甲酸锌、2-巯基苯并噻唑和抗老化剂分别配制成一定浓度的混合溶液。将配制好的混合溶液置于变频行星式球磨机中，并以 300r/min 的转速处理 24h。

3）NRL 除氨和熟化处理

因为所用的 NRL 为高含氨浓缩胶乳（氨含量 0.72%），所以在使用前需要进行除氨处理，使 NRL 的氨含量降至 0.1%。详细的除氨处理如下：将一定含量的 NRL 放入烧杯中，加入少量的 KOH 后，在搅拌条件下低速搅拌 5min。随后，逐滴滴入甲醛进行除氨。待除氨结束后，将球磨得到的分散体溶液按固含量比（NR：氧化锌：硫磺：二乙基二硫代氨基甲酸锌：2-巯基苯并噻唑：抗老化剂=100：2：2：1：0.5：0.5）加入到 NRL 中，并在搅拌条件下充分混合 30min，然后在室温下熟化 6～12h，得到预处理完成的 NRL。

4. NR 复合海绵的制备

1）NR 海绵的制备

将预处理得到的 NRL 配制成浓度为 20%、30%、40%、50%和 60%的 NRL 溶液后，低速搅拌 60min 得到稳定 NRL 溶液。将得到的 NRL 溶液倒入模具中，然后在冰箱中冷冻 48h（−5℃下冷冻 12h，−23℃下冷冻 36h）。将冷冻后的 NR 海绵取出并置于水浴锅中，沸水加热硫化 3h 后取出，并用蒸馏水多次清洗。最后，在 50℃下干燥 36h 后获得不同 NRL 浓度的 NR 海绵。

2）CMF/NR 复合海绵的制备

首先，将 CMF 配制成 2wt%的 CMF 水溶液，在低速搅拌条件下将 CMF 水溶液加入到熟化好的 NRL 溶液中。然后，将分散均匀的 CMF/NR 溶液倒入模具中，并放置在冰箱中冷冻 48h（−5℃下冷冻 12h，−23℃下冷冻 36h）。将冷冻好的 CMF/NR 混合物放入水浴锅中，沸水加热硫化 3h 后取出，并用蒸馏水多次清洗。最后，在 50℃下干燥 36h 后得到 CMF/NR 复合海绵。其中，在 100 份 NRL 溶液中 CMF 的添加量分别为 5 份、10 份、15 份、20 份、25 份。

　　3）CMF/NR 复合海绵的表征

　　通过扫描电子显微镜（SEM，Quanta 200 型，美国 FEI 公司）对 CMF 和 CMF/NR 复合海绵进行微观形貌的观察，其中 CMF/NR 复合海绵是通过液氮脆断来获取断面形貌的。采用万能力学试验机（NO.5982，美国 Instron Corporation）以 1mm/min 的速度对 CMF/NR 复合海绵的压缩性能进行表征，每个海绵的压缩测试重复至少五次。通过 Q800 动态力学分析仪（美国 TA 仪器公司）对 CMF/NR 复合海绵的动态力学性能（DMA）进行测试，测试条件为：拉伸模式，频率为 1Hz，温度范围为−100～100℃，升温速率为 5℃/min。

5.3.2　结果与讨论

1. 纤维素/天然橡胶多孔复合材料的微观结构

　　硫化助剂的引入对于海绵成型十分重要。为了测试这一点，分别观察了有无硫化助剂的 CMF/NRL 混合物的成型过程（图 5-5）。对于无硫化助剂的 CMF/NRL 混合物，在冷冻后进行解冻或者硫化时，会出现不能凝固成型的现象［图 5-5（a）和（b）］。然而有硫化助剂的 CMF/NRL 混合溶液在冷冻后，解冻可以凝固成型，但获得的复合海绵非常容易被外力毁坏［图 5-5（e）］。将其进一步进行水热硫化后，得到的复合海绵可以在外力作用下保持结构稳定［图 5-5（e）］。这是因为硫化剂的存在使得橡胶分子之间发生交联反应，由线形结构变成了网状结构，分子间结合由范德瓦耳斯力变成了化学键结合，进而使得复合海绵的结构更加稳定和不易变形。

　　CMF 的引入对 CMF/NR 复合海绵微观结构的影响十分明显，而 CMF/NR 复合海绵的微观结构对其综合性能十分重要，因此图 5-6 测试了不同 CMF 添加量的 CMF/NR 复合海绵的微观结构。从图 5-6（a）和（d）可以发现，纯 NR 海绵的孔隙紧密相连，孔隙结构近似圆形，且多为闭孔结构。随着 CMF 引入 NR 海绵，横截面的孔结构呈不规则形态，且均为开孔结构。与 NR 海绵相比，CMF/NR 复合海绵的孔壁厚度增加，CMF 包裹在橡胶壁或间隙空间中［图 5-6（b）和（e），和（f）］。当 CMF 添加量越来越大时，CMF 和 NR 之间的关系逐渐改变。CMF 成为主要的孔状连接结构，而 NR 包裹在 CMF 的表面或者 CMF 之间的连接处，作为胶黏剂把纤维连接成一个连续的海绵结构［图 5-6（g）～（1）］。此外，随着

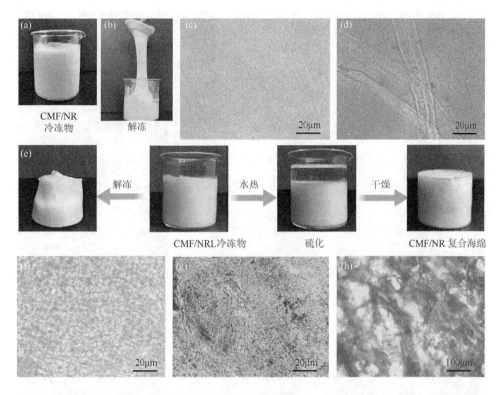

图 5-5　未添加硫化助剂的 CMF/NRL 冷冻物的数码照片：（a）冷冻，（b）融化；未添加硫化助剂的光学显微镜图像：（c）NRL 溶液，（d）CMF/NRL；（e）添加硫化助剂的 CMF/NR 混合物的数码照片；含有硫化助剂的光学显微镜图像：（f）NRL 溶液，（g）CMF/NRL 混合溶液，（h）解冻的 CMF/NR 复合海绵

CMF 添加量（以固定的浓度加入）增加，引入 CMF/NRL 混合物的水含量逐渐增加，也就是说 CMF/NRL 冷冻后形成的冰晶增加了，导致制备的 CMF/NR 复合海绵的孔隙也越来越大。这些现象说明可以通过控制 CMF 添加量来调整海绵的孔隙结构。复合海绵的密度变化规律也证明了这一点。从图 5-7 可以看出，海绵的密度随着 CMF 添加量的增加而降低。这说明，CMF 的加入有助于制备轻质的复合海绵，使 NR 海绵在吸附领域具有非常广阔的发展前景。

2. 纤维素/天然橡胶多孔复合材料的力学性能

CMF/NR 复合海绵是将 CMF/NRL 混合溶液冷冻成型来进行定型的，因此可以通过改变模具形状或者裁剪来获得各种形态的复合海绵，进而满足各种产品的需求。图 5-8 显示了各种形态的 CMF/NR 复合海绵的宏观照片，如棒状形、鸡蛋形、Hello Kitty 形、小白兔形等。此外，将 CMF/NR 复合海绵（以 CMF-10/NR

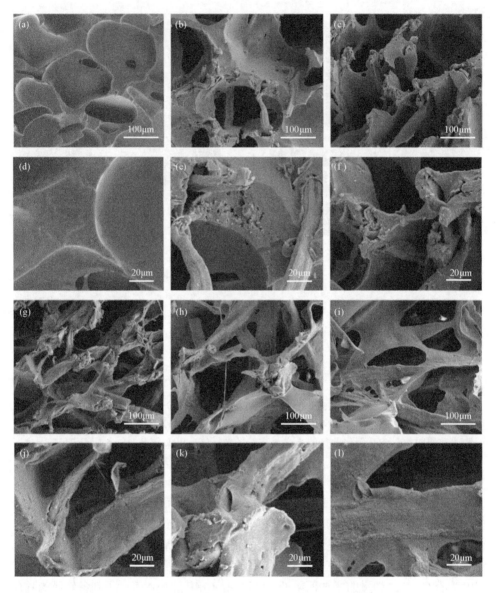

图 5-6　NR 海绵和 CMF/NR 复合海绵的微观结构

（a）、（d）NR 海绵；（b）、（e）CMF-5/NR；（c）、（f）CMF-10/NR；（g）、（j）CMF-15/NR；（h）、
（k）CMF-20/NR；（i）、（l）CMF-25/NR

复合海绵为例）弯曲 180°后形成 U 形并保持 30min，然后释放压力，可以发现变形后的 CMF/NR 复合海绵能快速地恢复其原来的形状 [图 5-8（e）]，这说明 CMF/NR 复合海绵柔软且具有极好的回弹性。

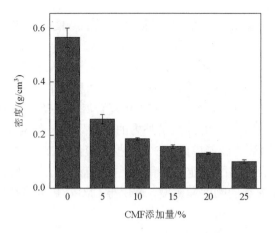

图 5-7　CMF/NR 复合海绵的表观密度

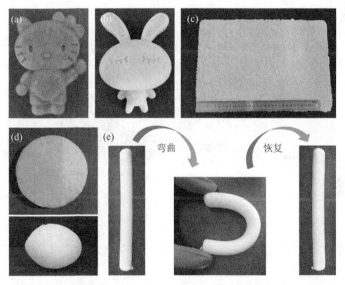

图 5-8　各种形状的 CMF/NR 复合海绵的数码照片

　　为了评估 CMF 的存在对 NR 海绵机械性能的影响效果，将不同 CMF 添加量的 CMF/NR 复合海绵以 1mm/min 的速度进行压缩测试（图 5-9）。从图 5-9 可以看出，CMF/NR 复合海绵的压缩强度随着 CMF 添加量的增加而越来越小，这说明 CMF 的存在会快速降低 NR 海绵的压缩强度，也就是说 CMF 的存在可以增加 NR 海绵的柔软性。其中，CMF-25/NR 复合海绵的压缩应力约为 0.12MPa，虽远小于 NR 海绵，但仍然高于其他纤维素基复合海绵的力学强度。此外，NR 海绵的压缩应力是从 60% 的压缩应变开始显著增加。而 CMF/NR 复合海绵从 70% 的压缩应变开始显著增加。这表明 CMF/NR 复合海绵比 NR 海绵的孔隙致密性差，也就是说 CMF 的引入会使 NR 海绵的孔隙数量增加，使 CMF/NR 复合海绵抵抗外力的能力降低，表现出较好的柔软性。产生这些现象是因为 CMF 添加量增加，引入混合溶液中的水含量随之增加，冷冻过程中产生的冰晶数量和大小也随之增加，从而使获得的 CMF/NR 复合海绵的孔隙尺寸和数量增加，密度降低，单位体积内的 NR 含量随之降低，进而使 CMF/NR 复合海绵骨架结构中的 NR 含量降低，支撑力降低，CMF/NR 复合海绵抵抗外力的能力降低。图 5-10（a）和（b）分别为 CMF/NR 复合海绵的储能模量（E'）和损耗模量（E''）。与纯 NR 海绵相比，所有 CMF/NR 复合海绵的储能模量和损耗模量都降低。降低的模量表明，CMF 的引入会降低 NR 海绵的刚性和黏度，这使得 CMF/NR 复合海绵具有更好的柔软性和回弹性。

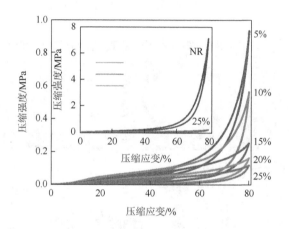

图 5-9　CMF/NR 复合海绵的压缩强度

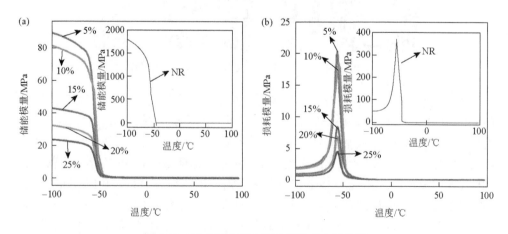

图 5-10　CMF/NR 复合海绵的动态力学性能

3. 纤维素/天然橡胶多孔复合材料的水响应形状记忆性能

由于 CMF 的加入会降低 NR 海绵的回弹性，压缩后的 CMF/NR 复合海绵会出现一定程度的不可恢复形变。而 CMF 表面含有大量的亲水基团，将 CMF 浸入水中后，CMF 组分中的分子间氢键会被破坏并重新形成，使纤维素链运动。考虑到 CMF 的这一特性（将 CMF/NR 复合海绵浸入水中后，复合海绵中的 CMF 发生运动和溶胀，从而达到恢复海绵形状的目的），评估了 CMF 的引入对 CMF/NR 复合海绵的水响应形状记忆特性的影响。以 CMF-25/NR 复合海绵为例，观察了压缩后或者变形后的复合海绵形状恢复过程中的宏观结构变化和微观结构变化。首先，将 CMF-25/NR 复合海绵卷成圆卷、打成结［图 5-11（a）和（b）］并在烘箱中热定型造成不可恢复的形变，然后将变形后的 CMF-25/NR 复合海绵放入水中进行形状恢复观察。对比变形前后和恢复前后的复合海绵的结构，可以发现 CMF-25/NR 复合海绵在变形后均能恢复原来的形状和结构，且表面没有明显的折痕和损坏，这意味着 CMF-25/NR 复合海绵具有十分优异的水响应形状记忆特性。此外，将 CMF-25/NR 复合海绵压缩至 80%造成不可恢复的变形后，放入水中进行水恢复观察［图 5-11（c）］。可以发现，变形后的 CMF-25/NR 复合海绵放入水中后能快速并完全恢复原来的高度，这说明 CMF-25/NR 复合海绵具有很好的水响应形状记忆性能。为了进一步观察水恢复过程，对图 5-11（c）中 CMF-25/NR 复合海绵压缩变形后的水恢复过程进行光学显微镜观察。从图 5-11（d）可以观察到，被压缩后的复合海绵随着水的浸入，复合海绵的骨架会快速地舒展，骨架之间的孔隙渐渐变大，直到恢复复合海绵原有的结构。这是因为复合海绵骨架中的 CMF 在复合海绵浸入水中后会立刻开始吸水、溶胀，使得 CMF 开始运动，而 CMF 的运动会同时带动 CMF/NR 骨架一起运动，从而达到形状恢复的效果［图 5-12（a）］。

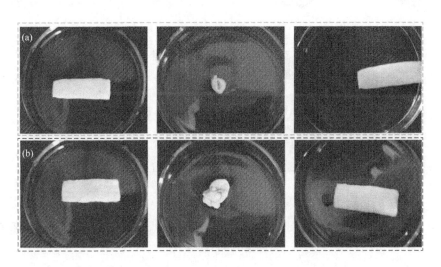

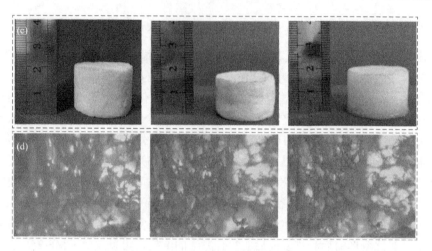

图 5-11　（a）～（c）CMF-25/NR 复合海绵变形后水恢复的图片；（d）CMF-25/NR 复合海绵水恢复的光学显微镜图

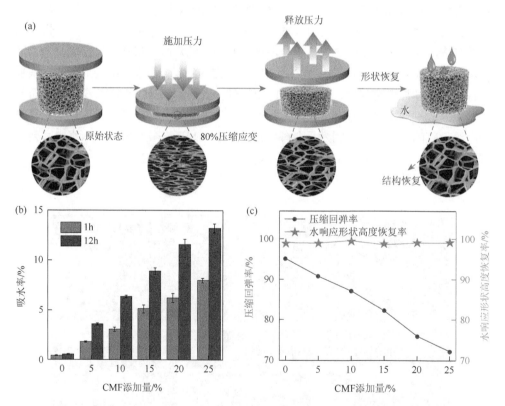

图 5-12　（a）水恢复过程示意图；（b）复合海绵吸水率；（c）复合海绵的压缩回弹率和水响应形状高度恢复率

为了进一步评估 CMF 添加量对 CMF/NR 复合海绵水恢复能力的影响，将不同 CMF 添加量的 CMF/NR 复合海绵分别压缩至 80%应变后，放入水中进行水恢复并在室温下进行干燥，记录复合海绵的高度恢复率。从图 5-12（b）可以看出，CMF 的引入可以有效提高 CMF/NR 复合海绵的吸水能力，且随着 CMF 添加量的增加，CMF/NR 复合海绵吸水性增加。将不同 CMF 添加量的 CMF/NR 复合海绵分别压缩至 80%应变后，复合海绵均出现了一定程度的高度损失［图 5-12（c）］。CMF 在 CMF/NR 复合海绵中的引入，降低了 NR 的相对含量，从而影响了 CMF/NR 复合海绵的回弹能力，因此随着 CMF 添加量的增加，CMF/NR 复合海绵在 80%应变压缩后高度恢复程度逐渐减小。将压缩变形后的 CMF/NR 复合海绵浸入水中，可以发现压缩后产生的不可恢复形变在 CMF 的吸水作用和 NR 海绵自身的弹性恢复下均可以恢复到 98%以上［图 5-12（c）］。这说明 CMF 的引入可以赋予 CMF/NR 复合海绵优异的水响应形状记忆特性，使 NR 海绵在变形后可以恢复，进而达到重复使用的效果，使其在吸附领域具有优异的应用潜力。

综上所述，利用溶液共混法、冰模板法和水热硫化技术制备得到了 NR 海绵。相比于 Dunlop、Talalay 法，通过冰模板法和水热硫化的策略来构建 NR 海绵具有设备简单、操作方便、绿色可持续等优点。利用绿色可再生的 CMF 作为 NR 海绵的补强填料，采用溶液共混法、冰模板法和水热硫化技术制备得到了轻质、柔软的 CMF/NR 复合海绵。所制备的 CMF-25/NR 复合海绵表现出轻质（0.1g/cm^3）、吸水性好（13.7g/g）、可加工性好、可压缩性好（可压缩至 80%）、机械强度好（压缩强度≥0.12MPa）、优异的水响应形状记忆性能（＞98%以上的形状恢复）和可重复利用性。

5.3.3　界面机理

图 5-13 显示了 NR 海绵的制备流程图，主要包括 NRL 溶液的配制、低温冷冻和水热硫化三个部分。首先，利用硫化助剂使胶粒部分彼此相互融合，进行熟化处理。然后，利用冰模板法使胶乳溶液中的水分慢慢冷冻形成冰晶，胶乳的浓度会局部提高，胶粒彼此间的距离缩短，胶粒运动受限并在冰晶和填充物的推动下逐渐聚集形成紧密的多层橡胶粒子层，从而使胶粒形成连续相的网络结构。最后，通过水热硫化技术对胶乳冷冻物进行硫化处理，使得线形的橡胶分子链转变成网状结构，同时将胶乳冷冻物中的冰晶融化为水形成微孔结构，从而获得结构稳定的 NR 多孔材料。

图 5-14 显示了 CMF/NR 复合海绵的制备流程，其中 I 为冰晶的生成过程和 CMF/NR 复合海绵网络的构建过程；II 为橡胶粒子在 CMF 四周聚集并形成复合

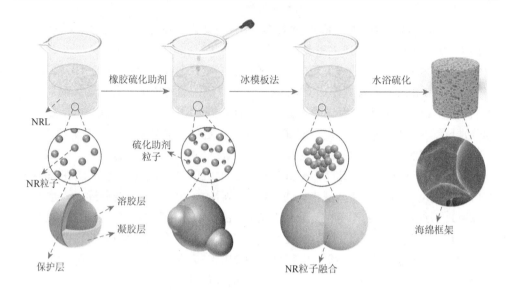

图 5-13　NR 海绵的制备过程

海绵连接基体的过程；Ⅲ为冰晶融化形成复合海绵孔隙的过程；Ⅳ是 NR 基体硫化形成稳定的复合海绵的过程。CMF/NR 复合海绵的制备主要是将胶乳成型助剂、NRL 和 CMF 溶液混合后，在冰箱中冷冻（在－5℃下进行预冷冻，在－23℃下进行冷冻定型）。然后，在沸水浴中进行硫化处理，最后洗涤干燥即可。其中冷冻过程对 CMF/NR 复合海绵的结构形貌至关重要。在冷冻过程中，冰晶的产生（从混合溶液中的水转变形成的）和硫化剂的加入会使橡胶粒子出现聚集和凝结现象，而 CMF 的存在会阻碍冰晶推动胶粒运动，进而影响胶粒形成密集的 NR 海绵网络。因此，在冷冻过程中，橡胶粒子主要围绕着 CMF 四周慢慢聚集，并在 CMF 表面包裹一层连续橡胶粒子层。CMF 彼此相连（CMF 较长的尺寸及在 NRL 的分散性），进而形成连续的 CMF/NR 网状结构。

　　CMF/NR 复合海绵的制造可扩展性对其商业化至关重要，特别是对于大规模、低成本的制造。CMF/NR 复合海绵主要由 CMF 和 NRL 制备而成，成本低廉，资源丰富。此外，CMF/NR 复合海绵的形状和尺寸主要由成型模具决定，完全可以满足制造各种海绵的要求。此外，该工作制备 CMF/NR 复合海绵所需的设备，如冷冻机、球磨机、成型模具、搅拌器和水浴锅等，在市场上很容易买到，而且价格便宜，这大大降低了 CMF/NR 复合海绵的生产成本。更重要的是，CMF/NR 复合海绵的冷冻过程有望通过大自然的冬季户外环境来完成，具有成本低、能耗低的优点，十分有利于实现复合海绵的量产。

　　对比图 5-15（a）和（b）可以发现，随着 NRL 浓度的降低，制备的 NR 海绵逐渐表现出越来越不均匀和越来越软的状态。为了获得更柔软、结构均匀

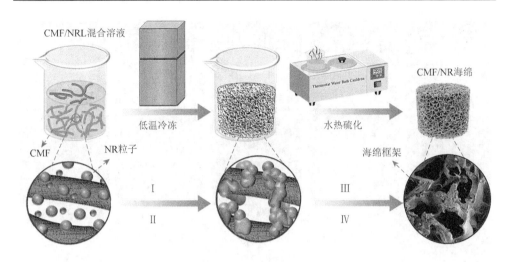

图 5-14　CMF/NR 复合海绵的制备过程示意图

和多功能性的 NR 海绵，密度低、悬浮性好的 CMF 被用来补强 NR 海绵。从图 5-15（c）和（d）发现，CMF 的引入可以明显改善 NR 海绵的柔软性和结构均匀性。此外，CMF 具有良好的亲水性和较大的比表面积，还能够进一步赋予 NR 海绵优异的吸水性能、水恢复形状记忆特性和吸油特性。而从图 5-15（e）可以发现，通过 Dunlop 法构建的 CMF-5/NR 复合海绵表面出现大孔结构，很难形成均匀的孔隙结构，说明 Dunlop 法很难将密度大、直径长的生物质纤维引入 NRL 中，这严重限制了多功能填料在 NR 海绵中的使用及多功能 NR 海绵的发展。相比 Dunlop 法，冰模板联合水热硫化法构建的 CMF/NR 复合海绵结构更均匀、形态更规则，且不需要额外的发泡剂和胶黏剂，具有设备简单、操作方便、绿色可持续、普适性高等优点。

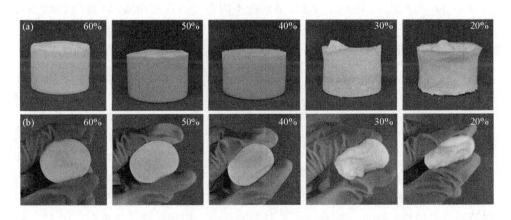

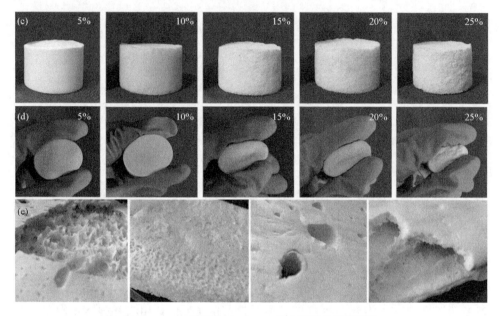

图 5-15　NR 海绵和 CMF/NR 复合海绵的数码照片

（a）、（b）不同 NRL 浓度下制备的 NR 海绵；（c）、（d）不同 CMF 添加量的 CMF/NR 复合海绵；（e）Dunlop 法制备的 CMF-5/NR 复合海绵

　　由于 CMF/NR 复合海绵是采用冰模板法进行定型的，其泡孔结构和冰晶结构有至关重要的关系，而冰晶的结构和冷冻方式、冷冻温度、冷冻时间、CMF 的尺寸、CMF 的添加量和 CMF 的浓度等有很大的关系。因此，为了探讨 CMF/NR 复合海绵泡孔结构和成型工艺的关系，分别在不同冷冻温度和不同 CMF 浓度下制备了 CMF/NR 复合海绵。考虑到橡胶的低结晶温度，选用 $-14℃$、$-20℃$、$-23℃$对 CMF/NRL 溶液进行直接冷冻来观察冷冻温度对海绵结构的影响。从图 5-16（a）～（d）可以发现，将 CMF/NRL 溶液在不同温度下直接冷冻，获得的 CMF/NR 复合海绵的表面均会出现各种明显的纹路，表现出结构不均的现象。这是因为直接冷冻会使 CMF/NRL 溶液局部受冷并优先形成冰晶，且冰晶会随着冷源的方向进行生长；另外，CMF 的存在会影响冰晶的生长方向、大小和数量，进而影响 CMF/NR 复合海绵的结构。因此，选择在 $-5℃$ 下进行预冷冻然后在 $-23℃$ 下冷冻定型，即优先使冰晶在溶液中形成均匀的预成核，然后冷冻得到均匀的冰晶结构，进而形成泡孔均匀的海绵。此外，还探索了 CMF 含水率对 CMF/NR 复合海绵结构的影响。由图 5-16（e）～（h）可以发现，当 CMF 浓度为 1wt%时，CMF/NR 复合海绵很难形成规则的结构，这说明引入 CMF/NRL 溶液中的水分过多，CMF 和 NR 很难支撑起海绵的孔隙结构。随着 CMF 浓度增加，CMF/NR 复合海绵均能保持规整的结构。因此，综合考虑了海绵的孔隙结构和后续功能填料的引入，选

用 2wt%的 CMF 来制备 CMF/NR 复合海绵，且冷冻方式为–5℃下冷冻 12h 后继续在–23℃下冷冻 36h。

图 5-16　不同冷冻温度 [（a）～（d）] 和不同 CMF 浓度 [（e）～（h）] 下制备得到的 CMF/NR
复合海绵的数码照片

5.4　纤维素/天然橡胶多孔复合材料的功能性研究

5.4.1　吸油性能

本书作者团队以二氯甲烷为例来观察 CMF/NR 复合海绵对油类的吸附能力，其中二氯甲烷被油红染色以方便观察。图 5-17（a）和（b）分别为 NR 海绵和 CMF-10/NR 复合海绵直接从水面下吸附二氯甲烷的过程。可以观察到，CMF-10/NR 复合海绵与二氯甲烷和水的混合溶液接触后，能优先且快速地从水中吸附二氯甲烷 [图 5-17（b）]，而 NR 海绵则基本没有吸附 [图 5-17（a）]。这一现象说明，CMF 的引入能够赋予 NR 海绵对二氯甲烷优异的吸附能力。此外，从图 5-17（c）和（d）中可以发现，CMF 的添加量越高，CMF/NR 复合海绵对二氯甲烷的吸附越多、越快和越容易。其中，CMF-25/NR 复合海绵对二氯甲烷的最大吸附能力高达 14.7g/g，比 NR 海绵提高了 290%。这是因为 NR 海绵具有闭孔结构，只有极少部分的二氯甲烷能浸入 NR 海绵的孔隙中；而 CMF 表面具有丰富的羟基基团，可为二氯甲烷分子提供合适的吸附位点，所以在 CMF/NR 复合海绵中，二氯甲烷分子不仅可以吸附在复合海绵的 CMF 上，还可以进入复合海绵孔隙中。

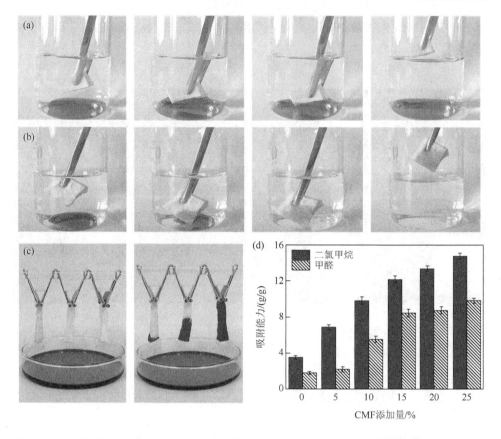

图 5-17　NR 海绵（a）和 CMF-10/NR 复合海绵（b）在水下吸附二氯甲烷的过程；（c）5%、15% 和 25% CMF 添加量的 CMF/NR 复合海绵同时吸附二氯甲烷的宏观照片；（d）不同 CMF 添加量的 CMF/NR 复合海绵对二氯甲烷和甲醛的吸附能力

可回收能力是油污吸附材料十分重要的一个性能。图 5-18 为 CMF-25/NR 复合海绵对二氯甲烷的可回收实验。可以发现，CMF-25/NR 复合海绵在吸附水中的二氯甲烷后，可以将二氯甲烷挤出回收至烧杯中 [图 5-18（a）]，实现二氯甲烷和水的分离以及二氯甲烷的可回收利用，这一特性对于 CMF/NR 复合海绵在油污污染和油污吸附领域的应用具有重要意义。因此，以二氯甲烷为例来模拟大面积的危险油类泄漏。从图 5-18（b）可以发现二氯甲烷能被 CMF/NR 复合海绵完全吸附，能有效避免其泄漏危险。这些结果说明，CMF/NR 复合海绵可以实现油类的连续吸收和收集，在油污泄漏的吸收和回收方面具有很好的前景。

综上所述，将 CMF/NR 复合海绵作为油类吸收剂时，可以从水中吸收各种油类物质（本身的 500% 以上），并且可以循环使用（20 次）且保持吸收能力不下降，其在油污吸附等方面具有良好的发展潜力。

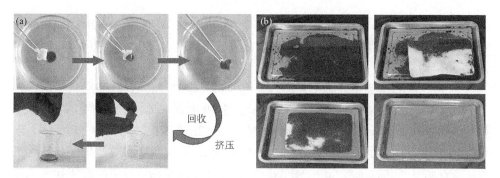

图 5-18　CMF-25/NR 复合海绵对二氯甲烷的挤压回收过程（a）和对大范围油污的吸附过程（b）

5.4.2　导电性能

随着聚合物复合材料的不断发展和改良，越来越多的聚合物复合材料广泛应用于建筑材料、家居材料、航空航天、生物医疗、车辆运输等领域，能有效提高人类生活水平和推动社会发展。其中，聚合物导电海绵因优异的导电性能、轻质、可压缩、可回弹等特性，吸引了大量研究学者的关注，成为柔性传感器、可穿戴电子设备、人工智能、生物医学、航空航天等领域的研究热点。

导电聚合物复合材料（CPCs）因成本低、力学性能好、柔韧性好、易加工等优点而受到广泛关注[78-81]，尤其是压阻式 CPCs[82-84]。然而，并非所有 CPCs 都可以用作压阻传感器，尤其是导电 NR 海绵。良好的连续导电网络结构、力-电结构的灵敏度和完整性（避免使用过程中损坏）及导电填料的选择是制备具有压阻性能的 NR 海绵的关键因素[85, 86]。因此，如何构建导电网络成为 NR 海绵作为压阻传感器的关键问题。近年来，研究人员主要集中在利用石墨烯[87, 88]、碳纳米管（CNT）[89]、炭黑（CB）[83, 90]和石墨（GP）来制备高导电的 NR 复合材料，很少有研究导电 NR 海绵的，尤其是具有压阻特性的 NR 海绵。因此，选择 GP（因成本低、性能好）作为导电填料，通过冰模板法（构建复合海绵骨架结构）和水热硫化（形成孔隙并硫化复合海绵的骨架结构）来制备导电 NR 海绵。

然而，由于 GP 的高密度、高表面能和低润湿性[91, 92]，几乎很难实现 GP 在 NRL 中的均匀分散。早期研究已经表明，纤维素可以改善导电填料在溶液中的沉积现象[82, 93, 94]。Zhang 等[82]通过加入纤维素纳米晶体获得了高度可压缩的水性聚氨酯/CNT 复合泡沫，其中纤维素纳米晶体可以辅助 CNT 均匀分散在基体中，并赋予复合泡沫优异的压缩性能。Wu 等[94]通过乳胶组装技术掺入纤维素纳米晶须制备了 3D 分级导电 CB/NR 纳米复合材料，赋予了 CB/NR 纳米复合材料非常低的电导率渗透阈值和高的液体传感能力。因此，本书作者团队选用 CMF 为载体来吸附 GP，形成具有良好润湿性和悬浮性的混合物，不仅可以改善 GP 在 NRL 中的团聚，而且还避免 GP 沉积，更加有利于构建更均匀和更灵敏的导电网络的压阻 NR 海绵。

因此，本书作者团队将 GP 作为导电填料、CMF 作为分散助剂和 NR 作为基体材料，通过溶液共混法、冰模板法和水热硫化法来制备多孔导电 GP/CMF/NR 复合海绵。研究了 CMF 的存在对 GP 在 NR 海绵中的分散性、力学性能的影响，揭示了冰模板法制备 GP/CMF/NR 复合海绵的成型机理和补强机理，并探讨了 GP 含量对 GP/CMF/NR 复合海绵微观结构、力学性能和导电性能的影响。此外，还将 GP/CMF/NR 复合海绵应用于压阻传感器，探讨其在柔性传感器方面的应用。

1. 实验部分

1）实验原料

纤维素微米纤维（CMF）是将纸浆纤维（针叶木漂白牛皮纸浆，来自牡丹江恒丰纸业有限责任公司）在 5% NaOH 溶液中 50℃下处理 5h 而得到的（脱去部分木质素，使纤维表面形成粗糙的结构）。天然胶乳（NRL）购自中国深圳市吉田化工有限公司，总固体含量为 61.51%，干胶含量为 60.19%。NRL 的机械稳定时间为 650s，氨含量为 0.72%，挥发酸含量为 0.014%。所有其他材料，包括氢氧化钠（NaOH）、氢氧化钾（KOH）、硫磺（S）、二乙基二硫代氨基甲酸锌（ZDC）、2-巯基苯并噻唑、抗老化剂和氧化锌（ZnO）等购于市面上。石墨（GP）由中国南京凯宇建设有限公司提供，直径约为 16μm，堆积密度为 0.15g/cm³。GP 的比表面积为 20m²/g，电阻率为 0.053Ω·cm。

2）GP/CMF 复合材料的制备

GP/CMF 复合材料是通过简单的静电相互作用合成的。将 CMF 均匀分散在蒸馏水中以制备 2wt% CMF 溶液。然后在室温下将 GP 加入制备的 CMF 溶液中，高速搅拌 10min，使 CMF 表面形成薄的 GP 层，得到 GP/CMF 复合材料。其中，10 份 CMF 中 GP 填充量分别为 0 份、20 份、40 份、60 份、80 份、100 份。

3）导电 GP/CMF/NR 复合海绵的制备

橡胶的五种分散体溶液通过变频行星式球磨机制备得到，详细见 5.3.1 小节中的"NRL 预处理"。将制备的五种分散液按 NR：ZnO：S：ZDC：M：AA = 100：2：2：1：0.5：0.5（质量比）均匀分散到 NRL 中进行熟化。将 20wt% 的平平加 O 均匀地分散到 GP/CMF 混合物中，然后在低速搅拌下将熟化后的 NRL 溶液分散到制备的 GP/CMF 混合物中。随后将 GP/CMF/NR 溶液倒入模具中并在冰箱中冷冻 48h（−5℃下 12h，−23℃下 36h）。将冷冻后的 GP/CMF/NR 混合物在沸水中硫化 3h 后取出，并用蒸馏水冲洗数次。最后干燥得到 GP/CMF/NR 复合海绵。其中 GP 在 100 份 NR（CMF 含量为 10 份）中加入的含量分别为 0 份、20 份、40 份、60 份、80 份、100 份；所制备的复合海绵分别命名为 CMF-NR、GCR-2、GCR-4、GCR-6、GCR-8 和 GCR-10。

4）GP/CMF 复合海绵和 GP/CMF/NR 复合海绵的表征

GP/CMF 复合材料和 GP/CMF/NR 复合海绵的形态通过 SEM 进行表征。GP/CMF/NR 复合海绵的力学强度通过万能力学试验机以 1mm/min 的加载速度进行测试，圆柱形样品尺寸为直径 30mm、高度 15mm，每个样品重复测试五次。GP/CMF/NR 复合海绵的压阻性能是通过联合数字万用表（8808A，美国 Fluke 公司）和万能拉伸试验机进行测试的。GP/CMF/NR 复合海绵的热稳定性是通过热重分析仪（Q50 型）在氮气气氛（40mL/min）中进行表征的，测试条件：温度范围为 25～650℃，升温速率为 10℃/min，每个样品的质量为 8～9mg。

2. GP/CMF/NR 复合海绵的成型机理及微观结构

图 5-19（a）为 GP/CMF 复合材料的制备过程。CMF 表面有很多负电荷，可以通过静电吸附为 GP 提供良好的负载场所。当在 CMF 中加入 GP 后，CMF 在高速搅拌下会吸附 GP 形成 GP 薄层，得到 GP/CMF 复合材料。所用 CMF 的尺寸为长 1～3mm，宽 10～40μm。通过图 5-19（b）可以发现，纯 CMF 的表面粗糙，带有一些微小的纤维素纳米纤维，这些纤维素纳米纤维有助于增加 CMF 表面的粗糙度和比表面积，从而有利于 GP 的负载。对比图 5-19（c）和（d）可以看出，GP 的添加量是控制 CMF 表面 GP 层的数量和厚度的关键。当 GP 与 CMF 的质量比为 2∶1 时，每个 CMF 表面上都有少量 GP，且 GP 优先附着在纤维素纳米纤维（CNF）上，这可以从高倍放大 SEM 图中清楚地观察到［图 5-19（f）］。当 GP 与 CMF 的质量比增加到 10∶1 时，可以发现 GP 已经完全覆盖在 CMF 和纤维素微纤维的表面上［图 5-19（d）和（g）］，且 GP 与 GP 之间彼此相连，这为获得高导电能力的 NR 海绵提供了可能。

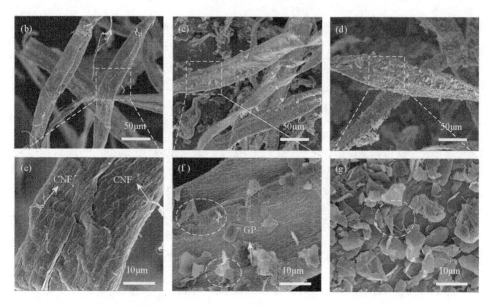

图 5-19　（a）GP/CMF 复合材料的制造流程图；CMF（b, e）、GP/CMF 复合材料（GP∶CMF=2∶1）（c, f）、GP/CMF 复合材料（GP∶CMF=10∶1）（d, g）SEM 图

　　由于 GP 的高密度、高表面能和低润湿性，几乎很难实现 GP 在水溶液和 NRL 溶液中均匀分散。为了评估 CMF 对 GP 在水溶液中分散的影响，将纯 GP 水溶液和 GP/CMF 水溶液进行比较。在图 5-20 中可以明显发现，纯 GP 溶液在静止时并不能保持均匀分散，且静置 1h 后已经完全沉积在水溶液的底部，表现出明显的分层现象。加入 CMF 溶液后，可以观察到烧杯壁上没有石墨，且静置 12h 后 GP/CMF 溶液只有很小的分层（这是为了方便观察，将 GP/CMF 配制成低浓度溶液造成的）。为了评估 CMF 对 GP 在 NRL 中分散的作用，将 GP 水溶

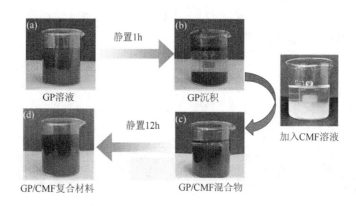

图 5-20　纯 GP 溶液和 GP/CMF 溶液的分散情况

液和 GP/CMF 混合物分别加入到 NRL 中进行观察。通过图 5-21 可以看出，GP/NR 溶液在 1h 后不能保持均匀分散的状态，且完全沉积在溶液底部。而 GP/CMF/NR 溶液在 12h 后仍保持均匀分散的状态，没有明显的分层和沉积，这意味着 CMF 可以帮助 GP 在 NRL 溶液中稳定均匀地分散。总体来讲，与溶胶-凝胶合成和水热生长法等其他方法相比，这种高速溶液共混法制备 GP/CMF 复合材料更快、更简单、更环保。

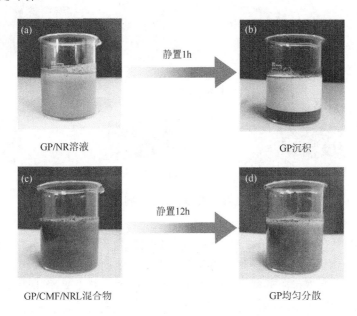

图 5-21　纯 GP/NR 溶液和 GP/CMF/NR 溶液的稳定分散情况

在这部分工作中，GP/CMF 复合材料被用作复合海绵中的导电填料，NRL 作为 GP/CMF 复合材料的黏合剂。图 5-22 为冰模板法和水热硫化技术联合制备多孔 GP/CMF/NR 复合海绵的示意图。利用冰模板法低温冷冻 GP/CMF/NR 混合溶液过程中，其中的水会冷冻形成大量的冰晶，使溶液中的胶粒在冰晶的排挤中渐渐排出并胶凝在一起，形成连续的多孔橡胶网络。此外，具有高比表面积的 GP/CMF 复合材料会阻碍冰晶的生长方向，并为胶粒聚集融合提供了良好的附着位点，从而形成 GP/CMF/NR 复合海绵骨架。最后，利用水热硫化技术对冷冻完成的 GP/CMF/NR 混合物进行硫化处理，使 NR 分子链由线形转变成网状结构，进而得到结构稳定的 GP/CMF/NR 复合海绵。

此外，GP/CMF/NR 复合海绵是由 CMF、GP（合成石墨）和 NRL 制备而成，它们都是可再生资源，具有成本低、资源丰富、对人体健康无害的特点。另外，由于 GP 和 CMF 的存在，GP/CMF/NR 复合海绵在废弃后，容易被加工直接粉碎，实现了废弃物的可回收利用。这些可再生、低成本、资源丰富、对人体健康无害、可回收等特点使 GP/CMF/NR 复合海绵及其工艺具有可持续性。

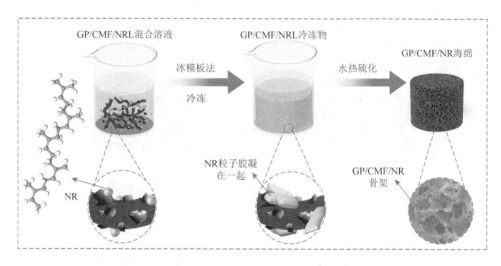

图 5-22　GP/CMF/NR 复合海绵的制备过程示意图

CMF/NR 复合海绵和 GP/CMF/NR 复合海绵的微观结构如图 5-23 所示。由于 CMF 的存在，CMF/NR 复合海绵的孔隙结构和尺寸比纯 NR 海绵（图 5-6）的更不规则。CMF 主要存在于复合海绵的孔隙和孔壁中，孔壁光滑［图 5-23（a）和（d）］。将 GP 引入 CMF/NR 复合海绵中后，可以明显发现，复合海绵的孔隙壁变得粗糙。与 CMF/NR 复合海绵相比，GCR-2 复合海绵的多孔结构完全改变［图 5-23（b）和（e）］。GCR-2 复合海绵中的孔数量较 CMF/NR 复合海绵更多，尺寸更小，且 GP 主要负载在 CMF 和 NR 基体之间。有趣的是，随着 GP 含量的增加，GP/CMF 复合材料渐渐成了 GCR-6 复合海绵骨架的主要部分［图 5-23（c）和（f）］，仅很少的 NR 基体暴露出来。当 GP 含量进一步增加时，如 GCR-10 复合海绵，GP 完全覆盖在整个复合海绵骨架上，且很难在复合海绵中找到完整的 NR 基体和暴露的 CMF

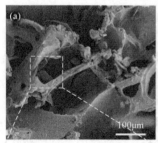
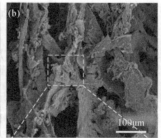
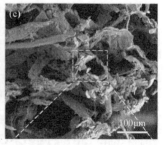

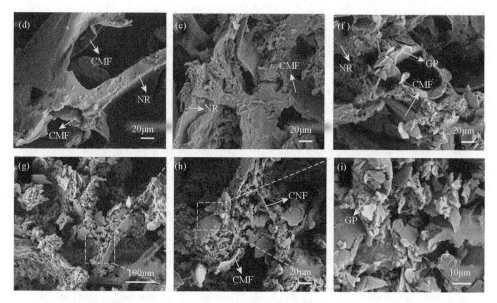

图 5-23 GP/CMF/NR 复合海绵的微观结构

（a）、（d）CMF/NR；（b）、（e）GCR-2；（c）、（f）GCR-6；（g～i）GCR-10

[图 5-23（g）和（i）]。这说明 GP 含量的增加会改变复合海绵骨架的结构形貌，对复合海绵的性能十分重要。例如，与其他 GP/CMF/NR 复合海绵和 CMF/NR 复合海绵相比，GCR-10 复合海绵孔隙骨架的厚度和密度明显增加，这十分有利于提高复合海绵的力学性能和导电性能。

3. GP/CMF/NR 复合海绵的力学性能

GP/CMF/NR 复合海绵的压缩性能对其实际应用很重要，通过万能力学试验机对 GP/CMF/NR 复合海绵沿轴向进行压缩。图 5-24（a）为不同 GP 含量的 GP/CMF/NR 复合海绵的压缩应力-应变曲线。GP/CMF/NR 复合海绵的压缩强度随着 GP 含量的增加而增加，GCR-10 复合海绵在 50%应变下的压缩强度为 336kPa，比 GCR-2 复合海绵的提高了 280%，比 CMF/NR 复合海绵提高了 540%。这是因为 GP 的引入能有效改善亲水性 CMF 和疏水性 NR 基质之间较差的相互作用及增强复合海绵的骨架强度。从图 5-23（a）和（d）中可以发现 CMF 和 NR 基质之间存在着一些微孔结构，这些微孔会阻碍 CMF 和 NR 基体之间的应力传递，进而导致 CMF/NR 复合海绵的机械性能较差。当在 CMF/NR 复合海绵中引入 GP 后，CMF 表面的亲水基团被 GP 有效覆盖，进而提高 CMF 与 NR 基体的界面相容性，且 GP 的存在还能减少 CMF 与 NR 基体之间的微孔（图 5-24）。也就是说，GP 的引入可以提高 CMF 和 NR 基体之间的界面黏合力，有利于将应力从 NR 基体转移到

CMF，使整个复合海绵的应力分布均匀，从而获得良好的机械性能[95,96]。此外，随着 GP 含量的增加，复合海绵的密度增加，单位体积内的 GP/CMF/NR 复合材料含量增加，也就是说复合海绵泡孔骨架的强度增加，抵抗外力的能力增加，表现出较好的机械强度。此外，GCR-10 复合海绵压缩前后对应的微观结构如图 5-24（c）和（d）所示。与复合海绵的原始状态相比，复合海绵压缩后的微观结构中没有明显的多孔结构，多为像致密材料一样的层状结构，这表明复合海绵在被压缩时会通过减少海绵中的孔隙［图 5-24（c）和（d）中的插图］来抵抗压缩应力，从而表现出更好的机械性能。

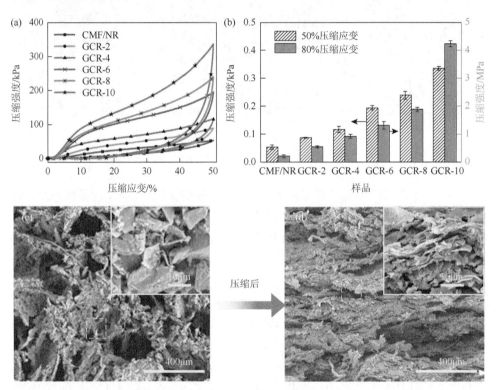

图 5-24　GP/CMF/NR 复合海绵的力学性能：（a）50%应变下的压缩强度-应变曲线，（b）50%和 80%应变下的压缩强度；GCR-10 复合海绵压缩前（c）和压缩后（d）的微观结构

4. GP/CMF/NR 复合海绵的电学性能

GP 的填充不仅可以提高 NR 复合海绵的强度，还可以用于构建 NR 复合海绵的导电网络，赋予 NR 复合海绵良好的导电性能。同样地，CMF 的引入不仅可以提高 GP 在 NR 复合海绵中的分散性，还可以用于提高 NR 复合海绵对外力的敏感性，赋予 NR 复合海绵良好的压阻传感特性。因此，为了评估 GP/CMF/NR 复合海绵的导电

能力和压阻特性，对不同 GP 含量的 GP/CMF/NR 复合海绵进行了电导率（$\sigma = RS/L$，其中 R、S 和 L 分别为复合海绵的电阻、面积和高度）和力-电关系的测试。

从图 5-25（a）可以清楚地发现，GP/CMF/NR 复合海绵的电导率随着压缩应变或 GP 含量的增加而显著增加。这是由于复合海绵中 GP 彼此之间的距离随着压缩应变或 GP 含量的增加而减小，使得 GP 之间更好地相互连接形成更多的导电网络，从而表现出更高的导电性。此外，GCR-10 复合海绵在 50%应变时的电导率为 18.5S/m，比 GCR-2 复合海绵高 133000%。为了进一步探讨 GP/CMF/NR 复合海绵与外力的关系，图 5-25（b）比较了不同应变下 GCR-10 复合海绵的电导率和压缩强度。对比压缩强度-应变曲线和电导率-应变曲线可以发现，随着压缩强度的增加，GCR-10 复合海绵在 0%～20%应变下的电导率明显增加，这意味着 GCR-10 复合海绵对外力非常敏感，尤其是在 4%～15%应变下。

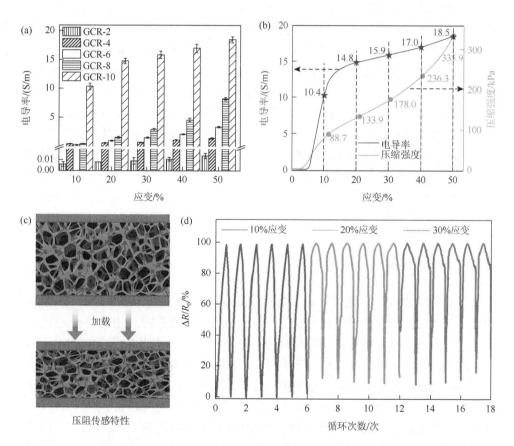

图 5-25　（a）不同 GP 含量的 GP/CMF/NR 复合海绵的电导率；（b）不同压缩应变下 GCR-10 复合海绵的电导率与压缩强度的关系；（c）压阻传感机理示意图；（d）GCR-10 复合海绵在 10%、20%和 30%压缩应变下的稳定性测试

图 5-25（c）为 GP/CMF/NR 复合海绵电导率随应变变化的作用机理。当受到外力作用时，复合海绵中的孔隙会首先被压缩，使得复合海绵骨架之间的距离变得更近，GP 彼此之间的距离也随之更近，复合海绵中电子传输的路径数量随之增加，从而使复合海绵的电导率随之增加。随着复合海绵孔隙被完全压缩，复合海绵的导电通路已经大量形成，此时仅 GP 彼此之间的间隙开始被压缩，复合海绵中电子传输的路径数量缓慢增加，GP 起主要抵抗外力的作用，所以复合海绵电导率随着压缩强度急剧增加而缓慢增加。

此外，通过相对阻力 [$\Delta R/R_0 = (R-R_0)/R_0$，其中 R_0 和 R 分别是复合海绵在原始状态和压缩状态下的电阻] 随着 0%～10%、0%～20% 和 0%～30% 应变进行循环压缩的变化情况来表示复合海绵压阻传感的稳定性。如图 5-25（d）所示，GP/CMF/NR 复合海绵在 0%～10% 应变和 0%～20% 应变下没有观察到明显的变化，表现出可重复的信号；而 0%～30% 应变出现了较小的变化，表明复合海绵已经出现不可恢复的变形。这些结果表明 GP/CMF/NR 复合海绵在小应变下具有良好的重现性，说明复合海绵在压阻传感器、碰撞预警等方面具有良好的潜力。与其他方法相比[49, 97]，如挤压成型法和 Dunlop 法等，这种 GP/CMF/NR 复合海绵的制备工艺为制备具有优异导电性能和压阻性能的导电 NR 海绵提供了可能。

综上，通过简单的机械搅拌制备得到分散均匀的 GP/CMF 复合材料，该复合材料可以改善 GP 在 NRL 中的团聚和沉积；并通过冰模板法和水热硫化法制备得到了 GP/CMF/NR 复合海绵，该复合海绵具有优异的力学强度、导电性能和压阻特性。当 GP 填充量为 100 份（NR 为 100 份，CMF 为 10 份）时，复合海绵的压缩强度比 CMF/NR 显著提高了 1860%；电导率（50% 应变下）达到了 18.5S/m，比 GCR-2 复合海绵显著提高 133000%。

5.4.3　传感性能

具有微纳米纤丝的微纤丝化纤维素（microfibrillated cellulose，MFC）[98, 99]因极大的比表面积和极多的羟基基团，受到研究学者的重视。MFC 是借助研磨、均质、超声、蒸汽爆破等物理方法对 CMF 进行开纤化处理[100-102]，使 CMF 在剪切、冲击、空化、爆破等作用力下破碎和分离出许多微纳米纤丝后形成的。相比于 CMF，MFC 表面的羟基数量更多，比表面积更大，表面更粗糙，在水溶液中的分散性和悬浮性更好，将其负载无机粒子（如 GP）后在 NRL 中的分散性和悬浮性也随之更好。因此，基于 MFC 的结构和比表面积，本小节通过简单有效的高速剪切法对 CMF 进行超高速剪切处理，使 CMF 表面出现大量的孔隙、裂纹和微纳米纤丝，进而赋予 GP/CMF/NR 复合海绵优异的水恢复特性及对水和温度双重传感的特性，获得综合性能更好的 GP/MFC/NR 复合海绵。

在此，受纤维纸优异的吸湿-解吸性能的启发，基于 GP/CMF/NR 导电海绵优异的导电能力，针对 GP/CMF/NR 导电海绵泡孔结构不均匀、回弹性差、对温度和湿度响应性差等问题，本书作者团队利用高速剪切处理、冰模板法和水热硫化技术制备得到 GP/MFC/NR 导电海绵。研究不同剪切时间下 MFC 的形态结构和 GP 在 MFC 表面的空间分布情况，探讨 CMF 的剪切时间对制备得到的 GP/MFC/NR 导电海绵的微观结构、力学性能、导电性能、吸水性能等的影响，并对 GP/MFC/NR 导电海绵的传感性能（压力、湿度和温度）进行检测，探索其在多功能柔性海绵传感器中的应用。

1. 实验部分

1）MFC 的制备

MFC 是通过常见的家用破壁机（KPS-Alpha，广州市祁和电器有限公司）对 CMF 以 30000r/min 的速度进行剪切处理而获得的。首先，将 CMF 均匀分散在蒸馏水中以制备得到 3wt% CMF 溶液，然后将 CMF 水溶液放入破壁机中进行高速剪切，其中剪切的温度不超过 40℃，剪切强度为 10 级，剪切时间为 0min、10min、20min、30min，分别命名为 MFC0、MFC10、MFC20、MFC30。然后将剪切 30min 的 CMF 水溶液配制成 2.5%的水溶液，继续剪切 30min（剪切强度为 10 级，温度不超过 40℃），得到剪切 60min 的 MFC60。

2）GP/MFC 复合材料的制备

将上述得到的 MFC0、MFC30 和 MFC60 分别均匀分散在蒸馏水中以获得 2wt%的水溶液，然后在室温下将 50 份 GP 分别加入制备的 CMF（MFC0，10 份）水溶液中高速搅拌 10min，获得 GP/MFC 复合材料，分别命名为 GP/MFC0、GP/MFC30 和 GP/MFC60 复合材料。

3）GP/MFC/NR 复合海绵的制备

按照 5.3.1 节配制得到熟化的 NRL 溶液后，将 20wt%的酪素溶液均匀分散到 GP/MFC 复合材料中，将熟化后的 NRL 溶液通过低速搅拌的方式均匀分散到 GP/MFC 复合材料中。然后，将混合均匀的 GP/MFC/NR 混合溶液倒入模具中并在冰箱中冷冻 48h（−5℃下 12h，−23℃下 36h）。将冷冻后的 GP/MFC/NR 混合物在沸水中硫化 3h 后取出，并用蒸馏水冲洗数次。最后干燥得到 GP/MFC/NR 复合海绵。其中，GP/MFC 复合材料分别为 GP/MFC0、GP/MFC30、GP/MFC60，对应所制备的复合海绵分别命名为 GMR-0、GMR-30 和 GMR-60 复合海绵。

4）性能表征

GP/MFC 复合材料和 GP/MFC/NR 复合海绵的微观结构通过 SEM 进行表征，力学强度通过万能力学试验机进行表征，导电性能和压阻性能采用数字万用表和万能力学试验机进行测试，详细见 5.4.2 节。GP/MFC/NR 复合海绵的湿度传感性能和温度传感性能是由数字万用表结合恒温恒湿箱和马弗炉测试得到的。

2. GP/MFC 复合材料的微观结构

CMF 表面有很多羟基基团，很容易分散在水溶液中，这对于提高无机粒子在水溶液中的分散效果十分重要。因此，利用破壁机［图 5-26（f）］对 CMF 进行超高速剪切处理。利用超高速电机（30000r/min），在圆形杯及其抗流条干扰下，带动四叶钝刀（呈 45°角）对 CMF 进行剪切处理时，CMF 溶液在高速旋转的刀片下会在圆形杯内形成高速流动的涡流，从而实现对 CMF 的 360°循环瞬间撞击。在高速切割 CMF 的同时破坏其内部的氢键结合，完成 CMF 表面微纳米纤维束的分离，进而形成微纤丝。图 5-26 为光学显微镜下不同高速剪切时间的 CMF 微观结构。对比图 5-26（a）和（b）可以发现，高速剪切时间较短时，CMF 结构变化较小，分丝现象不明显。从图 5-26（c）～（e）可以明显观察到 CMF 表面有微纤丝形成，而且随着剪切时间的延长而增加。CMF 的形态和结构变化程度显著增加。CMF 的长度明显减小，表面的分丝现象越发明显，开纤化程度越来越明显。这说明高速剪切处理能实现对 CMF 的开纤化处理，在形成微纤丝的同时减小 CMF 的长度。

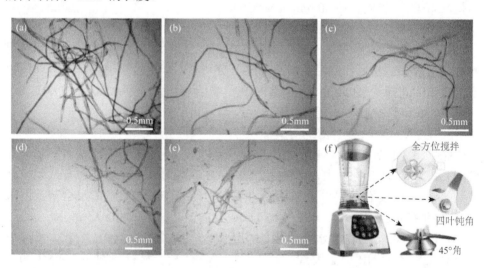

图 5-26　不同剪切时间下 MFC 的光学显微镜图：（a）MFC0、（b）MFC10、（c）MFC20、（d）MFC30 和（e）MFC60；（f）破壁机的剪切机理

为了进一步观察高速剪切对 MFC 结构的影响，利用电子显微镜对 MFC（以 MFC0、MFC30 和 MFC60 为例）进行了高倍观察。通过图 5-27（a）和

（d）可以看出未剪切的纤维表面较为平整，并且没有微纤丝分离的情况。剪切 30min 后的纤维的粒径明显减小，而且纤维的表面出现明显的裂纹和孔隙，以及更粗糙的纹路。此外，剪切 30min 后的纤维表面还出现了明显的微纳米纤维束分离，但是分离出来的微纳米纤维束数量偏少且尺寸偏大（5～10μm）。当剪切时间增加到 60min 后，CMF 的粒径明显减小，纤维分裂数量和表面凹凸度明显增加，粗糙度增加，并且纤维表面分离出来的微纳米纤维束和纳米纤维素数量明显增加，分离出来的微纳米纤维束粒径越来越小。这些结果说明高速剪切能够有效改善 CMF 表面的粒径、粗糙度、开纤化程度等。

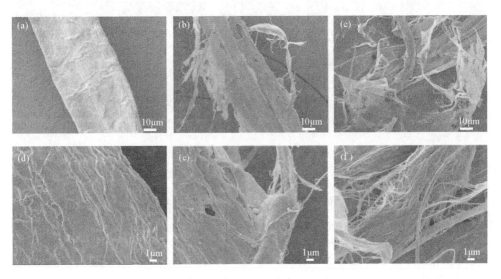

图 5-27　MFC0 [（a）、（d）]、MFC30 [（b）、（e）] 和 MFC60 [（c）、（f）] 的微观结构

　　为了观察微纤丝的存在对 MFC 在水溶液中的分散性和悬浮性的影响，分别对比了静置前后 MFC0、MFC30 和 MFC60 水溶液的数码照片。对比图 5-28（A）、（a）和（a′）可以发现剪切后的 MFC 长度更小，在水中分散更均匀，并且剪切时间越长，分散效果越好。经过 3h 静置处理后 [图 5-28（B）、（b）和（b′）]，可以发现剪切 30min 和未处理的 MFC 均会明显沉积在烧杯底部，但剪切 30min 的 MFC 沉积的分散情况比未处理的更好。而剪切 60min 后的 MFC 能完全悬浮在水溶液中，只有烧杯底部出现了一定的空白层，整体表现出很好的悬浮性和分散性。这说明高速剪切后的纤维在水中的分散性、悬浮性和稳定性均得到明显提高。

　　为了评估 MFC 剪切处理对 GP 在水溶液中分散能力的影响情况，对比了 GP/MFC0、GP/MFC30 和 GP/MFC60 复合材料静置前后的悬浮情况 [图 5-28（C）、

图 5-28　MFC 水溶液和 GP/MFC 水溶液的数码照片

（A～E）MFC0 和 GP/MFC0，（a）～（e）MFC30 和 GP/MFC30，（a'）～（e'）MFC60 和 GP/MFC60；（A）、（a）、（a'）分散均匀的 MFC 水溶液，（B）、（b）、（b'）静置 3h 后的 MFC 水溶液，（C）、（c）、（c'）分散均匀的 GP/MFC 水溶液，（D）、（d）、（d'）静置 3h 后的 GP/MFC 水溶液，（E）、（e）、（e'）静置 3h 后的 GP/MFC 水溶液俯视图

（c）和（c'），（D）、（d）和（d'）及（E）、（e）和（e'）]。可以发现，GP/MFC0 复合材料静置 3h 后 [图 5-28（D）]，出现了明显的分层和沉积现象，且其俯视图可以观察到一层反光的 GP 层[图 5-28(E)]；而 GP/MFC30 复合材料和 GP/MFC60 复合材料静置 3h 后 [图 5-28（d）、（d'）]，仍然能观察到分层现象（为了观察，降低了 MFC 溶液的浓度），且俯视图上观察到的 GP 层明显减少，其中 GP/MFC60 复合材料基本没有 [图 5-28（e'）]。这一现象说明剪切后 MFC 能提高 GP 在水溶液中的分散性。

　　为了更清晰地观察微纤丝的存在对石墨分散性的影响，图 5-29 为 GP/MFC 复合材料在光学显微镜和电子显微镜视野下的微观结构。对比图 5-29（a）、（d）和（g）可以发现，GP/MFC0 复合材料在光学显微镜视野下 [图 5-29（a）] 存在很多散落的 GP，而且 MFC0 上的 GP 主要集中或者重叠聚集在一起。当 MFC 经过 30min 剪切后，GP/MFC30 复合材料的光学显微镜视野中 [图 5-29（d）] 基本没有散落 GP，而且 MFC30 复合材料上的 GP 在微纤丝的协助下，分散的面积变大；但 GP 主要集中在微纤丝的表面，而 CMF 表面则含量较低。当 MFC 剪切 60min 后，GP/MFC60 复合材料 [图 5-29（g）] 中的 GP 基本吸附在细小的微纤丝上，并随着微纤丝的展开方向分散，有效改善了 GP 的重叠和团聚现象。通过高倍电子显微镜进一步观察，可以发现，MFC0 表面完全被 GP 覆盖，GP 彼此之间交错重叠，但仍有部分 GP 掉落在导电胶上面，说明 MFC0 对 GP 的吸附能力有限。随着 MFC 被高速剪切处理后，GP 能完全吸附在 MFC30 和 MFC60 上，而且 GP 上还包裹着许多微纳米纤丝，这些微纳米纤丝对 GP 起到保护作用，可以很好地避免 GP 从纤维上面脱落，从而有效改善 GP 的聚集现象，以及提高 GP/MFC 复合材料在 NRL 溶液中的分散能力。

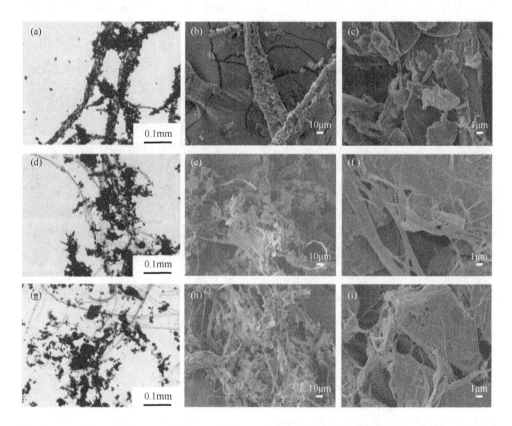

图 5-29　GP/MFC0（a）、GP/MFC30（d）和 GP/MFC60（g）的光学显微镜图；GP/MFC0 [（b）、（c）]、GP/MFC30 [（e）、（f）] 和 GP/MFC60 [（h）、（i）] 的电子显微镜图

3. GP/MFC/NR 复合海绵的微观结构

图 5-30 为不同剪切时间处理后的 MFC 对 GP 在 NRL 溶液中分散性能的影响情况。可以发现，由未剪切处理的 MFC 制备的 GP/MFC0/NRL 混合溶液在静置 15h 后，其俯视图可以观察到一层白色的 NRL，且其正视图可以清晰地观察到明

显的分层和分散不均匀的现象；未剪切处理的 MFC 制备的 GMR-0 复合海绵的表面也表现出结构不均匀的现象。当 MFC 剪切 30min 后，所制备的 GP/MFC30/NRL 混合溶液的分散情况明显得到了改善；静置 15h 后，其俯视图虽然能观察到少量的白色 NRL，但其正视图和 GMR-30 复合海绵的表面均表现出较好的均匀性。而当 MFC 剪切 60min 后，所制备的 GP/MFC60/NRL 混合溶液的分散性能得到了很大程度的提高，即使在静置 15h 后也能保持很稳定的分散状态，所制备得到的 GMR-60 复合海绵的表面没有明显的白色物质，具有很好的均匀性。这些现象表明，MFC 的高速剪切处理有助于提高 GP 在 NRL 中的分散稳定性，从而获得结构更加均匀的 GP/MFC/NR 复合海绵。

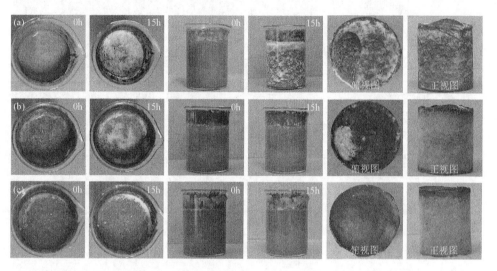

图 5-30　GP/MFC/NRL 混合溶液和 GP/MFC/NR 复合海绵的数码照片

(a) GMR-0；(b) GMR-30；(c) GMR-60

　　GP/MFC/NR 复合海绵的微观结构对其性能十分重要。图 5-31 为不同剪切时间下 MFC 对应的 GP/MFC/NR 复合海绵的微观形貌。可以发现，GMR-0 复合海绵的孔隙呈不规则的结构，MFC0 主要存在于海绵的骨架结构里，基本包裹在 GP 和 NR 中，仅少量暴露在孔隙外；海绵骨架中的 GP 彼此相连。而 GMR-30 复合海绵中的孔隙数量增加，MFC30 除了包裹在海绵的骨架结构里外，还有大量的 MFC30 暴露在孔隙中；海绵骨架中的 GP 比较聚集。相比之下，剪切 60min 的 MFC 制备得到的 GMR-60 复合海绵，孔隙结构基本呈规则的四边形结构，MFC60 基本被 NR 和 GP 包裹和分散在复合海绵的骨架结构里，且 GMR-60 复合海绵的泡孔结构中没有暴露出单独的纤维，只有在复合海绵的泡孔骨架上裸露了很多细小的微纳米纤丝，且海绵骨架中的 GP 具有较好的分散性。这是因为纤维的剪切处理有效提高了 GP/MFC 复合材料在水溶液的悬浮性、分散性和稳定性；当冷冻定型时，MFC60 能有效避免 GP/MFC60 复合材料在 NRL 溶液中沉积，从而获得孔隙结构规整、填料分散均匀的复合海绵。也就是说，纤维的高速剪切处理有助于获得结构规整、分散均匀的 GP/MFC/NR 复合海绵。

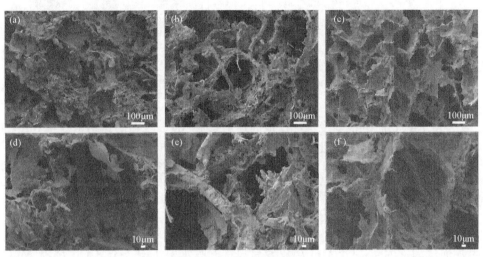

图 5-31   GMR-0 复合海绵 [(a)、(d)]、GMR-30 复合海绵 [(b)、(e)] 和 GMR-60 复合海绵
[(c)、(f)] 的微观形貌

4. GP/MFC/NR 复合海绵的力学性能和水响应形状记忆性能

图 5-32 (a) 为不同 MFC 剪切时间下制备的 GP/MFC/NR 复合海绵的压缩强度-应变曲线。可以发现，GMR-0、GMR-30 和 GMR-60 复合海绵的压缩强度-应变曲线规律相似，且复合海绵的压缩强度随着 MFC 剪切时间的增加而增加。这是因为 MFC 的剪切处理使其表面产生大量的微纳米纤丝，当受到外力时，复合海绵会优先利用 MFC 的变形来抵抗外力。应力会优先传递到海绵骨架中的 MFC 上，MFC 则会将应力传递到其分离出来的微纳米纤丝和 GP 上，而这些微纳米纤丝和 GP 又被四处分散和包裹在复合海绵的骨架上，MFC 和 GP 与复合海绵的接触面积增加；受到外力时，所产生的摩擦力增加，进而提高复合海绵抵抗外力的能力。因此，GMR-60 复合海绵的力学强度在 50%压缩应变下达到了 337kPa，在 90%的压缩应变下达到了 4.77MPa，较 GMR-0 复合海绵分别提高了 83.3%和 91%。这些现象说明 MFC 的高速剪切处理不仅可以提高 GP 在复合海绵中的分散能力，还能提高复合海绵的力学强度。这种简单的界面改性处理技术，在生物质材料补强橡胶材料中有着很好的潜力。

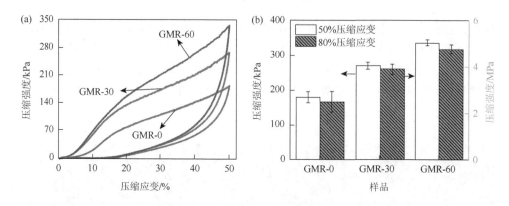

图 5-32　GP/MFC/NR 复合海绵的力学性能

因 CMF 表面有很多羟基，在被高速剪切后 MFC 表面的微纳米纤丝数量增加，MFC 表面的亲水基团和比表面积增加，极性和比表面能随之增加，使得MFC 吸附水分子的能力增加，与水分子形成氢键的数量增加，进而 MFC 对水分子的吸附能力增强。当将 GP/MFC/NR 复合海绵浸入水中，海绵中 MFC 和孔隙会开始吸收并储存水分，从而达到吸水的目的。通过图 5-31 可以发现，GP/MFC/NR 复合海绵的孔隙结构和表面裸露的 MFC 数量随着 MFC 剪切时间的增加而增加。因此，GP/MFC/NR 复合海绵的吸水率［图 5-33（a）］随着 MFC剪切时间的增加而增加。

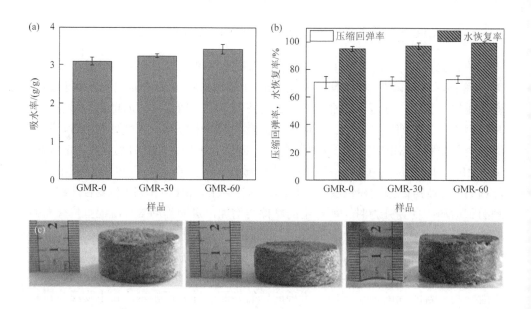

图 5-33　GP/MFC/NR 复合海绵的吸水率（a）及压缩回弹率和水恢复率（b）；GMR-0 复合海绵（c）、GMR-30 复合海绵（d）和 GMR-60 复合海绵（e）的水恢复数码照片

利用 MFC 优异的吸水能力，测试了 GP/MFC/NR 复合海绵的水恢复特性。通过图 5-33（b）～（d）可以发现，GP/MFC/NR 复合海绵在被压缩 90%后，能靠 NR 自身回弹性恢复一定的高度，且随着 MFC 剪切时间的增加，恢复的高度增加。将压缩后的 GP/MFC/NR 复合海绵放入水中进行水恢复后，可以发现 GP/MFC/NR 复合海绵表现出优异的水恢复特性，且均能恢复到原来高度的 96%以上。其中，GMR-60 复合海绵的水恢复率可以达到 99.8%。这意味着高速剪切 MFC 可以提高 GP/MFC/NR 复合海绵的水恢复特性，使其具有很好的可重复利用性。

5. GP/MFC/NR 复合海绵的导电性能

高速剪切会提高 MFC 的比表面积，增加 MFC 在复合海绵中的暴露量，从而影响复合海绵中导电通路的形成，使得复合海绵的导电性能下降。因此，GMR-60 复合海绵在 50%和 90%应变下的电导率明显较 GMR-0 复合海绵分别降低了 46.9%和 29.1%（图 5-34）。MFC 表面的微纳米纤丝可以协助 GP 更好地分散在复合海绵骨架中，使得复合海绵具有更灵敏的导电性能。因此，对比了复合海绵在 10%～50%应变范围内的相对电阻变化情况，可以发现 GMR-60 复合海绵对外力表现出更灵敏的电学响应特性。这些现象说明 MFC 的高速剪切处理虽然降低了复合海绵的导电性能，但是能提高复合海绵的压阻灵敏度，这使得复合海绵在小压力传感器方面具有很好的发展潜力。

可重复利用性对导电复合海绵来说十分重要，可以直接影响复合海绵的使用寿命和范围。因此，图 5-35 测试了 GMR-60 复合海绵在不同应变下的可重复压缩能力。可以发现，GMR-60 复合海绵在 0%～10%和 0%～20%应变范围内的 10 次"压缩-卸压"循环中，表现出稳定的力学强度，具有优异的可重复利用性。而在 0%～30%和 0%～40%应变范围内，GMR-60 复合海绵的力学强度随着"压缩-

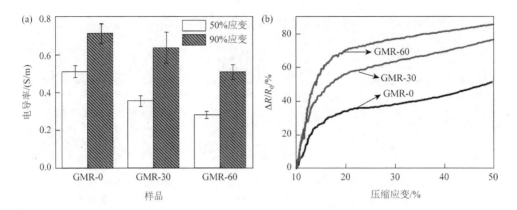

图 5-34　（a）GP/MFC/NR 复合海绵在 50%、90%应变下的导电性能；（b）GP/MFC/NR 复合
　　　　海绵在 10%～50%应变范围内的压阻传感特性

卸压”循环次数增加，表现出轻微的力学强度损失，但均控制在 3%以内，而且
从第 5 次“压缩-卸压”循环后又出现稳定的力学强度。这一规律暗示着 GMR-60
复合海绵在低压缩应变下具有很好的可重复压缩性。

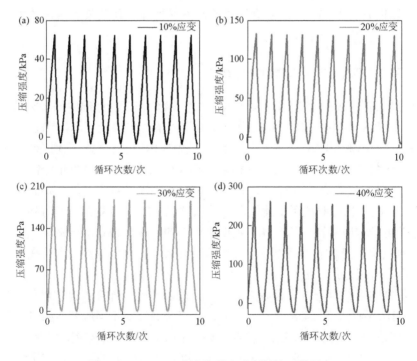

图 5-35　GMR-60 复合海绵在重复压缩下的强度
（a）0%～10%；（b）0%～20%；（c）0%～30%；（d）0%～40%

考虑到 GMR-60 复合海绵在低应变下优异的可重复压缩性，将 GMR-60 复合海绵进行压阻传感性的稳定性测试，探索其在压阻材料中的应用前景。图 5-36 为 GMR-60 复合海绵在不同应变下相对电阻变化曲线（由重复压缩产生）。可以发现，GMR-60 复合海绵在 0%～10%应变范围内进行 10 次"压缩-卸压"循环后，表现出稳定的相对电阻变化规律，具有稳定、可重复的压阻传感性。而在 0%～20%、0%～30% 和 0%～40% 的应变范围内，GMR-60 复合海绵在每次压缩开始或者卸压结束时出现了极大的相对电阻，但在压缩过程中仍然表现出极稳定的相对电阻变化规律。这是因为 GMR-60 复合海绵表面被外力作用后不能瞬间完全回弹，仅有部分微纤维、凸起的 NR 基体等会瞬间回弹，使得海绵在每次压缩开始或者卸压结束的瞬间构成的电子传输路径数量减少，海绵的电阻瞬间变得极大，从而使复合海绵在每次压缩开始或者卸压结束的瞬间出现极大的相对电阻。但当继续压缩受力时，瞬间被回弹的部分会和那些未回弹的部分立即汇合形成大量的电子传输路径，使复合海绵的电阻瞬间减小，开始出现稳定的相对电阻变化规律。总体来讲，GMR-60 复合海绵对力具有十分敏感的响应性，在不断循环测试中，整体表现出较好的稳定性和可循环性，虽然会出现瞬间的极大相对电阻现象，但因在开始或者结束的瞬间，并不会影响其在可穿戴传感、压阻传感、湿度传感等方面的应用。

6. GP/MFC/NR 复合海绵的湿度传感性能

由于优异的吸水能力，GMR-60 复合海绵被用来测量其对湿度变化的响应能力。图 5-37（b）为 25℃下 GMR-60 复合海绵的电阻随不同湿度变化的曲线。利用样品、铜丝、恒温恒湿箱、数字万用表和计算机组装成测试电路，通过恒温恒湿箱为样品提供一个湿度变化的环境，数字万用表测量不同湿度下样品的电阻，计算机记录不同湿度下样品的电阻变化规律［图 5-37（a）］。由于在固定温度下，相对湿度增加，单位空气中水分子含量增加，GMR-60 复合海绵接触到水分子的频率也随之增加，因此，GMR-60 复合海绵表面对水分子的吸附量增加，复合海绵表面的湿度也随之增加。在低湿度条件下，少量的水分子被吸附在 MFC 所提供的活性位点上，此时 MFC 吸附水分子以化学吸附为主，水分子不能移动。在相对湿度为 60%～97%时，多层物理吸附的水分子会逐渐积累在复合海绵上，形成多个连续水层。在电场的作用下，自由水分子会电解生成 H_3O^+ 作为电荷载流子，然后将这些 $H_3OH_3O^+$ 转化为质子，从而起到降低电阻的作用。另外，连续水层的产生使复合海绵吸水润胀，增大 GP 彼此之间的距离，使 GP 组成的导电通道部分消失，导致复合海绵的电阻增加。如图 5-37（b）所示，当相对湿度增加时，GMR-60 复合海绵的电阻随之增加，而当相对湿度降低时，复合海绵的电阻随之降低，这是因为此时复合海绵的润胀作用大于 H^+ 的传导作用。

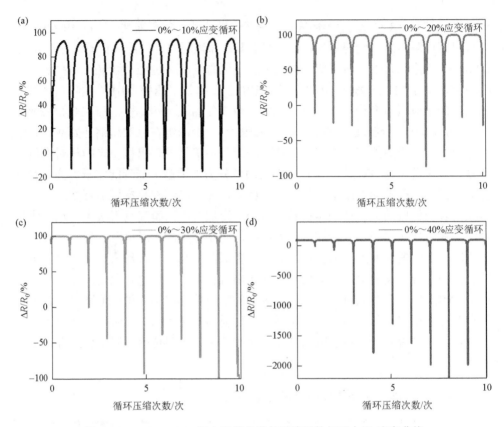

图 5-36　GP/MFC/NR 复合海绵在重复压缩下的相对电阻-应变曲线

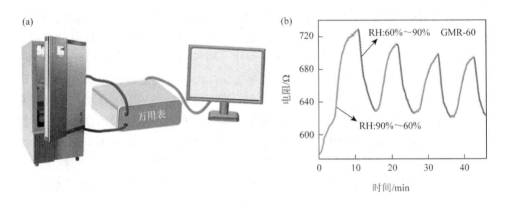

图 5-37　GP/MFC/NR 复合海绵在不同湿度下的电阻变化

7. GP/MFC/NR 复合海绵的温度传感性能

因 MFC 和 NR 在高温下均会发生热分解，对温度表现出很好的敏感性，因此通过马弗炉联合数字万用表评估了 GP/MFC/NR 复合海绵的温度响应特性。利用样品、铜丝、马弗炉、数字万用表和计算机组装成测试电路，通过马弗炉为样品提供一个逐渐加热的环境，数字万用表测量不同温度下样品的电阻，计算机记录不同温度下样品的电阻变化规律[图 5-38（a）]。从图 5-38（b）可以发现，GP/MFC/NR 复合海绵的电阻随着温度的增加而出现 4 个电阻变化区域。从图 5-38（b）可以发现，第一个电阻变化区域在 25～180℃ 范围内，GP/MFC/NR 复合海绵的电阻随着温度的增加而增加。这是由于 MFC 和 NR 的分解温度均从 200℃ 左右开始，因此在 25～180℃ 范围内，GP/MFC/NR 复合海绵主要是样品中水分挥发的过程。其中，GP/MFC/NR 复合海绵的水分挥发主要是 MFC 中的水分挥发；而 MFC 中水分的挥发会使得 MFC 中的湿度降低，因此出现复合海绵电阻变大的现象。第二个电阻变化区域为 180～220℃ ［图 5-38（c）］，GP/MFC/NR 复合海绵的电阻随着温度的增加而急剧下降。第三个电阻变化区域为 220～320℃，GP/MFC/NR 复合海绵的电阻随着温度的增加而缓慢下降。在 180～320℃ 范围内，随着温度的增加，MFC 和 NR 开始发生热分解，MFC 和 NR 会逐渐分解碳化，从而使得 GP/MFC/NR 复合海绵的电阻降低。第四个电阻变化区域为 320℃ 以上 ［图 5-38（c）中插图］。在这个温度区间内，GP/MFC/NR 复合海绵中裸露的 MFC 和 NR 已经基本热解完成，而剩下的 MFC 和 NR 被保护和包裹在 GP 和热解产物中，很难再进一步热解，因此 GP/MFC/NR 复合海绵的电阻随着温度的增加而逐渐趋于平稳。

对比不同 MFC 剪切时间所对应的 GP/MFC/NR 复合海绵的电阻随温度变化曲线（图 5-38），可以发现 GMR-0、GMR-30 和 GMR-60 复合海绵的电阻随着温度的变化均表现出相似的变化规律，且随着温度的增加表现出明显先增加后下降的现象，说明 GP/MFC/NR 复合海绵对温度具有很灵敏的响应特性。GMR-60 复合海绵的电阻下降点对应的温度均小于 GMR-30、GMR-0 复合海绵，且相同温度范围内，GMR-60 复合海绵的电阻变化幅度比 GMR-30、GMR-0 复合海绵的大，这说明 GMR-60 复合海绵比 GMR-30、GMR-0 复合海绵对温度更加敏感，在温度传感器方面具有很好的发展潜力。

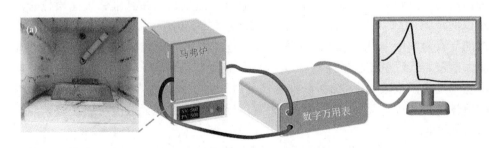

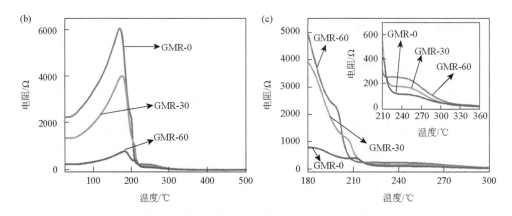

图 5-38　（a）复合海绵电阻随温度变化的测试示意图；（b）复合海绵在 25～500℃范围内的电
阻变化曲线；（c）复合海绵在 180～360℃范围内的电阻变化曲线

综上，通过简单的高速剪切和机械搅拌制备得到分散均匀的 GP/MFC 复合
材料，并通过冰模板法和水热硫化技术制备得到了结构更均匀的 GP/MFC/NR 柔
性传感海绵。当 MFC 高速剪切 60min 后，制备得到的 GMR-60 复合海绵的力学
强度达到了 4.77MPa（90%压缩应变下），较 GMR-0 复合海绵提高了 91%。因其
优异的亲水特性，GMR-60 复合海绵具有优异的水恢复特性、湿度传感特性和温
度传感特性，在压阻传感器、湿度传感器、温度传感器等方面具有很好的应用
前景。

5.4.4　抑菌性能

作为橡胶复合材料的基本成分，氧化锌（ZnO）常作为天然橡胶、合成橡
胶和天然乳胶的硫化激活剂和增强剂[103-105]，不仅可以改善橡胶复合材料的力
学性能、导热性能、耐腐蚀性等[106, 107]，还可以赋予橡胶复合材料对金黄色葡
萄球菌（革兰氏阳性，*S. aureus*）和大肠杆菌（革兰氏阴性，*E. coli*）等细菌的
抑菌能力。近年来，有部分工作报道了通过水热生长法在纤维素表面原位合成
ZnO 的策略，并制备了具有较强的抗细菌性[108-110]和疏水性[111, 112]的三维异质结
构的复合填料[113-117]。但是，水热生长法是在密闭的反应器里加入纤维素和前
驱体溶液，然后在高温条件下合成 ZnO/纤维素复合材料。这种方法所需的反应
环境和设备严重限制了 ZnO/纤维素复合材料的生成数量，而且合成 ZnO 颗粒
的数量和尺寸极易受到反应条件的影响，因此很难将其大范围应用在橡胶复合
材料领域。

因此，本书作者团队分别利用溶液混合法和水热生长法将纳米 ZnO 粒子负载

在 MFC（由 CMF 剪切 60min 后得到的纤维，此后均简称 MFC）表面以获得 ZnO/MFC 复合抑菌剂，并探讨了溶液混合法和水热生长法对制备 ZnO/MFC 复合抑菌剂的影响。此外，将 ZnO/MFC 复合抑菌剂用于补强 NR 海绵，并通过冰模板法和水热硫化技术制备得到 ZnO/MFC/NR 复合海绵。同时，利用分步冷冻法构建上下层状结构的抑菌型导电胶乳海绵（上层为 GP/MFC/NR 复合海绵，下层为 ZnO/MFC/NR 抑菌海绵）。讨论了 ZnO/MFC 复合抑菌剂对胶乳海绵材料结构和性能的影响，并揭示抑菌型胶乳导电海绵的成型机理和抑菌机理，以及评估其在抑菌型可穿戴传感器中的应用前景。

1. 实验部分

1）实验原料

六水合硝酸锌[$Zn(NO_3)_2·6H_2O$]和六亚甲基四胺[$(CH_2)_6N_4$]均为分析纯，并由上海博伊尔化学有限公司提供。纤维素微米纤维（CMF）是将纸浆纤维（针叶木漂白牛皮纸浆，来自牡丹江恒丰纸业有限责任公司）在 5% NaOH 溶液中 50℃下处理 5h 而得到的（脱去部分木质素，使纤维表面形成粗糙的结构）。天然胶乳（NRL）购自中国深圳市吉田化工有限公司，总固体含量为 61.51%，干胶含量为 60.19%。NRL 的机械稳定时间为 650s，氨含量为 0.72%，挥发酸含量为 0.014%。所有其他材料，包括氢氧化钠（NaOH）、氢氧化钾（KOH）、硫磺、二乙基二硫代氨基甲酸锌、2-巯基苯并噻唑、抗老化剂和氧化锌等购于市面上。

2）ZnO/MFC 复合材料的制备

（1）水热生长法制备 ZnO/MFC 复合材料。

在 MFC 表面上生长 ZnO 粒子的过程如图 5-39（a）所示。其中，MFC 是通过破壁机高速剪切 60min 制备而成。水热生长法制备 ZnO/MFC 复合材料包括以下步骤：第一步，将 $Zn(NO_3)_2·6H_2O$ 溶解在 50mL 去离子水中，在 25℃下持续搅拌形成透明的溶液。然后将 100g 0.5wt% 的 MFC 完全浸入 $Zn(NO_3)_2$ 溶液中，连续搅拌 5min 并在室温下真空浸渍 12h，得到预处理溶液。第二步，将($CH_2)_6N_4$ 颗粒完全溶解在 50mL 去离子水后，加入到预处理溶液中搅拌均匀。然后将得到的反应溶液倒入聚四氟乙烯反应釜中（溶液不能超过反应釜容积的 80%），在一定温度下加热。最后，将反应完成的反应釜自然冷却至室温后取出，用去离子水洗涤数次，得到 ZnO/MFC 复合材料。其中，反应前驱体浓度分别为 0.01mol/L、0.03mol/L、0.05mol/L、0.07mol/L 和 0.1mol/L，反应釜反应温度分别为 70℃、90℃、110℃和 130℃，反应时间分别 2h、4h、6h 和 8h。

(a) 水热生长法:

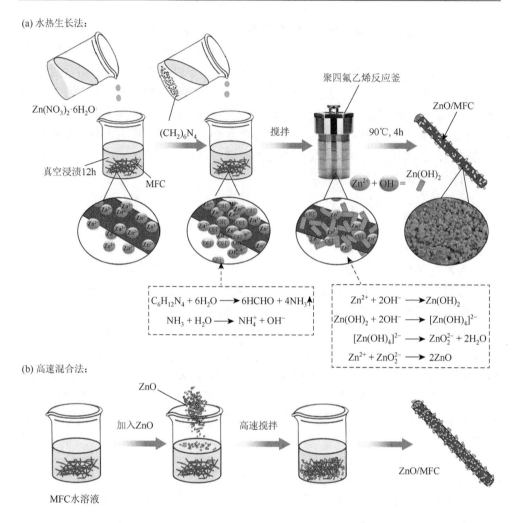

$$C_6H_{12}N_4 + 6H_2O \longrightarrow 6HCHO + 4NH_3$$
$$NH_3 + H_2O \longrightarrow NH_4^+ + OH^-$$

$$Zn^{2+} + 2OH^- \longrightarrow Zn(OH)_2$$
$$Zn(OH)_2 + 2OH^- \longrightarrow [Zn(OH)_4]^{2-}$$
$$[Zn(OH)_4]^{2-} \longrightarrow ZnO_2^{2-} + 2H_2O$$
$$Zn^{2+} + ZnO_2^{2-} \longrightarrow 2ZnO$$

(b) 高速混合法:

图 5-39　ZnO/MFC 复合抑菌剂的合成示意图

（2）高速混合法制备 ZnO/MFC 复合材料。

高速混合法制备 ZnO/MFC 复合材料的过程如图 5-39（b）所示。将 MFC 均匀分散在去离子水中并配制成 2wt% 的水溶液，然后在室温下分别将 5 份、10 份的 ZnO 加入制备好的 MFC 溶液（MFC 固含量为 1 份）中高速搅拌 10min，获得 ZnO/MFC 复合材料，分别命名为 ZnO-5/MFC、ZnO-10/MFC。

（3）ZnO/MFC/NR 复合海绵的制备。

配制好熟化的 NRL 溶液后，将 20wt% 的酪素溶液均匀分散到 ZnO/MFC 复合材料中，将制备熟化后的 NRL 溶液通过低速搅拌的方式均匀分散到 ZnO/MFC 复合材料中。然后，将 ZnO/MFC/NR 混合溶液倒入模具中并在冰箱中冷冻 48h（−5℃

下 12h，–23℃下 36h）。将冷冻后的 ZnO/MFC/NR 混合物在沸水中硫化 3h 后取出，并用蒸馏水冲洗数次。最后干燥得到 ZnO/MFC/NR 复合海绵。其中，ZnO/MFC 复合材料为 ZnO-5/MFC、ZnO-10/MFC 复合抑菌剂，对应制备得到的 ZnO/MFC/NR 复合海绵分别命名为 ZCR-5 复合海绵和 ZCR-10 复合海绵。

（4）抑菌型导电海绵的构建。

将配制好的 ZnO/MFC/NR 溶液倒入模具中后，在冰箱中–5℃下冷冻 12h 后取出，在其上层加入配制好的 GP/MFC/NR 溶液，然后放入冰箱中 1℃下预冷冻 6h，然后继续冷冻 48h（–5℃下 12h，–23℃下 36h）。将冷冻好的混合物在沸水中硫化 3h 后取出，用蒸馏水冲洗数次，最后干燥得到抑菌型导电复合海绵。其中，ZnO/MFC/NR 溶液为 ZnO-10/MFC/NR 溶液，GP/MFC/NR 溶液为 GP-5/MFC-1/NR 溶液和 GP-10/MFC-1/NR 溶液。

（5）性能表征。

ZnO/MFC 复合材料的微观形态是通过 SEM 进行观察的，热稳定性和 ZnO 生长含量通过热重分析仪在氮气环境（40mL/min）下进行测试，加热速率为 10℃/min，温度范围为 20～600℃。ZnO/MFC/NR 复合海绵和抑菌型导电海绵的微观形态是通过 SEM 进行观察的，力学性能通过万能力学试验机进行测试。ZnO/MFC/NR 复合海绵的抑菌性能是以大肠杆菌（*E. coli*）和金黄色葡萄球菌（*S. aureus*）为例，利用琼脂扩散法来进行表征的，其中样品的直径为 1cm。抑菌型导电海绵的可穿戴性测试采用数字万用表进行。

2. ZnO/MFC 的成型机理

水热生长法作为最常见的 ZnO/MFC 复合材料的合成方法，主要包括以下基本步骤［图 5-39（a）］。首先，将 $Zn(NO_3)_2 \cdot 6H_2O$ 溶解在去离子水中以产生 Zn^{2+}，将 MFC 浸入 Zn^{2+} 溶液中。MFC 表面的羟基在溶液中电离产生负电荷[114]，在静电作用下，Zn^{2+} 会被吸收到 MFC 表面进行预成核，为在 MFC 表面生长 ZnO 提供前提。将 $(CH_2)_6N_4$ 水溶液加入到预处理好的 Zn^{2+}/MFC 水溶液中，为 ZnO 的合成提供碱性条件。接着，将反应溶液混合均匀后放入聚四氟乙烯反应釜中。让 $Zn(NO_3)_2 \cdot 6H_2O$ 溶液提供的 Zn^{2+} 与 $(CH_2)_6N_4$ 溶液提供的 OH^- 充分混合反应，并在 MFC 表面形成 ZnO 的基本生长单元 $\{[Zn(OH)_4]^{2-}\}$。最后，将聚四氟乙烯反应釜进行加热处理，$[Zn(OH)_4]^{2-}$ 会缓慢分解生成 ZnO 分子，得到 ZnO/MFC 复合材料。

高速混合法是通过直接在水溶液中加入无机粒子并通过高速搅拌混合而成。由于 MFC 表面有很多负电荷，可以为 ZnO 吸附提供良好的负载场所，因此，直接采用高速混合法制备 ZnO/MFC 复合材料［图 5-39（b）］。将 MFC 配制成 2wt%的水溶液，然后在 MFC 水溶液中加入纳米 ZnO，并利用高速搅拌的方法在 MFC 表面吸附纳米 ZnO 薄层，得到具有 ZnO 尺寸可控、结构可控、含量可控等的 ZnO/MFC 复合材料。与水热生长法相比，高速混合法不需要复杂的反应设备、反应条件和额外的反应产物，具有更安全、更简单、更可控、更环保等优点。

3. ZnO/MFC/NR 复合海绵的微观结构和力学性能

　　ZnO 的存在对于 NRL 具有很大的去稳定性作用，所以在 ZnO 加入 NRL 溶液后，ZnO 在 NRL 溶液中会生成 $Zn(OH)_2$，然后会电离形成带正电荷的锌氨络离子。而橡胶粒子的表面会电离形成脂肪阴酸皂阴离子，其会与带正电荷的锌氨络离子反应形成不溶性锌盐，进而使胶乳粒子失去稳定性，出现絮凝[图 5-40（a）和（b）]。因此，直接将 ZnO/MFC 复合材料加入 NRL 溶液中 [图 5-40（c）和（d）]，NRL溶液中的 NR 直接胶凝成团，完全失去稳定性和乳液分散形态，从而失去了ZnO/MFC/NR 复合海绵的先要条件。因此，提高 ZnO/MFC 复合材料在 NRL 溶液中的分散性和稳定性十分重要。酪素作为常见的 NRL 稳定剂，可以提高 ZnO/MFC复合材料在 NRL 溶液中的稳定分散能力。向 ZnO/MFC 复合材料中添加 2 份、4 份酪素溶液，可以发现 ZnO/MFC 复合材料加入 NRL 溶液中后没有出现絮凝情况，但溶液中仍然存在胶粒聚集成小团的情况 [图 5-40（e）和（f）]。当加入 5 份酪素溶液后，ZnO/MFC 复合材料可以在 NRL 溶液中均匀分散，而且 NRL 溶液不会

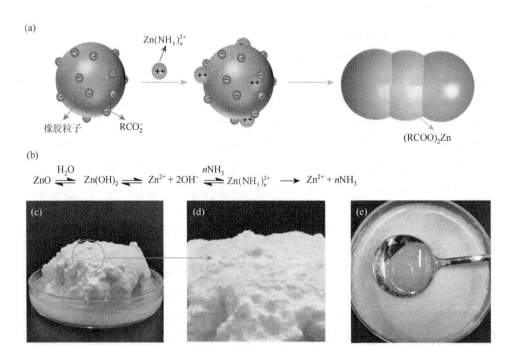

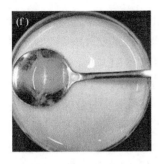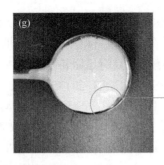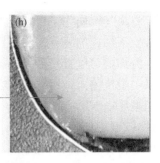

图 5-40　（a）、（b）ZnO 对 NRL 的絮凝机理；（c）～（h）酪素含量对 ZnO/MFC 复合材料分
散稳定性影响的数码照片

出现絮凝的情况［图 5-40（g）和（h）］。这些现象说明，酪素溶液的存在对制备
ZnO/MFC/NR 复合海绵至关重要。

　　ZnO/MFC/NR 复合海绵的微观结构如图 5-41 所示。可以发现，ZnO/MFC/NR
复合海绵的孔隙呈不规则的形状，孔径为 100～300μm。其中，ZnO/MFC 复合材
料主要分散在海绵的骨架中，仅部分分散在海绵的孔隙中。通过图 5-41 可以清楚
观察到，ZnO/MFC/NR 复合海绵的泡孔壁上还分散着许多细小的微纤丝，这些微
纤丝说明，在 MFC 的协助下，即使是纳米结构的 ZnO 粒子也能够在 NR 海绵基
体中分散均匀；大量 ZnO 能够均匀地分散和覆盖在 ZnO/MFC/NR 复合海绵的骨
架上，这些裸露的 ZnO 纳米粒子对提高复合海绵的抑菌性能至关重要。

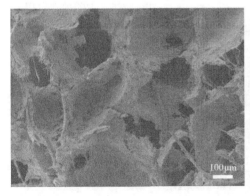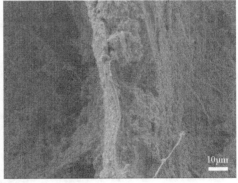

图 5-41　ZMR-10 复合海绵的微观结构

4. 抑菌型 GP/MFC/NR 复合海绵的微观结构和抑菌性能

　　为了满足柔性电子产品市场的需求，迫切需要发展具有抑菌性能的可穿戴电
子产品。本书作者团队利用分步冷冻法构建上、下层状结构的抑菌型导电 NR 多

孔材料（上层为 GP/MFC/NR 导电海绵，下层为 ZnO/MFC/NR 抑菌海绵）。将这种上下结构的复合海绵应用在可穿戴材料中时，具有抑菌性能的 ZnO/MFC/NR 复合海绵层可以直接和人体接触，而具有压阻特性的 GP/MFC/NRL 复合海绵层则可以用于检测人体运动等，在满足功能的同时实现更人性化的设计。本小节中的抑菌型导电 NR 多孔材料制备主要分为 3 个部分 [图 5-42（a）]，首先是抑菌层的构建（ZnO/MFC/NR 抑菌海绵），主要是先将 ZnO/MFC/NRL 混合溶液采用冰模板法进行冷冻定型处理。然后是导电层的组装（GP/MFC/NRL 导电海绵），主要是将 GP/MFC/NRL 混合溶液加入 ZnO/MFC/NRL 冷冻物上层，并通过预冷冻处理使 GP/MFC/NR 混合溶液和 ZnO/MFC/NR 冷冻物之间的温度达成一致，然后采用冰模板法进行冷冻定型。最后，利用水热硫化技术对组装好的复合海绵进行硫化定型，得到抑菌型导电 NR 多孔材料。其中，预冷冻过程对得到的抑菌型导电 NR 多孔材料孔隙结构十分重要。既要保证 GP/MFC/NRL 混合溶液不能被冻住，又要保证 ZnO/MFC/NRL 冷冻物不会熔化，所以组合过程中的预冷冻时间不能过短，温度不能过高。因此，选择在 1℃下预冷冻 6h 来进行预处理，以得到泡孔结构均匀的抑菌型导电 NR 多孔材料。

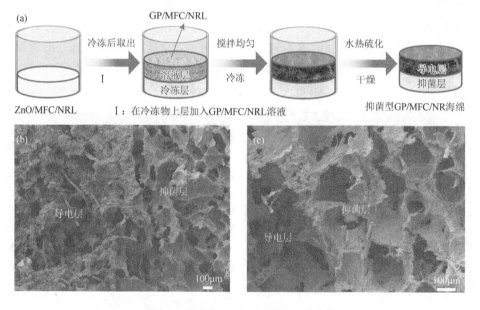

图 5-42　抑菌型 GP/MFC/NR 复合海绵的制备过程（a）和微观结构 [（b）、（c）]

　　图 5-42（b）和（c）为抑菌型导电海绵连接处的微观结构，可以观察到抑菌型导电海绵的导电层和抑菌层之间彼此相交相容，具有很好的连接强度。此外，抑菌型导电海绵的导电层和抑菌层均保持其本来的孔隙结构，这说明分步组装法

只是将 GP/MFC/NR 复合海绵和 ZnO/MFC/NR 抑菌海绵连接组装在一起，而彼此的性能和结构均保持着其自身的特性。也就是说，这种成型方法可以根据所需的性能将不同结构的材料进行自由组装，得到不同功能组合而成的复合海绵，进而满足不同使用环境的需求。

　　ZnO/MFC/NR 复合海绵和抑菌型 GP/MFC/NR 复合海绵的抗菌能力是通过抑菌圈法对金黄色葡萄球菌（革兰氏阳性，S. aureus）和大肠杆菌（革兰氏阴性，E. coli）进行表征，并通过光学显微镜观察不同复合海绵四周生长的 S. aureus 和 E. coli 的微观形貌。图 5-43（a）是复合海绵在 S. aureus 中形成的抑菌圈，而图 5-43（b）则是复合海绵在 E. coli 中形成的抑菌圈。对比可以发现，纯 MFC/NR 复合海绵四周是没有抑菌圈的，也就是说，MFC/NR 复合海绵对 S. aureus 和 E. coli 的抗菌活性很小。众所周知，ZnO 粒子是 S. aureus 和 E. coli 的有效抗菌剂。先前的研究表明，ZnO 粒子抗菌活性的主要贡献者是有害的活性氧[118, 119]。当接触细菌细胞时，ZnO 粒子会产生活性氧，如超氧化物、羟基自由基和过氧化氢（H_2O_2）等，H_2O_2 会与细菌细胞壁和细胞膜发生有害相互作用，从而破坏细菌[120]，起到抑制细菌生长的效果。因此，将 ZnO/MFC 复合材料应用于 NR 海绵中后，ZnO/MFC/NR 复合海绵表现出明显的抑菌圈，能在一定程度上抑制 S. aureus 和 E. coli 的生长［图 5-43（d）～（k）］。此外，当 ZnO/MFC/NR 复合海绵用于增强 GP/MFC/NR 复合海绵的抑菌性能时，GP-5/ZCR 和 GP-10/ZCR 均出现明显的抑菌圈，说明 ZnO/MFC/NR 复合海绵的组装能很好地赋予 GP/MFC/NR 复合海绵抑菌能力。

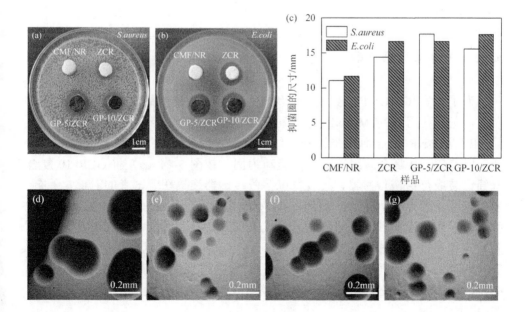

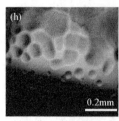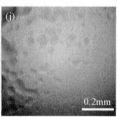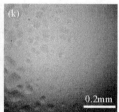

图 5-43　ZnO/MFC/NR 复合海绵和抑菌型 GP/MFC/NR 复合海绵抑菌性能：*S. aureus*（a）和
E. coli（b）抑菌圈，（c）抑菌圈的尺寸；不同海绵附近生长的 *S. aureus* 的光学显微镜图：
（d）MFC/NR，（e）ZCR，（f）GP-5/ZCR，（g）GP-10/ZCR；不同海绵附近生长的 *E. coli* 的
光学显微镜图：（h）MFC/NR，（i）ZCR，（j）GP-5/ZCR，（k）GP-10/ZCR

　　综上，与水热生长法相比，高速搅拌法能大规模地制备出 ZnO 尺寸可控、结构可控、含量可控的 ZnO/MFC 复合材料。此外，将高速搅拌法制备的 ZnO/MFC 复合材料用于补强 NR 海绵，不仅可以提高 NR 海绵的力学强度（ZnO 添加量为 100 份时，复合海绵在 80%压缩应变下的压缩强度达到了 3.2MPa），还可以赋予复合海绵优异的抑菌性能（对大肠杆菌、金黄色葡萄球菌均表现出明显的抑制生长能力）。再者，借助分步冷冻法制备得到的上下层状结构的抑菌型导电胶乳海绵，不仅具有 GP/MFC/NR 复合海绵优异的导电性能，可以检测各种类型的人体运动（如肘部、手腕、手指和膝盖的运动），还具有 ZnO/MFC/NR 复合海绵优异的抑菌性能，在抑菌型柔性电子材料领域具有很好的发展潜力。

5.4.5　可穿戴传感性能

　　为了探索 GP/CMF/NR 复合海绵作为可穿戴应变传感器在人体运动中的潜力，充分利用 GP/CMF/NR 复合海绵在受到外力时电阻会明显变化的特性，用 GP/CMF/NR 复合海绵来检测人体的肘部、手腕、手指和膝盖的周期性运动。以 GCR-10 复合海绵检测人体运动为例，按图 5-44（a）将 GCR-10 复合海绵组装成可穿戴传感器，然后将可穿戴传感器连接在测试者的肘部、手腕、手指和膝盖上以检测运动，如图 5-44（b）～（d）中插图所示。当测试者的肘部、手腕、手指和膝盖进行周期性的伸直-弯曲运动时，GP/CMF/NR 复合海绵随着测试者的相对运动可以检测到稳定和重复的电阻变化信号，并可以清晰地记录下来 [图 5-44（b）～（d）]。这些结果说明 GP/CMF/NR 复合海绵可以应用于检测各种类型的人体运动，在可穿戴电子设备中展现出巨大的潜力。

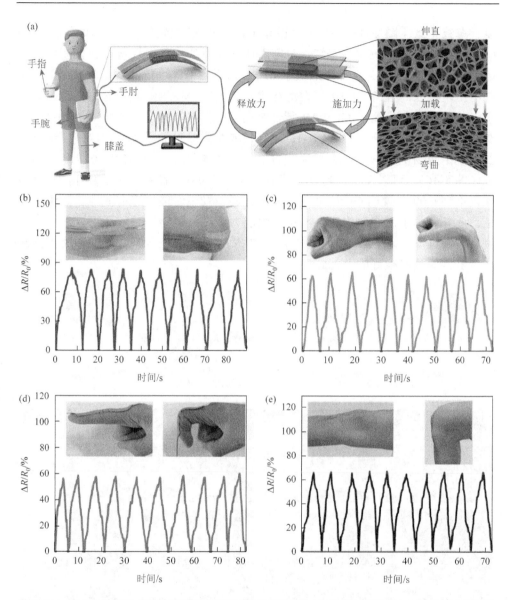

图 5-44 （a）GCR-10 复合海绵作为压阻传感器来检测人体运动的示意图；GCR-10 复合海绵作为压阻传感器来检测人体肘部（b）、手腕（c）、手指（d）和膝盖（e）运动时的传感性能

5.4.6 碰撞预警性能

为进一步探索 GP/CMF/NR 复合海绵作为碰撞预警传感器的潜力，采用 12V 电源、警示灯、压缩装置和 GP/CMF/NR 复合海绵构建报警装置。如图 5-45（a）所示，GP/CMF/NR 复合海绵放置在压缩装置的两个铜块之间。与其他 GP/CMF/NR

复合海绵相比 [图 5-45（b）～（f）]，GCR-10 复合海绵在被压缩时仅在 0.2s（应变约为 1%）内触发报警灯，且随着压缩应变的增加，报警灯的亮度和声音越来越大，较 GCR-2 复合海绵快了 6.3s。这说明 GP/CMF/NR 复合海绵具有优异的压阻特性，且 GCR-10 复合海绵比其他 GP/CMF/NR 复合海绵更快、更灵敏。此外，进一步地将 GCR-10 复合海绵应用在汽车的碰撞预警中（利用玩具车进行模拟测试）来观察 GCR-10 复合材料在碰撞时的灵敏性。该碰撞预警测试系统由两辆玩具车、一块 12V 电池、一个预警灯和一块 GCR-10 复合海绵组成（图 5-46）。可以发现，复合海绵撞墙仅不到 0.05s 就能触发报警灯，而且追尾仅不到 0.07s，说明 GCR-10 复合海绵在碰撞发生时能快速有效地起到预警作用。此外，由于复合海绵优异的抗压缩能力，在发生碰撞时，还可以在一定程度上保护汽车。这些结果表明，GP/CMF/NR 复合海绵在压阻传感器和碰撞预警传感器方面具有很好的潜力。

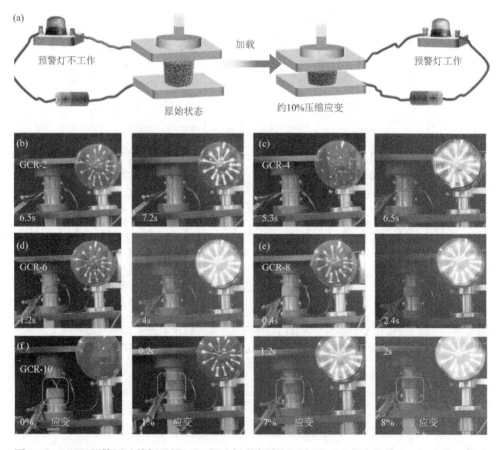

图 5-45　（a）预警测试的机理图；GCR-2 复合海绵（b）、GCR-4 复合海绵（c）、GCR-6 复合海绵（d）、GCR-8 复合海绵（e）和 GCR-10 复合海绵（f）碰撞预警测试的过程

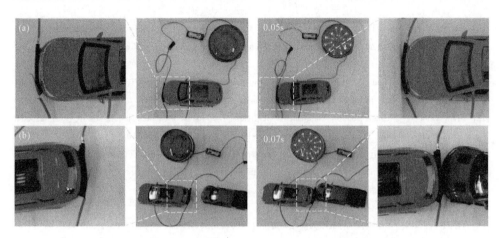

图 5-46　玩具车模拟汽车碰撞时，GCR-10 复合海绵的碰撞预警测试过程

（a）撞墙；（b）追尾

综上，GP/CMF/NR 复合海绵可以检测各种类型的人体运动（如肘部、手腕、手指和膝盖的运动），还具有优异的接触预警（仅需 0.2s 触发报警）、火灾预警（仅需 1.2s 触发报警）等功能，在可穿戴电子设备、压阻传感器、湿度传感器、温度传感器、碰撞预警、火灾预警等方面具有很好的应用前景。

参 考 文 献

[1] 朱勇清. 地毯背衬配合胶乳的研发[J]. 广西纺织科技，2010，39（1）：11-12.

[2] 刘贵言，李凯焰，余航，等. 纤维素纤维/天然胶乳海绵的制备及吸水性能的研究[J]. 森林工程，2022，38（2）：62-67.

[3] Sealy Technology，L L C. Latex foam pillow [EB/OL]. (2022-03-26) [2018-05-05]. https://patents. justia.com/patent/10694874.

[4] AB Digital Inc. Global Latex Foam Mattress Market 2018 segmentation，demand，growth，trend，opportunities and forecast to 2023 [EB/OL]. (2022-06-16) [2018-02-26]. https://www. benzinga.com/content/11258212/global- latex-foam-mattress-market-2018-segmentation-demand-growth-trend-opportuniti.

[5] Stefan C B，Benjamin C T，Randall M S，et al. Highly sensitive flexible pressure sensors with microstructured rubber dielectric layers[J]. Nature Materials，2010，12（9）：859-864.

[6] Zou L，Phule A D，Sun Y，et al. Superhydrophobic and superoleophilic polyethylene aerogel coated natural rubber latex foam for oil-water separation application [J]. Polymer Testing，2020，85：106451.

[7] 孙琰. 功能性胶乳海绵复合材料的制备及性能研究[D]. 青岛：青岛科技大学，2019.

[8] Lorevice M V，Mendonça E O，Orra N M，et al. Porous cellulose nanofibril-natural rubber latex composite foams for oil and organic solvent absorption[J]. ACS Applied Nano Materials，2020，3（11）：10954-10965.

[9] Zhang X F，Yang G H，Zong L，et al. Tough，ultralight，and water-adhesive graphene/natural rubber latex hybrid aerogel with sandwichlike cell wall and biomimetic rose-petal-like surface[J]. ACS Applied Materials & Interfaces，2020，12（1）：1378-1386.

[10] Ramasamy S，Ismail H，Munusamy Y. Soil burial，tensile properties，morphology and biodegradability of（rice husk powder）-filled natural rubber latex foam[J]. Journal of Vinyl and Additive Technology，2015，21（2）：128-133.

[11] Rathnayake I U，Ismail H，de Silva C R，et al. Antibacterial effect of Ag-doped TiO$_2$ nanoparticles incorporated natural rubber latex foam under visible light conditions[J]. Iranian Polymer Journal，2015，24（12）：1057-1068.

[12] Tangboriboon N，Chankasem N，Sangwan W，et al. Semi-rigid foams of calcium silicate（CaSiO$_3$）embedded in natural rubber latex[J]. Plastics，Rubber and Composites，2016，45（7）：304-310.

[13] Rathnayake，Ismail H，Baharin A，et al. Enhancement of the antibacterial activity of natural rubber latex foam by the incorporation of zinc oxide nanoparticles[J]. Journal of Applied Polymer Science，2014，131：39601.

[14] 刘通. 菠萝叶纤维/天然胶乳复合海绵的制备及性能研究[D]. 太原：中北大学，2017.

[15] 王姗姗. 天然胶乳发泡复合材料的制备与表征[D]. 上海：东华大学，2014.

[16] 徐天才，谭海生，周焕萍. 竹炭粉天然胶乳海绵性能的研究[J]. 热带农业科学，2010，30（11）：5-9.

[17] 未友国，敖宁建，张渊明. 植物纤维/蒙脱土/橡胶发泡复合材料微孔结构的研究[J]. 电子显微学报，2008（5）：379-383.

[18] Rathnayake I，Ismail H，Azahari B，et al. Imparting antimicrobial properties to natural rubber latex foam via green synthesized silver nanoparticles[J]. Journal of Applied Polymer Science，2014，131：40155.

[19] 解永娟. 抗菌性天然乳胶及复合囊材的制备及应用[D]. 扬州：扬州大学，2018.

[20] Zhang W，Hu J Z，Zhou Y，et al. Latex and a ZnO-based multi-functional material for cardiac implant-related inflammation[J]. Biomaterials Science，2019，7（10）：4186-4194.

[21] Zhang N X，Cao H. Enhancement of the antibacterial activity of natural rubber latex foam by blending it with chitin[J]. Materials，2020，13（5）：1039.

[22] 井玉. 分散体制备工艺及天然胶乳膜结构与性能的研究[D]. 青岛：青岛科技大学，2018.

[23] 张南希. 低蛋白天然胶乳微发泡材料的合成及性能表征[D]. 北京：北京化工大学，2021.

[24] 何理辉，汤玉训，吴婷桦，等. 人造海绵发泡剂分类及其研究进展[J]. 木材加工机械，2015，26（6）：60-61.

[25] 王作龄. 海绵橡胶用发泡剂与硫化体系[J]. 世界橡胶工业，2008（9）：7-15.

[26] 君轩. 发泡剂和发泡助剂[J]. 世界橡胶工业，2010，37（7）：45-46.

[27] 张建. 天然胶乳发泡复合材料的制备及性能研究[D]. 北京：北京化工大学，2021.

[28] Blackley D C，阮烽. 十八碳羧酸钾皂对天然胶乳机械稳定性和热敏性的影响[J]. 热带作物译丛，1981（4）：25-34.

[29] 何忠建，方海旋，符新. 凝固方法对天然橡胶力学性能的影响[J]. 广东化工，2008（5）：18-20.

[30] 刘彦妮，刘宏超，程原，等. 天然胶乳凝固方法的研究进展[J]. 广东化工，2016，43（13）：104-105.

[31] 雷统席，蒋盛军，符乃方，等. 真空凝固天然橡胶胶乳及其生胶性能[J]. 科学通报，2011，56（15）：1184-1187.

[32] Sirikulchaikij S，Kokoo R，Khangkhamano M. Natural rubber latex foam production using air microbubbles：microstructure and physical properties[J]. Materials Letters，2020，260：126916.

[33] 未友国. 天然橡胶发泡复合材料的制备工艺与应用研究[D]. 广州：暨南大学，2009.

[34] 廖小雪，余浩川，王勇，等. 硫化助剂对胶乳海绵性能影响的研究[C].中国热带作物学会第七次全国会员代表大会暨学术讨论会，2004.

[35] 殷旭光，舒学军，王理，等. 噻唑类硫化促进剂合成进展[J]. 应用化工，2011，40（5）：892-896.

[36] 袁双成，杨云霞，徐志珍，等. 氨基甲酸盐类超促进剂的研究进展[J]. 中国橡胶，2002（18）：25.

[37] Toh-Ae P，Paradee N，Saramolee P，et al. Nano-titania doped NR foams：influence on photocatalysis and physical properties[J]. Polymer Degradation and Stability，2021，190：109640.

[38]　姬燕飞，赵伟松. 橡胶的老化与防护[J]. 橡塑资源利用，2016（4）：25-28，40.

[39]　Khan M，Al-Marri A H，Khan M，et al. Pulicaria glutinosa plant extract：a green and eco-friendly reducing agent for the preparation of highly reduced graphene oxide[J]. RSC Advances，2014，4（46）：24119-24125.

[40]　李娜. 基于没食子酸还原石墨烯、银纳米线/胶乳海绵基复合材料的制备及其应用研究[D]. 扬州：扬州大学，2020.

[41]　唐翠芳. "Talalay"（胶乳）工艺生产法[J]. 世界橡胶工业，2004（5）：22-23.

[42]　Ito A，Semba T，Taki K，et al. Effect of the molecular weight between crosslinks of thermally cured epoxy resins on the CO_2-bubble nucleation in a batch physical foaming process[J]. Journal of Applied Polymer Science，2014，131：40407.

[43]　Phiri M M，Sibeko M A，Phiri M J，et al. Effect of free foaming and pre-curing on the thermal，morphological and physical properties of reclaimed tyre rubber foam composites[J]. Journal of Cleaner Production，2019，218：665-672.

[44]　张天萍. 超临界 CO_2 升温发泡有机硅橡胶过程研究[D]. 乌鲁木齐：新疆大学，2019.

[45]　Ohikhena F U，Wintola O A，Afolayan A J. Evaluation of the antibacterial and antifungal properties of *Phragmanthera capitata*（Sprengel）Balle（Loranthaceae），a mistletoe growing on rubber tree，using the dilution techniques[J]. The Scientific World Journal，2017，2017：9658598.

[46]　Phomrak S，Nimpaiboon A，Newby B M Z，et al. Natural rubber latex foam reinforced with micro and nanofibrillated cellulose via dunlop method[J]. Polymers，2020，12（9）：1959.

[47]　刘祖鹏，李兆敏，郑炜博，等. 多相泡沫体系稳定性研究[J]. 石油化工高等学校学报，2012，25（4）：42-46，50.

[48]　吴潇，曾金芳，余惠琴. 橡胶发泡材料的研究进展[J]. 弹性体，2020，30（5）：64-69.

[49]　Vahidifar A，Nouri Khorasani S，Park C B，et al. Fabrication and characterization of closed-cell rubber foams based on natural rubber/carbon black by one-step foam processing[J]. Industrial & Engineering Chemistry Research，2016，55（8）：2407-2416.

[50]　蔡贝克. 聚氨酯发泡材料的制备及吸声结构优化[D]. 哈尔滨：哈尔滨工业大学，2016.

[51]　Ramasamy S，Ismail H，Munusamy Y，et al. Tensile and morphological properties of rice husk powder filled natural rubber latex foam[J]. Polymer-Plastics Technology and Engineering，2012，51（15）：1524-1529.

[52]　Tomyangkul S，Pongmuksuwan P，Harnnarongchai W，et al. Enhancing sound absorption properties of open-cell natural rubber foams with treated bagasse and oil palm fibers[J]. Journal of Reinforced Plastics and Composites，2016，35（8）：688-697.

[53]　Kudori S N I，Ismail H. The effects of filler contents and particle sizes on properties of green kenaf-filled natural rubber latex foam[J]. Cellular Polymers，2020，39（2）：57-68.

[54]　Pinrat S，Dittanet P，Seubsai A，et al. Fabrication of natural rubber latex foam composite filled with pineapple-leaf cellulose fibres[J]. Journal of Physics：Conference Series，2022，2175（1）：012038.

[55]　Thakore S. Nanosized cellulose derivatives as green reinforcing agents at higher loadings in natural rubber[J]. Journal of Applied Polymer Science，2014，131：40632.

[56]　Zhu G，Dufresne A. Synergistic reinforcing and cross-linking effect of thiol-ene-modified cellulose nanofibrils on natural rubber[J]. Carbohydrate Polymers，2022，278：118954.

[57]　Li L，Tao H，Wu B，et al. Triazole end-grafting on cellulose nanocrystals for water-redispersion improvement and reactive enhancement to nanocomposites[J]. ACS Sustainable Chemistry & Engineering，2018，6（11）：14888-14900.

[58] Singh S, Dhakar G L, Kapgate B P, et al. Synthesis and chemical modification of crystalline nanocellulose to reinforce natural rubber composites[J]. Polymers for Advanced Technologies, 2020, 31 (12): 3059-3069.

[59] Jiang W, Shen P, Yi J, et al. Surface modification of nanocrystalline cellulose and its application in natural rubber composites[J]. Journal of Applied Polymer Science, 2020, 137 (39): 49163.

[60] Jiang W, Cheng Z, Wang J, et al. Modified nanocrystalline cellulose partially replaced carbon black to reinforce natural rubber composites[J]. Journal of Applied Polymer Science, 2022, 139 (18): 52057.

[61] Gericke M, Fardim P, Heinze T. Ionic liquids: promising but challenging solvents for homogeneous derivatization of cellulose[J]. Molecules, 2012, 17 (6): 7458-7502.

[62] Ghazvini M S, Pulletikurthi G, Lahiri A, et al. Electrochemical and spectroscopic studies of zinc acetate in 1-ethyl-3-methylimidazolium acetate for zinc electrodeposition[J]. Chem Electro Chem, 2016, 3 (4): 598-604.

[63] Jiang Z, Tang L, Gao X, et al. Solvent regulation approach for preparing cellulose-nanocrystal-reinforced regenerated cellulose fibers and their properties[J]. ACS Omega, 2019, 4 (1): 2001-2008.

[64] Yasin S, Hussain M, Zheng Q, et al. Effects of ionic liquid on cellulosic nanofiller filled natural rubber bionanocomposites[J]. Journal of Colloid and Interface Science, 2021, 591: 409-417.

[65] Zou L, Phule A D, Sun Y, et al. Superhydrophobic and superoleophilic polyethylene aerogel coated natural rubber latex foam for oil-water separation application[J]. Polymer Testing, 2020, 85: 106451.

[66] Sun Y, Ma L, Song Y, et al. Efficient natural rubber latex foam coated by rGO modified high density polyethylene for oil-water separation and electromagnetic shielding performance[J]. European Polymer Journal, 2021, 147: 110288.

[67] Sun Y, Du Z. A flexible and highly sensitive pressure sensor based on AgNWs/NRLF for hand motion monitoring[J]. Nanomaterials, 2019, 9 (7): 945.

[68] Eaves D. Handbook of polymer foams[J]. Polimeri, 2004, 25 (6): 1-2.

[69] Bashir A S, Manusamy Y, Chew T L, et al. Mechanical, thermal, and morphological properties of (eggshell powder) -filled natural rubber latex foam[J]. Journal of Vinyl and Additive Technology, 2017, 23 (1): 3-12.

[70] Matsumoto M, Saito S, Ohmine I, et al. Molecular dynamics simulation of the ice nucleation and growth process leading to water freezing[J]. Nature, 2002, 416 (6879): 409-413.

[71] Colard C A, Cave R A, Grossiord N, et al. Conducting nanocomposite polymer foams from ice-crystal-templated assembly of mixtures of colloids[J]. Advanced Materials, 2009, 21 (28): 2894-2898.

[72] Zhang F, Feng Y, Qin M, et al. Stress controllability in thermal and electrical conductivity of 3D elastic graphene-crosslinked carbon nanotube sponge/polyimide nanocomposite[J]. Advanced Functional Materials, 2019, 29 (25): 1901383.

[73] Li Y, Sun H, Zhang Y, et al. The three-dimensional heterostructure synthesis of ZnO/cellulosic fibers and its application for rubber composites[J]. Composites Science and Technology, 2019, 177: 10-17.

[74] Liu T, Zhou T, Yao Y, et al. Stimulus methods of multi-functional shape memory polymer nanocomposites: a review[J]. Composites, Part A: Applied Science and Manufacturing, 2017, 100: 20-30.

[75] Yang G, Wan X, Liu Y, et al. Luminescent poly (vinyl alcohol) /carbon quantum dots composites with tunable water-induced shape memory behavior in different pH and temperature environments[J]. ACS Applied Materials & Interfaces, 2016, 8 (50): 34744-34754.

[76] Mi H Y, Jing X, Xie H, et al. Magnetically driven superhydrophobic silica sponge decorated with hierarchical cobalt nanoparticles for selective oil absorption and oil/water separation[J]. Chemical Engineering Journal, 2018, 337: 541-551.

[77] Guan H, Cheng Z, Wang X, et al. Highly compressible wood sponges with a spring-like lamellar structure as effective and reusable oil absorbents[J]. ACS Nano, 2018, 12（10）: 10365-10373.

[78] Yu W C, Zhang G Q, Liu Y H, et al. Selective electromagnetic interference shielding performance and superior mechanical strength of conductive polymer composites with oriented segregated conductive networks[J]. Chemical Engineering Journal, 2019, 373: 556-564.

[79] Lei Z, Tian D, Liu X, et al. Electrically conductive gradient structure design of thermoplastic polyurethane composite foams for efficient electromagnetic interference shielding and ultra-low microwave reflectivity[J]. Chemical Engineering Journal, 2021, 424: 130365.

[80] Nezakati T, Seifalian A, Tan A, et al. Conductive polymers: opportunities and challenges in biomedical applications[J]. Chemical Reviews, 2018, 118（14）: 6766-6843.

[81] Zhu S, Wang M, Qiang Z, et al. Multi-functional and highly conductive textiles with ultra-high durability through 'green' fabrication process[J]. Chemical Engineering Journal, 2021, 406: 127140.

[82] Zhang S, Sun K, Liu H, et al. Enhanced piezoresistive performance of conductive WPU/CNT composite foam through incorporating brittle cellulose nanocrystal[J]. Chemical Engineering Journal, 2020, 387: 124045.

[83] Yang H, Gong L H, Zheng Z, et al. Highly stretchable and sensitive conductive rubber composites with tunable piezoresistivity for motion detection and flexible electrodes[J]. Carbon, 2020, 158: 893-903.

[84] Li Q, Yin R, Zhang D, et al. Flexible conductive MXene/cellulose nanocrystal coated nonwoven fabrics for tunable wearable strain/pressure sensors[J]. Journal of Materials Chemistry A, 2020, 8（40）: 21131-21141.

[85] Wan C, Zhang L, Yong K T, et al. Recent progress in flexible nanocellulosic structures for wearable piezoresistive strain sensors[J]. Journal of Materials Chemistry C, 2021, 9（34）: 11001-11029.

[86] Liu H, Li Q, Zhang S, et al. Electrically conductive polymer composites for smart flexible strain sensors: a critical review[J]. Journal of Materials Chemistry C, 2018, 6（45）: 12121-12141.

[87] Gao H, Liu H, Song C, et al. Infusion of graphene in natural rubber matrix to prepare conductive rubber by ultrasound-assisted supercritical CO_2 method[J]. Chemical Engineering Journal, 2019, 368: 1013-1021.

[88] Zhong B, Luo Y, Chen W, et al. Immobilization of rubber additive on graphene for high-performance rubber composites[J]. Journal of Colloid and Interface Science, 2019, 550: 190-198.

[89] Gan L, Dong M, Han Y, et al. Connection-improved conductive network of carbon nanotubes in a rubber cross-link network[J]. ACS Applied Materials & Interfaces, 2018, 10（21）: 18213-18219.

[90] Song P, Song J, Zhang Y. Stretchable conductor based on carbon nanotube/carbon black silicone rubber nanocomposites with highly mechanical, electrical properties and strain sensitivity[J]. Composites, Part B: Engineering, 2020, 191: 107979.

[91] Han Y, Lai K C, Lii-Rosales A, et al. Surface energies, adhesion energies, and exfoliation energies relevant to copper-graphene and copper-graphite systems[J]. Surface Science, 2019, 685: 48-58.

[92] Li Z, Wang Y, Kozbial A, et al. Effect of airborne contaminants on the wettability of supported graphene and graphite[J]. Nature Materials, 2013, 12（10）: 925-931.

[93] Liu Y, Sun B, Li J, et al. Aqueous dispersion of carbon fibers and expanded graphite stabilized from the addition of cellulose nanocrystals to produce highly conductive cellulose composites[J]. ACS Sustainable Chemistry & Engineering, 2018, 6（3）: 3291-3298.

[94] Wu X, Lu C, Han Y, et al. Cellulose nanowhisker modulated 3D hierarchical conductive structure of carbon black/natural rubber nanocomposites for liquid and strain sensing application[J]. Composites Science and Technology, 2016, 124: 44-51.

[95] Abdel-Hakim A，El-Wakil A E，El-Mogy S，et al. Effect of fiber coating on the mechanical performance，water absorption and biodegradability of sisal fiber/natural rubber composite[J]. Polymer International，2021，70（9）：1356-1366.

[96] Abdel-Hakim A，Mourad R M. Mechanical，water uptake properties，and biodegradability of polystyrene-coated sisal fiber-reinforced high-density polyethylene[J]. Polymer Composites，2020，41（4）：1435-1446.

[97] Rostami-Tapeh-Esmaeil E，Vahidifar A，Esmizadeh E，et al. Chemistry，processing，properties，and applications of rubber foams[J]. Polymers，2021，13（10）：1565.

[98] Meriçer Ç，Minelli M，Giacinti Baschetti M，et al. Water sorption in microfibrillated cellulose（MFC）：the effect of temperature and pretreatment[J]. Carbohydrate Polymers，2017，174：1201-1212.

[99] Chen C，Zong L，Wang J，et al. Microfibrillated cellulose reinforced starch/polyvinyl alcohol antimicrobial active films with controlled release behavior of cinnamaldehyde[J]. Carbohydrate Polymers，2021，272：118448.

[100] 马海珠. 微射流高压均质制备纳米微纤化纤维及其分散有机染料性能研究[D]. 杭州：浙江理工大学，2020.

[101] 冯彦洪，周玉娇，程天宇，等. 纤维素纳米微纤机械制备方法进展[J]. 塑料，2015，44（4）：28-31.

[102] 庞昕. MFC/纳米 ZnO 涂布纸抗菌性能的研究[D]. 天津：天津科技大学，2015.

[103] Panampilly B，Thomas S. Nano ZnO as cure activator and reinforcing filler in natural rubber[J]. Polymer Engineering & Science，2013，53（6）：1337-1346.

[104] Sahoo S，Maiti M，Ganguly A，et al. Effect of zinc oxide nanoparticles as cure activator on the properties of natural rubber and nitrile rubber[J]. Journal of Applied Polymer Science，2010，105（4）：2407-2415.

[105] Kim I J，Kim W S，Lee D H，et al. Effect of nano zinc oxide on the cure characteristics and mechanical properties of the silica-filled natural rubber/butadiene rubber compounds[J]. Journal of Applied Polymer Science，2010，117（3）：1535-1543.

[106] Mu Q，Feng S，Diao G，et al. Thermal conductivity of silicone rubber filled with ZnO[J]. Polymer Composites，2010，28（2）：125-130.

[107] Sutanto T D，Setiaji B，Wijaya K，et al. The effect of ZnO as activator on mechanical and chemical properties of liquid rubber compound[J]. International Journal of Applied Chemistry，2014，10（2）：121-130.

[108] Khatri V，Halász K，Trandafilović L V，et al. ZnO-modified cellulose fiber sheets for antibody immobilization[J]. Carbohydrate Polymers，2014，109（6）：139-147.

[109] Shahmohammadi J F，Almasi H. Morphological，physical，antimicrobial and release properties of ZnO nanoparticles-loaded bacterial cellulose films[J]. Carbohydrate Polymers，2016，149：8-19.

[110] Zhao S W，Guo C R，Hu Y Z，et al. The preparation and antibacterial activity of cellulose/ZnO composite：a review[J]. Open Chemistry，2018，16：P-20.

[111] Feng X，Feng L，Jin M，et al. Reversible super-hydrophobicity to super-hydrophilicity transition of aligned ZnO nanorod films[J]. Journal of the American Chemical Society，2004，126（1）：62-63.

[112] Yao Q，Wang C，Fan B，et al. One-step solvothermal deposition of ZnO nanorod arrays on a wood surface for robust superamphiphobic performance and superior ultraviolet resistance[J]. Scientific Reports，2016，6：35505.

[113] Gonçalves G，Marques P A A P，Neto C P，et al. Growth，structural，and optical characterization of ZnO-coated cellulosic fibers[J]. Crystal Growth & Design，2009，9（9）：386-390.

[114] Ovalle-Serrano S A，Carrillo V S，Blanco-Tirado C，et al. Controlled synthesis of ZnO particles on the surface of natural cellulosic fibers：effect of concentration，heating and sonication[J]. Cellulose，2015，22（3）：1841-1852.

[115] Costa S V，Gonçalves A S，Zaguete M A，et al. ZnO nanostructures directly grown on paper and bacterial cellulose substrates without any surface modification layer[J]. Chemical Communications，2013，49（73）：8096.

[116] Jayachandiran J，Vajravijayan S，Nandhagopal N，et al. Fabrication and characterization of ZnO incorporated cellulose microfiber film: structural，morphological and functional investigations[J]. Journal of Materials Science: Materials in Electronics，2019，30（6）：6037-6049.

[117] Moafi H F，Shojaie A F，Zanjanchi M A. Photocatalytic self-cleaning properties of cellulosic fibers modified by nano-sized zinc oxide[J]. Thin Solid Films，2011，519（11）：3641-3646.

[118] Paisoonsin S，Pornsunthorntawee O，Rujiravanit R. Preparation and characterization of ZnO-deposited DBD plasma-treated PP packaging film with antibacterial activities[J]. Applied Surface Science，2013，273：824-835.

[119] Kanmani P，Rhim J W. Properties and characterization of bionanocomposite films prepared with various biopolymers and ZnO nanoparticles[J]. Carbohydrate Polymers，2014，106（1）：190-199.

[120] Tankhiwale R，Bajpai S K. Preparation，characterization and antibacterial applications of ZnO-nanoparticles coated polyethylene films for food packaging[J]. Colloids and Surfaces B: Biointerfaces，2012，90：16-20.